高职高专"十二五"规划教材

烹调工艺基础

高行恩 主编

李勇 焦孝成 沈玉宝 副主编

PENGTIAO GONGYI JICHU

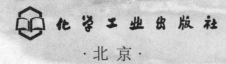

化学工业出版社

·北京·

本书具有以下几个特点：第一，与企业生产实际相结合，由企业一线管理人员和行业大师参与课程内容的筛选、确定和编写，更具有实用价值；第二，"理实并举"，一方面注重运用相关理论解释烹饪现象，另一方面注重实践对理论的检验，强调实践生产的重要性；第三，根据企业生产实际将课程分为若干项目，实现项目化教学，突出学生学习的主体作用和教师的主导作用，激发学生学习主动性；第四，从细节入手，注重烹饪操作全过程，深入浅出，实用性、针对性、科学性并重，对烹饪过程中每个细节都进行深入研究和阐述，具有很强的实践指导作用。

本书适用于烹饪类、酒店类和食品类各专业使用，也可以供烹饪专业人员研究与参考；除了作为高职高专使用教材外，还可以作为本科院校学生的课程参考书目和中职学生的知识拓展参考书目。

图书在版编目（CIP）数据

烹调工艺基础/高行恩主编 . —北京：化学工业出版社，2012.7（2023.8 重印）
高职高专"十二五"规划教材
ISBN 978-7-122-14456-0

Ⅰ．烹… Ⅱ．高… Ⅲ．烹饪-方法 Ⅳ．TS972.11

中国版本图书馆 CIP 数据核字（2012）第 121231 号

责任编辑：彭爱铭　　　　　　　　　　文字编辑：王新辉
责任校对：周梦华　　　　　　　　　　装帧设计：张　辉

出版发行：化学工业出版社（北京市东城区青年湖南街 13 号　邮政编码 100011）
印　　装：北京印刷集团有限责任公司
710mm×1000mm　1/16　印张 16　字数 336 千字　2023 年 8 月北京第 1 版第 9 次印刷

购书咨询：010-64518888　　　　　　　售后服务：010-64518899
网　　址：http://www.cip.com.cn
凡购买本书，如有缺损质量问题，本社销售中心负责调换。

定　　价：59.00 元　　　　　　　　　　　　　　版权所有　违者必究

主　　　编　高行恩

副 主 编　李　勇　焦孝成　沈玉宝

编写人员　（以姓氏笔画为序）

　　　　　李　勇　沈玉宝　汪晓琳　张小勇

　　　　　张红艳　贾永康　高行恩　焦孝成

前　言

　　"烹调工艺基础"是用来解释烹饪现象、指导烹饪实践的重要学科，是烹饪工艺与营养专业的核心课程之一。评价从业者素质能力的根本要素是发展潜力，包括学习能力和创新能力；而提高学习效果、形成创新能力的基础是基本知识和技能。本书在编写中充分考虑了从业者发展需要，注重烹饪基础知识的掌握和烹饪基本技能的强化训练，通过若干烹饪环节的综合学习，使读者最终形成中餐烹调的知识基础。

　　本书具有以下几个特点。

　　（1）与企业生产实际相结合，根据企业实际设岗情况确定教学章节及内容；由企业一线管理人员和行业大师参与课程内容的筛选、确定和编写，更具有实用价值。

　　（2）"理、实并举"。一方面注重运用相关理论解释烹饪现象，用理论基础和前人的经验积累指导烹饪实践；另一方面注重实践对理论的检验，强调实践生产的重要性，使学习过本教材的专业人员具备创新意识和能力，更加科学、规范地从事烹饪生产。

　　（3）根据企业生产实际将课程分为若干项目，实现项目化教学，突出学生学习的主体作用和教师的主导作用，激发学生学习主动性。

　　（4）从细节入手，注重烹饪操作全过程；深入浅出，实用性、针对性、科学性并重。对烹饪过程中每个细节都进行深入研究和阐述，具有很强的实践指导作用。

　　本书适用于高职高专烹饪类、酒店类和食品类等专业学生使用，也可以为烹饪专业人员提供参考，还可以作为本科院校学生的课程参考书目和中职学生的知识拓展参考书目使用。

　　本书由江苏食品职业技术学院高行恩副教授主编。具体分工为：第一、第二、第八、第九、第十一、第十二章由高行恩副教授编写，江苏食品职业技术学院汪晓琳老师参加了第三、第四章编写；山东省城市服务技术学院沈玉宝老师参加了第五、第七章编写，连云港大港职业专科学校李勇副教授参加了第六、第十章编写；焦孝成负责教材大纲的制定及实践部分的编写。另外宿迁职业技术学院张红艳副教授、南京千万家餐饮有限公司总经理张小勇大师、无锡艾迪花园酒店行政总厨贾永康大师参与了大纲的制定和部分篇章的编写工作；最后由高行恩副教授对全书进行统稿。

　　江苏食品职业技术学院酒店与旅游管理学院院长赵军副教授，书记刘笑诵副教授、张胜来老师，以及各参编单位都对本书的编写给予了高度关注和支持；河北师范大学旅游学院冯玉珠教授对本书的编写给予了支持和帮助。另外，在本书编写过程中还得到戴良坚、李清飞、任于水、王刚及刘建、罗曼、朱红等的协助，在此表示衷心感谢。

　　由于编者水平有限，书中难免有不妥之处，敬请广大读者批评指正。

编者

2012 年 6 月

目　录

第一章　烹饪原料的鉴别与管理

第一节　烹饪原料的鉴别与选择

餐饮企业在运营过程中，为了方便对烹饪原料进行归类管理，便于采购与储藏，习惯性对烹饪原料进行分类。烹饪原料的分类方法很多，企业总是根据自身的习惯进行分类。对原料的品种鉴别和质量鉴别对烹饪实践影响深远，"巧妇难为无米之炊"，只有选择适用的、优质的烹饪原料才具备优质烹饪作品的生产基础。

一、烹饪原料鉴别的意义

1. 有利于原料的识别与选用

中国地大物博，烹饪原料品种繁多。烹饪从业者很难识别全部烹饪原料，更不要说对其品质的鉴别；随着人类对烹饪原料的开发与运用，越来越多陌生的食材需要烹饪从业者去认识和了解。通过《烹饪原料学》的学习，广泛查阅相关资料，拓宽知识视野，认识和了解各种烹饪原料，熟悉其性质和用途，根据临灶的要求灵活选用，有利于提高烹饪产品的学习和研发能力，满足持续发展的需要。

2. 有利于原料与产品的品质控制

作为烹饪要素之一的烹饪原料，对烹饪产品质量的影响很大，必须进行质量控制才能确保产品品质。虽然从原料到产品的过程中还受到众多的工艺环节如刀工处理、保护性工艺环节及熟处理等影响，但原料的品质是产品品质控制源头，是基础环节也是最重要的环节。餐饮企业应该通过对烹饪原料的品质鉴别来控制原料的质量，进而对产品质量进行全面控制，达到产品质量标准化的要求。

3. 有利于产品质量的标准化

随着中餐国际化发展进程的深入，对中式烹调产品质量标准化的研究已成为有识之士关注的焦点，影响产品质量标准化最重要的源头就是烹饪原料规格、品质的标准化。因此，加强烹饪原料的品质鉴别，控制质量标准，是中餐国际化发展的重要环节，应该引起烹饪从业者的重视。

二、烹饪原料选择的原则和要求

1. 符合可食性要求

烹饪产品的最终作用是供给人们食用，这就要求选择的烹饪原料必须具备可食性。烹饪原料的可食性主要体现在两个方面：一是"能吃"。选择的原料必须对人体无毒、无害、无副作用，不会对人体健康产生不良影响。二是"好吃"。选择的原料应该符合人们的饮食习惯，或者新开发的原料可以满足美食生产需要。

2. 强调营养与保健的目的

烹饪原料的选择除了符合可食性要求外，还需要具备良好的食用价值，也就是说应该具备较高的营养价值，有时还应该达到食疗保健的目的。要了解各种原料主要营养素的构成情况，选择互补型原料进行组配，保证膳食平衡；熟悉原料搭配的宜、忌特点，科学组配；熟悉原料的性味归经及食疗保健作用，根据食客的体质情况合理选择原料。

随着人们生活水平的提高，已经从"吃饱肚子"的原始摄食要求转化为"营养保健"的针对性饮食需求，更加注重满足精神需求，注重营养平衡，讲究保健效果。餐饮企业在烹饪生产过程中必须特别强调营养与保健目的，注重科学饮食。

3. 严格遵守法律法规

中国是法治国家，对烹饪生产有着许多的法律规范要求，烹饪从业者应该自觉学习相关法律法规，规范生产行为。烹饪原料的选择过程中应该遵守《中华人民共和国野生动物保护法》规定，不采购、不加工、不食用野生保护动物，保护生态平衡；应该遵守《中华人民共和国食品安全法》规定，不采购过期、变质、污染的原材料，确保食用安全；应该遵守《中华人民共和国食品卫生法》规定，规范采购渠道，不使用地沟油、注水肉等劣质原料，保证人们生命财产安全；应该遵守其他法律及地方法规，规范生产行为，确保烹饪生产合法化。

4. 达到食品安全卫生标准

"美食"的三要素是营养、卫生和美感，其中要素之一就是卫生。从源头控制卫生质量，保证原料符合卫生标准，是保证烹饪产品卫生质量的重要途径。一方面要保证烹饪原料采购渠道，从而保证原料质量；对于复制品原料，要符合国家安全认定标准。另一方面要确保烹饪原料在保质期（保鲜期）内，不使用化学检测不合格的原料，尤其是调味品原料和复制品原料，要严格控制在保质期内使用，确保烹饪产品安全卫生标准。

5. 尊重食客的风俗习惯和宗教信仰

由于食客的民族习惯、宗教信仰和个人嗜好的不同，对饮食的要求也不一样，其中主要体现在原料的选择和烹饪加工。佛家饮食文化、道家饮食文化、伊斯兰教饮食文化、基督教文化等，对烹饪原料的选择和饮食方式都不一样。"十里不同风，百里不同俗"，中国广博的地域文化对饮食影响深远，在原料选择和组配过程中必须全面了解食客的民族习惯和禁忌爱好等，进行有选择地取料。

6. 了解烹饪原料的生产情况

烹饪原料的选择必须适应实际生产情况，针对原料生产的地域性特点、时令性特点及生产的数量、质量等方面确定采购计划，保证正常的生产经营。

（1）烹饪原料生产的地域性特点　原料的选择应该以企业所在地生产的物产为主，突出地域性特点。如果一味追求原料的珍稀高贵而不惜劳力从外地采购一些原料，既提高了原料的运营成本，同时原料的质量也不能得到保证。每个地方都有自己的物产特点，如长江三鲜、太湖三白、淮安蒲菜、北京填鸭等，充分利用这些地方特色原料生产特色烹饪产品如白汁鲴鱼、脆皮银鱼、奶汤蒲菜、北京烤鸭等，更能体现地域性特色，给客人留下深刻的印象。

（2）烹饪原料生产的时令性特点 孔子曰："不时不食"，说的就是应该根据生产季节来选择烹饪原料。随着科技的进步与发展，反季节原料的生产已经很普及，许多原料已经让人们几乎忘记了生产季节。但我们并不能因此就忽略原料生产的季节性特点。正如《随园食单》中所言：水产河海之美，春用未产卵的鱼、虾，夏用鲤、鳜、虾、鳖，以其食足体肥味美；秋鲈霜蟹、冬鲫雪鲢，亦以其时养分足矣。所谓"桃花流水鳜鱼肥"，正是诗人对季节性生产的敏锐观察结果；而"小满河蚌瘦鳖子，夏至鲫鱼空壳子，端午螃蟹虚架子"，则说的是违时之食。先人所言"不先时而食"，指不食用未成熟的原料，如杏、梅、桃、李青而未熟之时，含有过量的草酸单宁，食之伤人；"不过时而食"，指不食用过了节令的原料，如农历五月不食老韭，因为其枯硬粗劣不易消化等。

（3）烹饪原料生产的数量和质量 每当需要某种烹饪原料，应立刻想到这种原料的主产地，以及每个产地生产的原料数量和质量等次，熟悉原料的采购渠道，在保证原料质量规格的前提下降低原料成本。优秀的餐饮企业应该深入原料生产基地，从源头保证原料的数量和质量。

（4）烹饪原料的价格因素 影响餐饮企业生产经营的要素之一就是烹饪原料的成本，在价格恒定的情况下，有效地降低原料成本可以提高相对利润。因此应该根据企业生产实际和食客的进餐档次要求选择各个档次的原料，控制原料采购成本。

7. 密切配合烹调需要

选料的根本目的是烹调食用，因此选择的原料必须适应烹调的需要，才能保证产品质量。一要考虑各种烹调方法对原料的品种、部位、质地等方面的要求，要熟悉原料的性质、用途及其所适应的烹调方法、常见的烹饪产品等，针对烹饪要求进行有选择地取料；二要了解烹调过程对原料产生的影响，不同质地的原料所需要的热容量也不同，适合的火候和烹调方法也不一样。例如肉类成熟需要的热容量就比果蔬类原料成熟需要的热容量要高许多，因此中小火长时间加热的烹调方法多选择肉类原料，而大火短时间速成的烹调方法多选择新鲜的果蔬类原料。

三、烹饪原料鉴别的依据和方法

1. 烹饪原料鉴别的依据

烹饪原料鉴别的依据之一是原料质地的规定性。在长期生活经验的积累中，人们对每种烹饪原料的形状、色泽、质地、规格和风味特色都有固定沿用的评价标准，是人类对饮食文化的智慧结晶。在原料选择时可以凭借具体原料品种质地的规定性进行评价、分级，这是烹饪原料鉴别的原始依据，也是最常见、最便捷的鉴别依据。

烹饪原料鉴别的依据之二是国家制定的质量指标。国家对烹饪原料的质量指标主要体现在两个方面：一是感官质量标准，对原料的色、香、味、形、质等各个方面进行系统描述，为原料的感官鉴定提供参考依据；二是理化成分指标，对原料的化学成分、污染程度、添加物含量等数据进行硬性规定，通过有关部门对原料的理化检验确定原料的质量等次，通常用法律途径予以规范。

2. 烹饪原料鉴别的方法

（1）感官鉴定法　就是凭借人类的感觉器官对原料的品质进行客观评价，完成对烹饪原料的分级评定。也就是通过眼睛进行视觉鉴定，通过鼻子进行嗅觉鉴定，通过耳朵进行听觉鉴定，通过口进行味觉鉴定，通过皮肤进行触觉鉴定，从而对烹饪原料品质优劣作出判断。

完成感官鉴定的前提是必须熟悉需要鉴定的烹饪原料的质量标准，需要熟悉原料的性质、用途、适用的烹调方法和典型的代表菜例，这是根据原料质地的规定性依据进行评价的重要方法。专业人员可以从事烹饪原料的感官鉴定，家庭主厨同样可以完成感官鉴定。做好感官鉴定的前提是必须熟悉和掌握原料质地的规定性，这就要求鉴定者经常光顾菜市场和超市等场所，仔细观察和研究原料。只有具备良好的洞察力，并熟悉原料质地的规定性，才能高效地完成原料的感官鉴定。通过感官鉴定可以鉴别原料的产地、规格、档次、新鲜度等，如表 1-1 所示。

表 1-1　荷花淀鲫鱼与龙池鲫鱼感官鉴定对照表

鉴定方法	鉴定内容	鉴定结论	形成原因
鲫鱼的 感官鉴定	鲫鱼的外观形态、色泽度等	荷花淀鲫鱼外观瘦小，头尖尾大，鳞片呈银白色。龙池鲫鱼体大肉厚，头圆滑，鳞片尤其是背部呈深褐色	荷花淀鲫鱼生活在浅水环境中，长期受阳光照射；龙池鲫鱼生活在深水环境中，阳光照不到底部
	鲫鱼的气味	荷花淀鲫鱼味清新，有淡淡的水草味；龙池鲫鱼味浑厚，土腥味明显	荷花淀长满荷花，水草丰富；龙池水深鲫鱼主要以水底生物为食
	鲫鱼的味觉	成熟后荷花淀鲫鱼鲜美无异味；龙池鲫鱼腥味重，需要去腥处理	
	鲫鱼的肌肉触感	荷花淀鲫鱼肉质细嫩；龙池鲫鱼肉质肥美	荷花淀水域广阔，水质清澈；龙池水深域窄，水质肥美

感官鉴定法主要依靠经验积累，缺乏科学数据的量化指标。只是通过原料的色彩、部位、气味、成熟度、完整度等方面对原料进行品质评价，实践起来虽然简单易行，但容易出现判断误差，不利于科学评价原料品质。

（2）理化鉴定法　是指在实验室内利用仪器设备和化学试剂对烹饪原料的品质进行科学评价，完成对烹饪原料的分级评定。这种鉴定方法可以分析原料的营养成分构成、风味物质含量、被污染程度及添加剂含量等，鉴定结果比较准确；根据原料理化指标的对比，能具体而全面地分析原料的化学组成及品质特点，从而得出科学的鉴定结论。

（3）生物鉴定法　是指根据生物学指标对原料进行分析、对比，从而对烹饪原料的品质进行评价，完成对烹饪原料的分级评定。有时候还采用生物实验的方法鉴定原料的安全性，一般是由专门的检疫部门完成对原料的品质鉴定。

第二节　烹饪原料的储存管理

烹饪原料储存保管的任务就是根据各种原料的特点，采取相应的保护措施，防止原料发生霉烂、腐败和虫蛀等不良变化，并尽可能地保持原料固有的品质特点，以保持原料的食用价值，延长原料的使用时限。

一、烹饪原料储存的意义

1. 延长原料的使用时限

烹饪原料的使用时限是相对的，会由于储存的环境温度、湿度和空气流通程度而发生变化。在烹饪原料的储存过程中，人们总是期望能够尽量延长其保质期，这就对原料的储存条件和储存技术提出较高的要求。延长原料的使用时限，一方面有利于原料在一定时间内的合理调配使用，达到资源均衡利用的目的；另一方面有利于原料在一定空间的流通使用，达到资源共享的目的。

2. 达到异地食用的目的

很多原料的生产具有地域的局限性，例如蒲菜只有淮安天妃宫生产的质量最好，银鱼只有太湖和洪泽湖生产的质量最佳；麻鸭当选南京湖熟所产，填鸭当选北京所产等。为了让其他地方的人们同样可以食用到这些特色原料，就需要运输、储存。

3. 特殊原料备用的要求

有相当一部分烹饪原料的生产除了具有地域的局限性，还具有很强的时令特征，例如淮安蒲菜，除了淮安楚州生产外，也只有初冬破冰采收的最佳；再如安徽滁菊，除了淮安楚州主产地质量最佳，更突出秋末冬初的生产季节特性，这就要求企业提前进行特殊备料。还有一些珍稀原料，很难从市场上采购到，也要求企业能够提前备料，例如鱼翅、燕窝等。

二、烹饪原料储存的原则

1. 坚持分类储存的原则

如前所述，烹饪原料的种类繁多，性质各异；有干货和水货之分，亦有复制品和鲜活原料之别。应根据原料的种类、性质、含水量、鲜活程度等方面进行分类储存，一方面防止交叉污染，使烹饪原料的色、香、味、质等得到有效保护；另一方面有利于仓储盘点，使烹饪原料的库存情况、走货情况、折损情况得到及时了解，为原料采购计划提供依据；再一方面有利于仓储整理，使烹饪原料的存储规律、入库时序和领用情况得到准确掌控，为原料领用提供便捷条件。

2. 遵循先进先出的原则

为了保证原料在保质期内得到及时利用，贯彻先生产、先使用的原则，在原料入库储存后应该遵循先进先出的出库原则，在实践过程中应做到三点：一是定期对库存原料进行整理，不同批次入库的原料存储时要有明显标志；二是经常进行倒库、移库，把先入库的原料往靠近出口的地方倒腾，将新进的原料往内部存放；三是及时清理腐败变质或即将腐败变质的原料，定期进行环境杀菌处理。

3. 合理选择储存环境，坚持科学储存

烹饪原料储存必须依据科学的储存原理，针对原料的性质选择合适的储存方法。这就要求从事烹饪原料储存工作的人员根据原料的具体情况合理选择储存环境如冰库储存、真空储存及模拟原料生活环境储存等，最大限度地保证原料在储存期间的质量标准。

三、烹饪原料储存的方法

1. 低温储存法

低温储存法是指将烹饪原料在低于常温的环境中储存保管，以延长原料储存时间的方法。原料在储存过程中会发生质量的变化，包括生理生化变化、物理变化、化学变化及微生物引起的变化等，而这些变化的发生都与温度条件有密切的关系。在一定温度范围内，温度升高能加速原料质量的变化过程，缩短原料的储存时限。而降低温度则可延缓原料质地发生劣变的过程，延长原料的储存时限，其作用主要表现在以下几个方面：第一，低温抑制了原料中酶的活性，能减弱鲜活原料的新陈代谢强度和生鲜原料的生化变化；第二，低温抑制了微生物的生长繁殖活动，有效地防止了由于微生物污染引起的原料质量变化；第三，低温延缓了原料所含的各种化学成分之间发生的变化，有利于保持原料的色、香、味等品质；第四，低温降低了原料中水分蒸发的速度，具有较好的保鲜效果。

根据储存时环境温度的不同，低温储存分为冷藏储存和冷冻储存两种。

(1) 冷藏储存　是指将原料放置在 0～10℃ 的环境中储存，主要适合蔬菜、水果、鲜蛋、牛奶等原料的储存以及鲜肉、鲜鱼的短时间储存。冷藏的原料一般不发生冻结现象，因而能较好地保持原料的风味品质；但在冷藏的温度下，原料中酶的活性及各种生理活动并未完全停止，同时一些嗜冷微生物仍能繁殖，所以原料的储存期较短。

冷藏过程中，由于原料的类别不同，它们各自所要求的冷藏温度也有差异。动物性原料如畜、禽、鱼、蛋、乳等的适宜储存温度一般在 0～4℃；植物性原料如蔬菜、水果等的冷藏温度很不一致。原产于温带地区的苹果、梨、大白菜、菠菜等适宜的冷藏温度为 0℃ 左右；而原产于热带、亚热带地区的蔬果原料，由于其生理特性可适应较高的环境温度，故储存温度一般较高，如番茄的适宜冷藏温度为10～12℃，青椒为 7～9℃，黄瓜为 10～13℃，香蕉为 12～18℃，柑橘类为 2～4℃等。

(2) 冷冻储存　是将原料置于冰点以下的低温中，使原料中大部分水分冻结成冰以后再以 0℃ 以下低温进行储存的方法，适用于肉类、鱼类等原料的储存管理。冷冻储存中，由于原料中大部分水分结成冰，减少了原料中游离水的含量，降低了水分活度，同时低温又有效地抑制了原料中酶的活性和微生物的生产繁殖，所以储存的时间相对较长。在实践中，为了减少在冷冻过程中原料的组织结构受到破坏，多采取低温快速冷冻（速冻）的方法进行储存。

值得注意的是，低温储存法虽然可以较长时间地储存原料，但经过长期储存后，无论是冷藏原料还是冷冻原料在储存过程中都会失去部分水分，从而使原料的重量减轻、表面粗糙，使原料的风味、色泽、营养成分和外观都发生变化，导致品质劣变。在冷冻、冷藏原料时，应该将原料用保鲜膜等将原料封闭后进行储存，可以有效地防止水分流失，还可以防止原料之间相互串味，能较好地保持原料的品质。

2. 高温储存法

高温储存法是通过高温加热对原料进行储存管理的一种方法。经过加热处理，原料中的酶被破坏失去活性，绝大多数微生物被杀灭，从而达到长期储存原料的目的。原料经加热处理后还需要及时冷却处理并密封，以防止温度过高后微生物的二次污染而造成原料的变质。

在烹饪实践过程中，人们经常将原料反复加热后密封储存来延长原料的储存时限，南方人喜欢每天早晚将汤、菜等高温加热处理后密封起来储存原料，北方人也习惯将剩菜每天都加热以延长储存时间，都是采用高温储存的原理。

3. 密封储存法

密封储存法是将烹饪原料进行密闭处理，利用控制生物活性、防止微生物污染和减少水分挥发等措施来延长原料储存时限的一种方法。密封方法有容器密封和包装密封两种，前者适宜液态原料、颗粒状原料、易渗性原料等的储存保管；后者适合固态原料、烹饪制品、调味品的储存保管。

密封储存之前，应该做好初步加工整理和杀菌处理，根据储存实践确定保质期限并明确标注。一旦密封拆除应尽快予以烹饪运用，不宜再长期储存。

4. 活养储存法

活养储存法是利用动物性原料的生命特征，采用模拟生活环境和方式对原料进行储存保管的方法。活养的对象主要以小型动物性原料为主，包括家禽、水产品和一些野味等，一方面可以最大限度地延长原料的储存时限，另一方面还可以作为原料销售样本，由客人根据需要现场选择后由企业加工出售，既保证原料的鲜活程度，又突出销售特点，形成企业销售的重要方式之一。

5. 渗透储存法

渗透储存法是利用盐、糖等的高渗性来改变烹饪原料的储存环境，抑制微生物的生存，延长原料储存时限的方法。渗透储存法历史悠久，民间运用普遍，是利用食盐和食糖产生的高渗透压和降低水分活度的作用，使微生物因细胞的原生质脱水而发生质壁分离，难以生长繁殖，达到较长时间储存原料的目的。

根据所使用的腌渍溶液不同可以分为盐腌和糖渍两大类，盐腌是利用食盐来腌渍原料，主要用于咸肉、板鸭、火腿、咸蛋、咸鱼及咸菜的制作；糖渍是利用食糖来腌渍原料，主要用于蜜饯、果脯、果酱等的制作。经腌渍处理后的各类原料，不仅储存效果好，还能产生特殊的风味，改善原料的品种。

6. 真空储存法

真空储存法是指将烹饪原料放置在真空环境下，使原料得到较长时间质量保证的一种储存方法。真空储存法在食品加工行业中非常普及，在烹饪行业运用真空储存的大多是复制品原料，包括各种调味品、干货制品和半成品制品等。

真空储存法一般与封闭储存法结合使用效果更好。使原料在真空状态下进行密封处理，可以有效地延长原料的保质期，达到良好的储存效果。

7. 干燥储存法

干燥储存法是将原料中的大部分水分去除，延长原料储存时限的一种方法。原料干制后，由于水分减少，细胞原来所含的糖、酸、盐、蛋白质等物质的浓度升高，渗透压增大，使入侵微生物的正常发育和繁殖受阻，同时由于细胞内水分减少，原料中酶的活性减弱，使原料变质的速度减缓。

根据干燥的方法不同，干燥储存法可以分为自然干燥和人工干燥两类。自然干燥是指利用自然界的能量去除原料中水分，如利用日光或空气流通将原料晒干或风干，如粮食、蔬菜、水果和水产品等都可以采用这种方法，在我国其应用非常广泛；人工干燥是指在人为控制下去除原料中的水分，如利用热风、蒸气、减压、冻结等方法脱去原料中的水分，如奶粉、蛋黄粉、豆奶粉等的干制都采用这种方法。

四、烹饪原料储存的场地要求与管理

1. 烹饪原料储存场地的地理要求

烹饪原料储存场地一般选择地势高、空气流通好、环境湿度小、交通便捷的地理环境，在具体实践中不同的原料品种对储存场地的地理要求也各不相同。干货原料的储存场地更注重空气的湿度，要求地势较高，空气流通好，便于搬运；冷库储存原料的场地更注重温度范围，要求供电系统完善，必要时可以自己发电制冷；腌腊制品的储存场地更加注重环境的卫生质量，要求环境湿度小，防止发潮现象而影响到原料质量。

2. 烹饪原料储存场地的空间要求

烹饪原料储存场地的空间要求首先表现在立体空间容量上，在保证有足够的空间储存原料的同时，还应该考虑到原料翻动需要的空间、人员工作需要的空间等，有时还要留够车辆进出运输原料需要的通道空间。其次表现在立体空间结构上，要根据原料的性质、特点、重量和食用先后顺序等合理安排储存空间，结构布局科学、合理，储存间、储存架等布置要错落有致，保证充分利用储存空间，提高场地利用效率。最后表现在立体空间利用上，要根据原料的使用时序、重量、含水量、污染性等方面安排储存空间，先使用的原料放在下面，后使用的原料放在上面；重量大的放在下面，重量小的放在上面；含水量多的放在下面，干货原料放在上面；污染性强的放在下层，污染性弱的放在上层。

3. 烹饪原料储存场地的设施设备要求

烹饪原料储存场地的设施设备要求首先体现在使用效率上，要保证场地设施设备运行良好，能满足原料储存的正常使用。这就要求设施设备耐腐蚀、性能好，要有专门的管理和维护人员定期进行设施设备的保养和维护。其次体现在安装布局上，要尽量不占或少占储存空间，要不影响人员操作，不影响原料搬运，不影响设施设备的正常使用。

4. 烹饪原料储存场地的人员配备要求

烹饪原料储存场地的人员配备包括管理人员的配备和操作工的人员配备两个方面。管理人员必须是专门配备的，人数可以根据库房储存能力和业务量多少来确定，必须具备原料储存的相关知识和能力，熟悉原料入库和出库制度，原则性强；具有敏锐的市场洞察力，及时捕捉和分析市场行情；具有良好的自学能力，熟悉财务制度，熟练掌握计算机应用能力和机动车驾驶能力。操作工的人员配备可以根据实际工作量的大小来考虑，为了节约原料运营成本可以选择聘请临时工，由于批量入库或出库导致用工紧张的，可以由单位主管领导审批聘请计时工。

5. 烹饪原料储存场地的管理制度要求

制度是保证一切管理顺利实施的前提，烹饪原料储存管理也离不开管理制度。烹饪原料储存场地的管理制度主要包括岗位职责目标管理制度、出入库管理制度、原料流向跟踪登记制度和财务核算报表审核制度等。只有严格执行各项管理制度，规范管理行为，才能保证烹饪原料储存场地的高效运营。

第三节　烹饪原料的运营管理

一、烹饪原料运营管理的意义

烹饪原料运营管理是指烹饪原料从收获到加工烹制前所经历的在餐饮企业运转全过程中的管理，包括选料的鉴别与选购、储存和领用出库等流通环节。本节重点研究原料的采购管理与入、出库管理，完善原料管理制度，从初始环节加强对烹饪生产的全面管理。

烹饪原料运营管理是企业生产与经营管理规范化的重要方面。企业生产与经营管理的规范化和科学化是企业生存的基础，加强烹饪原料的运营管理有利于对原料流通环节进行控制，防止原料的非自然流失，避免原料的质地下降，从而有效地进行烹饪产品的成本控制。完善原料的入、出库制度，使原料的鉴别采购、储存和生产加工进行无缝隙对接，保证正常的生产经营。

烹饪原料运营管理还是企业进行财务核算的重要依据。在原料入库、领用出库及储存管理过程中产生的系列报表数据，能清晰地反映出原料的采购成本、损耗情况和利用效率，为企业进行后期的财务核算提供重要依据，同时为企业调整生产经营方向、形成更加科学的企业财务预决算提供参考资料。

二、烹饪原料运营管理的要求

1. 强化职业素质培养，提升员工的岗位适应能力

企业对烹饪原料运营岗位的员工可以通过岗前培训、实践锻炼、企业交流、脱岗进修等形式来强化职业素质。"能力决定成败"，只有熟练掌握原料运营过程中每个环节的工作要求和重点，具备相关的专业知识和技能，才能具有很强的岗位适应能力。

2. 强化职业道德教育，注重员工企业忠诚度培养

烹饪原料运营管理岗位的职业道德主要体现在爱岗敬业，乐于奉献；廉洁自律，拒绝诱惑；严谨求实，忠于企业三个方面。餐饮企业应该善于营造健康、科学的文化氛围，加强职业道德宣传和教育，热爱和关心员工，努力为员工提供良好的生活和工作环境，提供较好的发展平台，从而完成员工对企业忠诚度的养成。

3. 完善制度建设，保证原料供给渠道通畅

岗位规范制定已被众多企业关注和重视，强调制度建设，明确岗位规范，是对员工进行岗位约束与岗位考核的重要保障。烹饪原料运营过程中，对每个环节进行制度建设，使员工明白自己应该做什么，应该怎么做，为什么这么做，以及不能做什么等。从原料采购源头进行制度管理，加强烹饪原料运营过程中每个环节的管理，来保证原料供给渠道通畅。

4. 注重数据统计，为企业提供决策依据

烹饪原料运营过程中会产生一系列数据，例如原料采购的品质等级、单价、重量等，原料入、出库交接产生的数据资料，以及原料的损耗情况、库存情况等，最终要达到数据上的对接吻合，一方面便于企业了解烹饪原料运营管理的效果，另一方面为企业调整未来的生产经营方向提供决策依据。做到这点需要培养员工养成第一手资料的收集、整理和保存习惯，养成定期盘点并汇总上报的习惯，对员工的业务素质提出了较高的要求。

三、烹饪原料运营管理的内容

1. 原料采购

（1）熟悉原料的品种和质量鉴别　进入采购程序前应该熟悉采购原料的品种和数量，能根据感官鉴定的方法完成原料品质及档次评定；深入分析采购计划，能针对采购要求选择合适的供应商和供应渠道。

（2）了解原料产地和市场供应情况　了解采购原料的主要产地和生产时间，熟悉采购原料的市场供应情况，能深入原料的主要生产基地进行采购，避免多重环节带来的代理提成，控制采购成本；还可以避免由于中间环节多而导致假冒伪劣原料的出现，保证采购原料的质量。

（3）熟练完成采购计划和预算　针对企业实际运营情况，配合有关部门做好烹饪原料采购计划；具有可学的"询价"机制，通过现场询价、电话询价和互联网询价三种重要的询价方式掌握原料市场价格情况；根据采购计划和市场供应情况制定财务预算，形成全面、清晰的采购参考资料。

（4）选用灵活便捷的采购途径　原料的采购数量、方式方法和采购途径决定于企业需求，对于采购数量大、采购费用高的原料采用批量采购，可以采用招标采购、团购等方式，可以保证采购质量，降低采购价格；对于采购数量少、采购费用小的原料采用零星采购，多利用现场采购或电子采购等方式，可以节约采购时间，提高采购效率。

（5）及时签订原料采购合同　一旦确定采购意向，接下来就是及时签订原料的

采购合同，重点解决四方面问题：一是确定原料的规格、质量标准、采购单价和数量等，保证采购安全；二是确定付款方式，最好和厂家协商采用原料到付的方式，或者采用部分预付，余款原料到付的方式，保证原料到位的时效性和安全性；三是明确运输费用的支付问题，改善运输环节的可见度，避免采购纠纷；四是强调合作地位，建立牢固的供求关系，为后期持续采购提供便利和稳健的采购途径。

2. 原料入库

原料购回后，采购人员必须提供经仓库和采购人员共同确认过的拟采购清单和销售方提供的销售发票（或有效收据），发票（或收据）上必须注明原料名称、部位、规格档次、数量、单价、金额、购买日期和采购人员的签字等基本信息，不同性质的原料不可以混用一张单据。仓库管理人员凭采购清单、填写清楚完整的销售发票或收据核对购入的原料，经确认后方可入库。如果出现票据中内容不全、字迹不清、没有经手人签字或者物料和票据明显不符的情况；或者出现原料的实际情况与相关票据上显示的情况不吻合，原料质量明显未达到采购质量标准等情况，仓库管理人员有权拒绝该批物料入库。如果只是由于漏洞，储存管理人员有义务协同采购人员和使用部门一起查明情况后方可入库。

所有经确认的已购入的原料，必须由当值仓库管理人员签字确认后开具正规的《原材料入库单》，入库单一式三份，仓库自留一份，并交采购人员和财务部各一份。入库单上的填写内容必须和销售发票（或收据）上的内容一致，并由仓库负责人签字确认后整理归档；按照原料品种和性质将原料归档到合适的仓储位置。

3. 储存管理

原料入库后应立即将其归类储存，并进行编码，明确原料名称、规格标准、入库时间、保质时效等，为制定原料使用和出库计划提供依据，并为查询和出库提供便利；要经常查询原料储存情况，定期进行倒库、移库，及时发现变质原料并予以清除；要做好储存日志和周期总结，积累储存经验。

4. 申领出库

根据原料采购计划中原料使用规划和实际生产经营情况确定原料申领出库时间，首先由生产经营部门填写出库申领表一式三份，由生产主管领导（厨师长）、餐饮部经理签字后，由仓储人员签字确认后将相关原料提取出库，申请表由生产经营部门、仓储人员各留存一份备案，财务处留存一份以备财务核算。

思 考 题

1. 举例说明如何通过感官鉴定识别蔬菜、肉类、鱼类的质量规格。

2. 结合所学知识试着制定原料采购、储存管理、入出库管理等相关制度，并进行小组交流。

3. 结合实际说说如何有效完成采购人员、储存管理人员的配备。

4. 请制订一份烹饪原料采购计划，重点体现实施细节、可能出现的问题及解决的办法。

项目一　烹饪原料的运营管理

【项目要求】 通过烹饪原料的鉴别与运营管理相关知识的学习，使学生明白烹饪原料采购和储存的烹饪实践意义。能针对某一具体原料进行采购和储存全部环节的设计，突出原料的鉴别、采购途径的确定、采购环节实施和储存管理等几个关键运营环节的设计。通过本项目的实践后，使学生在烹饪实践中具备烹饪原料运营管理的能力。

【项目重点】

① 烹饪原料的识别和质量鉴定；

② 烹饪原料采购途径和采购方法的确定；

③ 烹饪原料入、出库管理；

④ 烹饪原料储存管理。

【项目难点】

① 烹饪原料的识别与质量鉴定；

② 烹饪原料采购途径和入、出库管理。

【项目实施】

① 将班级同学分成 7 人/组，推选 1 名同学任组长；任选一种烹饪原料为对象，分工完成项目任务。

② 项目实施步骤：确定实践对象（任选一种原料）→制订项目实施计划→细化项目细节（采购计划、储存计划等）→教师审核，提出修改意见→修改完善计划→实施项目计划，完成项目实践→小组自评→小组互评→教师点评→完成项目报告。

③ 整个项目实践过程必须遵循烹饪原料鉴别与管理的相关要求和原则，可以根据具体情况灵活处置。

【项目考核】

① 其中项目实施方案占 20 分，采购计划占 10 分，项目方案实施环节占 30 分，综合评价（含项目报告）占 40 分。由学生自评、学生互评、教师测评分别进行评价。

② 项目考核总成绩为 100 分，学生自评成绩占 20%，学生互评成绩占 30%，教师测评成绩占 50%。

第二章 烹饪原料的初加工

第一节 鲜活原料的初加工

一、鲜活原料初加工的意义和原则

1. 鲜活原料初加工的意义

在烹饪过程中需要加工处理的、以备正式入馔的烹饪原料中，鲜活原料是使用范围最广泛、烹饪运用最常见的。所谓鲜活原料，是指从自然界采撷后未经任何加工处理（如腌制、干制、糟、醉等）的所有动植物性原料的统称。鲜活原料通常都具备其正常的生命活动，如植物性原料在储存过程中维持的呼吸作用，动物性原料具备的固有的生命活动特征——运动等。这些原料新鲜程度虽然都很高，却大都不宜直接烹调食用，有的还含有不能被食用的部位或对人体健康有害的成分，必须予以去除以备进一步烹调之用；而有些可以食用的部位也经常会因为运输、储存时间延长引起质量下降，甚至发生腐败变质的现象，失去其食用价值，必须根据原料的具体情况，按照烹调和食用的具体要求对这些原料进行合理的加工处理。我们把鲜活原料在正式切配前所经历的宰杀、择洗、拆卸及清洗等所有备料的过程称为鲜活原料的初加工。

鲜活原料是烹制菜肴的主要原料来源，具有取用方便、加工较为简单的优点，能够最大限度地体现原料所固有的特征如口味、颜色、质地和营养价值等；同时鲜活原料减少了复制品的许多加工环节，可以减少加工成本。有些鲜活原料的生产具有很强的地域性和季节性特点，如长江三鲜、太湖三白、北京填鸭、淮安蒲菜等，往往构成了地方特色菜点，形成鲜明的菜系特色。因此，鲜活原料应该成为餐饮业首要的选料对象。

通常运用于烹饪的鲜活原料主要包括新鲜的蔬菜和水果、水产品、家禽类、家畜类及野味类原料等，这些原料由于自身的生长特点，一般不宜直接用于烹调食用，必须进行一系列初步加工处理，才能成为符合烹制菜点要求的净料。

2. 鲜活原料初加工的原则

（1）去劣存优、弃废留宝 这是所有烹饪原料在加工过程中应该遵循的总原则，无论何种原料都必须首先去除不能食用或品质较差的部分，加工成符合各种烹调要求的净料。不仅要去除污秽和不能食用的部分，还应该去除边角废料及留作他用的下脚料，要保证食用原料的安全性、卫生性、美观性和实用性。

（2）必须符合美学原理 美食的三要素就是营养、卫生和美感，美是人类共同的追求，是对菜肴重要的评价标准；而美食的根本要件是烹饪原料。菜肴的造型美往往能引起人的食欲，菜肴造型的美与否其中很大一部分取决于对烹饪原料的初加工。挂炉烤鸭的制作，要求对鸭子采用肋下开膛去内脏的方法，就是为了隐藏刀口部位保持鸭子的完整形态美；斑头舌鳎的去皮加工，首先是去除影响美观的因素，以利于对原料美的再创造。

（3）必须注重营养与卫生　每种原料都含有人体所必需的营养素，具备固有的营养价值，对维持人体正常的生命活动具有重要的生物学意义，在原料烹调加工过程中应该注重对营养素的保护，努力保持甚至提高原料的营养价值。如一般的鱼类在初加工时首先要做的就是刮去鱼鳞，但新鲜的鲥鱼和白鳞鱼则不宜去鳞，这是因为它们的鳞片中含有一定量的脂肪，加热后融化渗入鱼肉中，不仅可以提高鱼肉的营养价值，还可以增加鱼肉的鲜美滋味；土豆削皮切丝后，很多人为了防止其变色（氧化褐变）而将其放在水中浸泡，其实这样做会使土豆中的淀粉及微量元素大量流失而降低食用价值，是不可取的做法。

卫生是保证菜点质量的关键，在原料的加工过程中，尤其要保证原料的卫生质量。原材料在生长和储运过程中，难免会沾染污秽、杂质和微生物，在初加工时应予以清洁处理；尤其是生食的黄瓜、萝卜、生菜等原料，必须经过杀菌消毒后才能食用。另外，有些原料在加工过程中会出现注重营养与讲究卫生之间相互抵触的现象，在加工处理时要求首先在注重卫生的前提下尽可能地保护原料的营养素。例如在正常情况下加工苹果、黄瓜等原料时，因其表皮组织中含有大量的维生素和无机盐等营养素，一般均要求清洗后即食用（多采用非热熟处理成菜）；但随着社会对绿色生产模式的关注，人们发现为了防治病虫害而使用了大量的农药和化肥等，对原料造成了污染；虽然通过洗涤等处理能够去除一部分，但仍然有一定的残留，人体长期食用这些原料会由于有害物质的积累而导致大肠癌、肝癌等疾病的发生，因此建议加工过程中应尽量去除果皮，确保人体饮食安全。

（4）必须适应烹调需要　烹饪原料的初加工必须为烹调提供便利，由于制作菜肴的内容和烹调方法的不同，对原料初加工的要求和方法也各不相同。例如同样以鸡作为主料制作菜肴，一般的烧鸡块等菜肴可以从任何地方开膛去内脏，可整扒鸡需采用肋下开膛去内脏的方法，以隐藏刀口部位，尽可能保持鸡身的完整和美观；制作冻鸡应从鸡的背部开膛去内脏，以便于成菜以后改刀装盘；制作霸王别鸡时则需要从鸡腹部开膛去内脏，以保证其背部的完整、饱满，体现整体菜肴的完整造型；而制作八宝鸡则不能开膛，只能从颈部开刀采用整料去骨的方法进行初加工处理，以保证整鸡的完美外形和内部填充原料的不外泄。总之，烹饪原料的初加工必须适应烹调需求，切实保证菜肴的质量规格。

（5）根据原料的品种质地采用不同的加工方法　广博的烹饪原料使中国烹饪技艺得到了迅猛的发展，也正因为烹饪原料品种各异，其加工方法也各有不同；即使同一种烹饪原料，由于本身的质地不同，其加工方法也不一样。如家畜类原料多体大力猛，其加工过程烦琐费工，一般需专业人员进行初加工处理；而家禽类原料多体小乏力，加工相对简单，一般从业人员都可以胜任加工处理职责。同为家禽的初加工，因其品种和质地老嫩的不同，加工方法（如宰杀、泡烫、煺毛等）也不一样（详见家禽初加工）。

（6）物尽其用，避免浪费　烹饪原料在初步加工过程中，必然要去除污秽杂质和不能食用的部分，尽可能地优化原料，同时也应把可食部分充分利用，坚决杜绝铺张浪费现象。其作用主要表现在三个方面：一是可以拓宽烹饪原料来源，增加菜肴品种开发。在烹饪原料加工过程中不应忽视下脚料的利用，这些原料经过烹调师的加工处理后往往可以制作出别具风格的菜点，成为餐桌上备受食客欢迎的饮食作品。如对鸭子进行初加工后可以产生一些次生原料，针对这些次生原料可以制作出餐桌上的主体菜肴。用鸭子的内脏组织——鸭胰白为主料可以制作出金陵名菜"美人肝"；用鸭子的血液组织可以烹制出鲜嫩可口的"金陵鸭血粉丝汤"；用鸭掌还可以烹制出淮扬名菜"掌上明珠"等。二是可以减少菜肴制作成本，提高企业经营效益。正是由于充分利用边角废料和次生原料，使菜肴的制作成本降低，在售价一定的情况下增加了企业的收益。同样道理，因为原料的充分利用减少了菜肴的制作成本，可以降低售价，从而吸引更多的消费者，薄利多销，为企业赢得效益。三是可以节约社会资源，造福子孙后代。人类的资源是有限的，随着社会人口的不断增长，导致社会资源匮乏。因此，拓宽原料利用范围、降低生产成本、节约社会资源是造福子孙后代的事情，应引起全人类的重视和支持，尤其是烹饪工作者应该理解并付诸于实际行动。

二、鲜活植物性原料的初加工

鲜活植物性原料主要包括蔬菜和水果两大方面。蔬菜是植物性原料中种类最多的一大类，是烹饪原料的构成主体；水果类原料除了可以生吃，更可以入馔成菜，是人类生活不可或缺的部分。一般的果蔬类原料大多含有丰富的维生素、无机盐等微量物质，虽然其含量很少却能够维持人体正常的生命活动，同时，果蔬类原料还含有大量的膳食纤维，能够促进人体肠胃蠕动，帮助人体完成对食物的消化吸收和废弃物的排泄，有助于排毒养颜；另外一些蔬菜类原料如莲藕、马铃薯（土豆）、薯芋等，还含有大量的碳水化合物，能提供人体所需要的经济热能。总之，蔬菜类原料含有人类所必需的营养素，如维生素、无机盐、脂肪和蛋白质（如豆类原料等）等，为人类的体质健康提供了丰富的膳食来源。

新鲜果蔬类原料可以作为烹制菜肴的主要原料，它可以单独烹制出种类繁多、口味各异的素菜，如炖菜核、蜜汁山药、麻酱黄瓜、奶汤蒲菜、酿苹果、拔丝香蕉等知名菜肴；也可以作为烹制菜肴的配料，如青椒炒肉丝、韭黄炒蛏子、萝卜烧肉、菠萝古老肉等，与动物性原料共同烹制成菜。改革开放以来，我国还从世界各地引进一些果蔬品种，更加丰富了烹饪原料来源。

随着人们生活水平的不断提高，新鲜果蔬类原料也越来越受到人们的重视，不仅被制作成一些高档的素菜精品，且因其具有预防癌症、治疗疾病的作用，人们常将其加工成保健食品。

（一）新鲜果蔬类原料初加工的基本要求

新鲜果蔬类原料种类繁多，加工方法也各不相同。对新鲜果蔬类原料进行初加工之前，应熟悉原料的具体情况，根据实际烹调需要，遵循加工的基本原则和要求，把原料加工成理想的净料，以备正式烹调之用。

1. 必须熟悉原料的基本情况

新鲜果蔬的品种不同、品质各异，熟悉原料的食用部位是初加工的关键。有的食用叶片，有的食用根茎，有的食用花蕾，有的食用植物的果实和种子，因此必须根据其食用部位进行合理取舍，以便获得理想的净料。在加工新鲜果蔬时，还应了解原料质地的老嫩。如加工黄瓜时，一般洗涤洁净后即可使用；但如果是秋黄瓜，质地较老时则必须除皮去瓤才能予以使用。有的原料还含有一些特殊的成分，加工时也应了解，以便因材施用。例如魔芋含有少量的生物碱，有一定的毒性，需用碱水加热后才能食用；新鲜的黄花菜含有秋水仙碱，食用后易在胃中形成有毒的二秋水仙碱，因此在初加工时应蒸煮透，以除去秋水仙碱。

2. 根据烹调和食用要求合理取舍

在对新鲜果蔬类原料进行初加工时，除了根据原料的食用部位进行取舍外，还应根据烹调和食用的要求进行合理取舍。新鲜蔬菜的初加工，首先应除去枯老黄叶、老根及不能食用的部分，以确保菜肴的质量不受影响。有些原料虽然各个部位都能食用，但在加热成熟过程中或调味时易发生不同的变化，因此也应灵活处理。如药芹的根、茎、叶均能食用，但其成熟的时间却不一致，因此一般应将嫩叶去除另外使用；黄瓜的肉质加盐调制后短时间内会更加脆嫩，而瓜瓤遇盐则很快变软，影响到炝拌黄瓜的口感，故对黄瓜进行初加工时首先应剔除瓜瓤。

3. 必须讲究卫生，注重营养要求

新鲜果蔬类原料往往带有一些枯叶、老根等不能被人体食用的部分，有时还夹杂着杂草泥沙等污物，甚至受到病虫及微生物的污染，对人体健康影响很大，在初加工时应采取合理、有效的加工手段予以彻底清除，确保原料符合饮食卫生要求。

新鲜果蔬类原料含有丰富的维生素、无机盐等微量元素，虽然人体需要量较少，但却不可或缺。而维生素又极易在加工过程中被破坏或流失，因此必须采取必要的保护手段，尽可能减少营养素的丢失。在对果蔬类原料初加工时，洗涤清理是行之有效的清洁方法之一，但切记清洗时间不宜太长，更不能将原料长时间用水浸泡，避免营养素流失。

一般情况下，果蔬类原料应该先洗涤处理后再进行刀工处理，一是因为蔬菜组织汁液多呈黏性，如果先进行刀工处理，从刀口组织流出的汁液更容易吸附泥沙、病菌等污物，且更难以彻底清除，影响到果蔬的卫生质量；二是因为如果先刀工处理后再洗涤，原料中的营养素便会从切口部分与汁液一起流失，从而降低了果蔬的营养价值。

（二）新鲜果蔬类原料初加工的常见方法

1. 摘剔

摘剔就是摘除果蔬类原料的老帮黄叶，摘除根须和杂质；剔除疤痕和老根等。

叶菜类原料如大白菜、小青菜等的烂叶、黄叶和老叶、老帮的摘除；香菜、药芹等根须的摘除。根菜类原料如马铃薯、魔芋疤痕的剔除。摘剔的根本原则是去除质劣不能食用的部分，以便取得品质良好的优质净料。

蒂是果蔬类原料的花或瓜果与枝茎相连的部分，在初加工时应予以去除。例如冬瓜、茄子、黄瓜等首先要去除老硬的蒂，才方便进行进一步的加工处理；苹果、梨子、草莓等顶部的果蒂也要去除；另外，一些菌菇类原料的底部难以去除的、不能食用的部位也应该切去，便于进一步加工食用。

2. 去皮

去皮是果蔬类原料最常见、最重要的初加工方法之一。主要有三种方法：一是剥皮。一般采用手工剥皮的方法去除不能食用的老皮，也可以用剥皮机进行剥皮处理，一般剥去老皮即可，如洋葱、嫩玉米、橘子、花生等的剥皮。二是削皮。是用刀具削去外皮，要求根据具体品种确定削皮的厚度，避免削皮不尽影响食材质量，或由于削皮太厚导致食材浪费，如山药、丝瓜、苹果、梨子等的削皮。三是刮皮。一般只要刮去原料外面一层薄薄的皮即可，简单方便，如生姜、藕、马铃薯等的刮皮。另外，在烹饪实践中还会使用刨皮、撕皮等，以及泡烫去皮、碱水去皮、油炸去皮等。总之根据烹饪原料的实际情况及烹调需要，采用合适的方法达到去皮的目的。具体方法见表2-1。

表 2-1 常用的去皮方法

去皮方法	加工工艺	适用原料
手工去皮	撕、剥、削、刨、旋	植物性果蔬原料
机械去皮	机械搅打去皮、旋皮机去皮、转筒擦皮机去皮	豆芽、马铃薯、黄豆等
泡烫去皮	开水泡烫后揉搓去皮	花生、番茄等
油炸去皮	油炸后揉搓去皮	花生、核桃、松仁等
蒸汽去皮	蒸熟后用冷水冲凉，再搓去皮	马铃薯、山芋等
碱水去皮	用碱水浸泡后洗刷去皮	胡萝卜、干莲子等

3. 洗涤

新鲜的果蔬类原料一般均需要经历洗涤加工过程，通过洗涤使原料达到清洁要求。烹饪行业所说的洗涤，是用水洗去烹饪原料表面的泥沙、杂质、残留的农药和化肥，以及依附于原料表面的虫卵、微生物和其他污染物等。由于烹饪原料的形态各异，品种繁多，污染物又以各种性质和形式出现，从而造成洗涤困难。因此，洗涤绝不是一个简单的过程，必须因料而异，采用与之相适应的洗涤方法，才能保证原料的完整性、营养性、风味性和卫生性标准。

洗涤一般经历初洗和清洗两个环节才能将烹饪原料洗涤干净。根据强化的性质不同，洗涤方法可以分为自然洗涤（包括漂洗法、淘洗法、冲洗法、灌洗法、浸洗法、烫洗法等）和强力洗涤（包括刮剥洗法、里外翻洗法、刷洗法、搓洗法、搅拌洗涤法等）。根据使用的洗涤溶液不同，可以分为清水洗涤、盐水溶液洗涤、过氧乙酸水溶液洗涤、矾水溶液洗涤、盐醋洗涤、高锰酸钾溶液洗涤、漂白粉溶液洗涤、巴氏消毒溶液洗涤等。例如用稀盐溶液洗涤，是在水中加入 $1\%\sim1.5\%$ 的食盐对原料进行洗涤，一般用于叶菜类原料的洗涤，盐的渗透性可以使菜叶上的虫卵吸盘收缩而脱落。应注意盐加入量的控制，过少则不能达到洗涤的目的，而加盐过多则对原料产生影响，不但改变了原料质地，还会损失原料的营养素。再如高锰酸钾溶液洗涤，是用 $0.1\%\sim0.3\%$ 的高锰酸钾水溶液浸洗蔬菜和瓜果等，一般浸泡时间为 5min，具有较好的杀菌消毒作用。

应该注意的是，对一些污染较为严重的原料，仅仅使用某一种洗涤方法可能难以达到理想的洗涤效果，必须根据原料的具体情况，综合多种洗涤方法进行处理。

4. 短暂保存

果蔬类原料经摘剔和洗涤加工后，进一步保存的能力大大减弱，比起加工前更容易发生变色、变味、变质现象。因此应该对它们进行短暂保存，以保色和保鲜。

（1）加工后容易发生褐变反应的原料，应立即浸入到稀酸或稀盐溶液中进行护色。应该注意的是，浸泡时间不宜过长，以免水溶性营养素的大量流失。

（2）在保存过程中要注意盛器的选择　因为单宁遇到铁会变成黑色，与锡长时间接触供热会呈玫瑰色，遇到碱则变成蓝色。因此在对单宁含量高的原料进行加工处理及保存时，要尽量避免与含有铁、锡、碱等物质的盛器接触。

（3）对绿叶蔬菜的保色措施　常用的方法就是将原料放入沸水锅中短时间烫制，然后迅速放入早已备好的冷水中浸凉。在用量较大的时候，可以在沸水中添加少许食碱，可以使叶绿素皂化水解为叶绿酸盐、叶绿醇等，使原料绿色更加稳定。这样做必须注意控制食碱的用量，避免使用食碱过多破坏原料固有的风味和营养物质。

（4）洗涤后的果蔬原料应先放在网格上沥去水分，但不宜堆放过紧、过实，更不能将湿的原料封在塑料袋中，这样很容易变味。也不宜将果蔬原料放在炉台旁或阳光下，温度偏高会使原料干缩枯萎，失去原料本身固有的质感。一般冬季可以放在室内，夏季应等水分沥干后放入冷藏柜中保存，但应注意温度不能低于 $0℃$，以免结冰对原料组织造成伤害。

（三）新鲜果蔬类原料初加工的实例

新鲜果蔬类原料品种繁多，食用部位各异，用途也各不相同，很难逐一介绍它们的加工方法。为方便研究和学习，现采用按照食用部位不同进行分类阐述的方法。

1. 叶菜类原料的初加工

叶菜类是指以植物肥嫩的叶片和叶柄作为食用部位的一大类原料，按其栽培特点可以分为普通叶菜、结球叶菜和香辛叶菜三种类型。常见的普通叶菜有小白菜、叶用芥菜、苋菜、莼菜、生菜、茼蒿、马兰等；常见的结球叶菜有大白菜、卷心菜等；常见的香辛叶菜有药芹、芫荽、韭菜、葱等。

叶菜类蔬菜品种繁多，在烹饪中使用广泛。其加工步骤和方法大体相似，一般都经历摘剔整理和清洗消毒两个步骤。摘剔整理是指摘剔除尽叶菜类的枯黄老叶及老帮、老根等，还要择去其他杂物如树叶、杂草等，留取可以食用的部位。同时还要将其修理整齐，以便于洗涤和刀工处理。清洗消毒是指采用合适的洗涤液和洗涤手段，清洗去除叶菜类夹带的泥沙、虫卵及其他污物，去除或杀死病原性微生物。通常多用清水洗涤，有时根据具体情况也可以采用盐水浸泡和高锰酸钾溶液、巴氏消毒溶液洗涤的方法。

2. 茎菜类原料的初加工

茎菜类是指以植物的嫩茎或变态茎作为主要食用部位的原料，按其生长环境又可以分为地上茎蔬菜和地下茎蔬菜两大类。

（1）地上茎蔬菜　又常常分为嫩茎蔬菜和肉质茎蔬菜两类。

嫩茎蔬菜的常见品种包括莴笋、竹笋、龙须菜、茭白、水芹菜和菜薹等。一般莴笋等带皮的原料，首先用刀削去老根和外皮，再用清水洗涤干净，入凉水中浸泡待用；竹笋、龙须菜、茭白等带毛壳的原料，要先剥去毛壳，削去老根和硬皮，多焯水后入凉水中浸泡备用；水芹菜的加工方法是去除老根及腐叶、腐茎等，用清水洗涤干净备用；菜薹的加工方法是剥去外面包裹的老叶，削去外层硬皮，洗涤干净后备用。

肉质茎蔬菜的常见品种有芥菜和球茎甘蓝等。初加工时通常是用刀切去头尾部，刮去杂须，必要时剜去虫瘿和干疤等，再用清水洗涤干净即可使用。

（2）地下茎蔬菜　又常常分为球茎蔬菜、块茎蔬菜、根状茎蔬菜和鳞茎蔬菜四种。

球茎蔬菜的常见品种有荸荠、茨菰、芋头、魔芋等。荸荠的加工方法是先切去头尾部，再削去外皮，用清水洗涤干净即可使用；茨菰一般只需要去除表面腐皮，洗净即可。但茨菰属于水生蔬菜，对铅等重金属具有较强的吸收、积累能力，因此，为保证食用安全，加工茨菰时不要怕麻烦，应认真去除表皮，并把顶芽掐掉。芋头一般采用刮削皮后用清水浸泡的加工方法，因为芋头含有黏液，黏液中含有草酸钙，容易刺激人体皮肤使其红痒，故加工时应注意。如果加工时皮肤不慎接触黏液发痒，可以在火上烘烤或用生姜片轻擦即可止痒。魔芋中含有少量的生物碱，具有一定的毒性，故宜用碱水加热去毒后方可食用，饮食行业多将其加工成魔芋粉使用。

块茎蔬菜的常见品种有马铃薯、山药、洋姜等。马铃薯的初加工方法是刮去或削去外皮，再用清水洗涤干净。需特别注意的是，发芽的马铃薯带有有毒的龙葵素，应避免食用。山药一般只削去外皮后用沸水略烫即可。由于马铃薯和山药中含有多少不等的鞣酸（单宁酸），去皮后与铁器接触时容易氧化后产生褐变，使原料呈现锈斑，故加工后应立即用清水浸泡备用。洋姜（即鬼子姜、菊芋）的加工相对简单，可以刮皮后清洗干净，或直接清洗即可。

根状茎蔬菜的常见品种有藕、生姜等。藕的初加工方法很简单，只要洗净污泥，刮去或削去外皮，再次清洗洁净后即可使用。生姜的初加工方法是刮去外皮后洗涤干净。

鳞茎蔬菜的常见品种有洋葱、大蒜、百合等，其加工方法一样，都是先用刀削去老根，再剥去外皮后洗涤干净即可。

3. 根菜类原料的初加工

根菜类是指以植物膨大的根部作为食用部位的原料。按其肉质根的生长形式不同，可以分为肉质直根类蔬菜和肉质块根类蔬菜两种类型。

肉质直根类蔬菜的常见品种有萝卜、胡萝卜、芜菁、芜菁甘蓝、根用甜菜和根用芥菜等。加工方法通常是先切去头尾，刮去杂须，削去污斑和干疤，削皮或不削皮，洗涤干净即可。

肉质块根类蔬菜的代表品种是地瓜，在烹饪中用途非常广泛。初加工方法通常是去头尾，刮去杂须，削皮（或不削皮）洗涤干净备用。

4. 花菜类原料的初加工

花菜类是指以植物的嫩幼花部器官作为食用部位的蔬菜，品种不多，但经济价值和食用价值都很高。常见的品种有花椰菜、青花菜、黄花菜、食用菊等，初加工方法一般是去蒂、去老叶和老茎，削去锈斑后洗涤干净即可。

近几年鲜花入馔的现象很普及，一般用于熬粥、煮汤或配菜使用。对鲜花要注意卫生质量，一般经过清洗浸泡后用于烹饪；也常见干制加工后入馔，只要摘洗后就可以使用了。

5. 果菜类原料的初加工

果菜类是指以植物的果实或嫩幼的种子作为主要食用部位的蔬菜，是蔬菜中的重要类群。果菜类蔬菜依照供食的果实构造特点不同，可以分为瓜果类、茄果类和豆果类等。

瓜果类蔬菜的常见品种有黄瓜、南瓜、丝瓜、冬瓜、苦瓜和西葫芦等。初加工方法通常是去蒂、去皮、去籽（也有不去的）后洗涤干净即可。

茄果类蔬菜的常见品种有番茄、茄子、辣椒等。初加工方法很简单，通常是去蒂后洗涤干净，有时候根据具体情况决定是否去皮。

豆果类蔬菜的常见品种有豇豆、扁豆、蚕豆、豌豆和黄豆等。幼嫩豆果入馔的，可以剥去荚壳，也可以连荚壳一起烹饪，只要洗涤干净就可以了。老豆果入馔的，一般先泡软后洗涤干净就可以了。

三、家禽与家畜的初加工

家禽是指人类为了满足对肉、蛋等的需求，经人工长期饲养而驯化了的鸟类。目前我国饲养的家禽品种主要有鸡、鸭、鹅、鸽子、鹌鹑、火鸡等，由于有羽毛和内脏，故应按一定的程序严格加工，确保净料质量。家畜是指人类为了满足对肉、乳、毛皮及担负劳役等需要，经人工长期饲养而驯化了的哺乳动物。目前我国饲养的家畜品种主要有猪、牛、羊、马、驴、狗、兔子等，因家畜的宰杀加工必须由国家卫生部门规定的屠宰场进行，个人和单位未经许可不得擅自宰杀加工，故此仅介绍家畜内脏和四肢的加工方法，家畜宰杀加工不予介绍。

（一）家禽初步加工的要求

家禽的组织结构复杂，加工程序烦琐，净料质量要求很高，因此对初步加工提出了严格的技术要求。加工人员必须熟悉家禽的基本情况，正确认识到加工的重要性，认真按照规范要求进行作业。

1. 宰杀时气管、血管必须割断，血要放尽

为了节约初步加工的时间，家禽宰杀时必须将气管、血管同时割断，使其短时间内迅速流尽血液，断气死亡，以便于进行下一步的加工程序。如果不能将家禽的气管割断，将会延长其死亡时间，耽误下一步加工，也不符合人道主义的加工原则；如果不能将血管割断，则血液流出不畅，血流不尽，从而使家禽肉质失去应有的洁白色泽，且带有血腥异味，降低了原料质量。例如制作芙蓉鸡片时，就必须保证鸡肉质地洁白，如果血流不尽，肉质呈暗红色，则很难达到成品洁白如玉的质量要求，也影响到成菜的鲜美程度。

2. 煺毛时要掌握好水温和泡烫的时间

家禽煺毛的技术要求较高，既要求将家禽的毛全部煺尽，还要保证家禽外皮完整无破损，以免影响菜肴的整体形态。影响煺毛的因素除了加工人员的技术熟练程度外，主要取决于泡烫的时机、水温和泡烫时间的掌握，总的原则是根据家禽的品种、家禽质地的老嫩情况、加工季节和环境温度等的变化灵活掌握。一般要求烫泡质老的家禽时水温要高，时间要长；反之泡烫质嫩的家禽时水温要相应低一些，时间也要短一些。冬季环境温度低时泡烫的水温要高，泡烫的时间要长；夏季环境温度较高时水温要低，泡烫的时间也要短一些。另外，就品种而言，因鸡的质地较鸭和鹅的要嫩，故泡烫时水温低，时间也相对较短，工艺也相对简单一些。

3. 根据烹调用途决定开膛部位

家禽的烹饪用途广泛，既可以整只成菜，也可选用某一部位烹调。根据用途不同，家禽可以采用腹开膛、肋开膛和背开膛三种开膛方法。如制作一般菜肴，尤其是选用家禽的某一部位进行烹调成菜的，多选用腹开膛去内脏；制作整禽菜品，如清蒸鸡、整扒鸡、清蒸鸭等，则选用背开膛去内脏，因为这些菜肴装盘时均为腹部朝上，既让食客看不到开膛刀口，还可以将家禽腹部丰满的肉质展示出来；而制作烤禽类菜肴，如烤鸭、烤鹅等，则采用肋开膛去内脏，既可在烤制时不至于漏油，又能保证成品外观完整；另外，在制作八宝鸡、八宝葫芦鸭等菜肴时，则在整料出骨后再清理内脏，以确保禽体完整，形态美观。

4. 严格卫生要求，防止交叉污染

家禽原料的卫生质量，既影响到菜肴成品的卫生质量，而且极大程度地影响原料的保存期限，为此，在家禽加工过程中一定要考虑卫生因素，严格卫生要求，防止交叉污染。一般要注意三个方面的问题。

（1）家禽宰杀时的刀口　要求家禽在宰杀时保证割断气管、血管的前提下，尽可能减小刀口，以防止在泡烫、煺毛和开膛去内脏时大面积污染，使刀口处沾染大量微生物和其他污物。

（2）开膛去内脏　要求必须在干燥环境下开膛，去除内脏时动作要轻快，注意避免碰破肝、胆、肠等，以防内容物流在腹腔内导致污染。内脏去除后要与禽肉分

开放置、分别加工，防止交叉污染。

(3) 洗涤加工　应重点将禽体口腔中、颈部刀口处、腹腔内、肛门等部位反复冲洗干净，既确保原料卫生质量，又保证菜肴的口味和色泽不受影响。另外，肫、肠应反复刮洗，心、肝应反复漂洗，保证原料符合卫生要求。

5. 物尽其用，避免浪费

家禽的组织部位不同，其质地、性质也各不相同，在加工过程中应熟悉原料情况，巧妙运用，合理地使用原料，避免浪费。例如制作淮扬名菜"一鸡九吃"，就是充分利用各部位原料，根据其性质特征制作出九道不同的佳肴。即使是禽毛、肫等，也可以有诸多用途，故禽类初加工时应注意保存利用，提高利用率，从而有效地降低产品成本。

（二）家禽初加工的方法

前面已经提到，禽类加工程序繁杂，加工要求严格，必须按照一定的程序进行。下面以鸡为例介绍家禽初加工的方法。

1. 准备工作

在对家禽正式加工前，应准备好初加工的必需用品，如锋利的厨刀、烫泡用的盛器和开水、煺毛的案板以及盛装原料的盛器等。另外，还应该准备一个容器，内放适量的冷开水（冬季用温水），用来准备盛装禽血。一般水与血的比例是 3：1，水中应加少许食盐和黄酒、味精、葱姜汁等，搅匀备用。

2. 宰杀

用左手抓住鸡翅，小指勾住鸡的右腿，拇指和食指捏住鸡颈皮，并反复向后收紧，使气管和血管突起在头根部，将准备下刀处的鸡毛拔去（防止宰杀时颈毛掉入血水中以及在烫泡、煺毛时将刀口处的皮撕破），用刀尖迅速割断气管和血管，同时将鸡身向下倾斜使血液流入盛器内，并用筷子将血液搅匀。

3. 烫泡、煺毛

准备足够的开水，根据鸡的质地老嫩和环境的温度将开水调节到合适的温度，将已经杀死的鸡投入浸没浸透后取出放置在案板上，左手按稳鸡身，右手将鸡毛煺光。烫泡、煺毛时应该注意以下几个问题。

(1) 水量要充足　要以能够将鸡身完全浸没在水中为准。足够的水量能确保将禽体烫匀、烫透，尤其要注意将鸡头、翅下和鸡爪要烫透，以便于煺净绒毛并煺除鸡爪上黄皮。

(2) 水温要适中　如前所述，应根据家禽的品种、质地老嫩和加工的环境温度决定烫泡的水温和时间。质地老的禽类烫泡时用开水，质地嫩的禽类可在开水中加适量冷水，以将水温调整到理想程度。尤其需要注意的是，鸭和鹅的羽毛较难煺除，可在宰杀前给鸭、鹅灌一些酒或凉水，并用冷水洗透全身再宰杀、烫泡，煺毛就比较容易了。

(3) 煺毛时应掌握的技巧　技术熟练的厨师讲究"五把抓"，即头颈、背部、腹部、两腿各一把，就可以基本上将羽毛煺净。这样做的好处是节约了加工时间，还可以有效减少细小绒毛的残留。应该注意的是，煺毛时动作宜轻宜快，既要保证煺净羽毛，又不能破损鸡皮。

（4）掌握好烫泡的时机　烫泡、煺毛一般要求在鸡宰杀后停止挣扎、死亡、体温尚存的时候进行。过早会因肌肉痉挛使鸡皮紧缩，煺毛时不容易煺尽且会将鸡皮撕破；过晚家禽余热散尽，则肌肉僵硬羽毛难以煺净，因此应该选择好最佳的烫泡时机。

4. 开膛取内脏

如前所述，根据烹调用途的不同，开膛去内脏的方法也不一样。通常有腹开膛、背开膛、肋开膛三种方法。

（1）腹开膛　先在鸡颈右侧靠近嗉囊处开一刀口，轻轻取出嗉囊，再在两腿之间、肛门上方划一条5～6cm的刀口，从刀口处用手轻轻掏出内脏，割断肛门与肠连接处，洗涤干净。

（2）背开膛　用左手按稳鸡身，使鸡背部向右，右手用刀顺着背骨剖开，掏出内脏，同时掏出嗉囊（注意拉出嗉囊时用力要均匀适度，避免将嗉囊管拉断污染腹腔），用清水冲洗干净。

（3）肋开膛　将鸡身侧放，右翅向上。左手掌根按稳鸡身，手指勾起右翅，用右手持刀在肋下开一个小刀口，再将右手手指伸入腹腔将内脏轻轻拉出（注意同时拉出嗉囊，掌握好力度），用清水反复冲洗干净。

开膛去内脏应该注意三个问题：一是应根据制作菜品的要求决定刀口大小，一般刀口大小要适宜，掏出内脏时注意避免将刀口撑大；二是取内脏时不能碰破胆囊和鸡肝，因为胆囊被碰破后胆汁污染鸡身，导致肉味变苦，影响原料质量。而鸡肝为珍贵的烹饪原料，营养丰富，在加工中如若破碎则无法烹调利用。三是鸡内脏中肫、肝、肠、心均可入馔，加工时不宜抛弃，应该注意收集利用。

5. 洗涤

禽类经过初步加工以后，最后的洗涤常分为两部分进行，一为禽身的洗涤，二为内脏的加工洗涤，均有严格的要求。

（1）禽身的洗涤　除了需要将禽身全面冲洗外，还应对易污染的部位进行重点洗涤，如口腔的洗涤、颈处刀口的洗涤、气管和血管及甲状腺的清除、腹腔的洗涤、肛门的洗涤等，尤其要注意将腹腔脊骨处的海绵状组织（肺）摘除并清洗。

（2）禽类内脏的洗涤

① 肝的洗涤：摘除附着在其上的胆囊（注意勿将其碰破），用清水漂洗干净。

② 心的洗涤：用力挤净心基部血管内的淤血，用清水洗净。

③ 肫的洗涤：先割去上部食管，摘除下连肠管，剥去附着油脂，用刀将肫剖开，用水冲去内容物，用力撕下黄皮（俗称鸡内金，另用），用清水冲洗干净。

④ 肠的洗涤：先用手撕去附着在表面的两条白色胰脏及油脂，用剪刀顺长剖开，用刀刮尽黏液和杂质，加干面粉和醋揉搓后用清水反复漂洗干净。

⑤ 油脂的洗涤：油脂常分布于禽体腹腔内和包裹在肠、肫的外面，加工时用手撕下漂洗干净，用刀切碎后放入盛器中加葱、姜、料酒等调料，封闭后上笼蒸至油脂熔化取出，过滤后用于烹调，俗称为"明油"。

（三）家畜内脏和四肢初步加工的基本要求

家畜内脏，通常是指肝、心、腰子（肾）、肚子（胃）、肠、肺等组织器官；家畜四肢，通常是指前后四个蹄爪，行业上还包含头、尾等，头部还包括舌（口条）和脑组织。因家畜内脏和四肢在中式烹饪中是非常重要的烹饪原料，而其往往带有较多的污秽物，污染严重，必须在初加工时予以严格清除。

1. 加工方法合理，清洁卫生措施得力

家畜内脏和四肢的品种不同，性质各异，加工方法也不一样，初加工时应根据具体品种选择合适的加工方法。例如肺的初加工，因肺内有许多支气管与肺总管相通，而支气管中常藏有污物，故宜采用灌水冲洗法；而脑组织质地软嫩，不宜重力洗涤，故宜采用清水漂洗法；如果加工的是蹄爪，因多带有未除尽的毛、皮，甚至带有黏附较紧的污物，故多采用刮、剥洗法，以有效除去毛皮污物。总之，不论采用何种加工方法，都要以能够保护原料的固有口感特征，并将原料彻底地加工洁净为准则，确保人体食用后无不良影响。

2. 应遵循加工后不改变原料质地、保护营养的原则

家畜内脏及四肢初加工的根本原则是除净异味杂质，改善原料风味。但也应注意到，每一种原料都有其固有的质地，它们往往带给食客熟悉的、早已定格的口味和质地，因此在进行初步加工时，以不改变原料的质地特征为宜。另外，家畜内脏往往含有大量的维生素和无机盐，加工过程中很容易被破坏或流失，应采取有效的措施，保存营养素，提高食用价值。

3. 严格质量鉴定，重视净料保管

因家畜内脏和四肢含有大量水分，并带有大量黏液，极易沾染微生物，很容易导致腐败变质，因此初加工前应严格做好质量鉴定，严把卫生质量关。净料保管措施要得力，防止交叉污染和腐败变质。提倡加工成净料后立即投入烹调食用，减少污染机会。

（四）家畜内脏和四肢初步加工的常用方法

1. 里外翻洗法

常用于肠、肚子等内脏的洗涤加工，有利于原料内外的清洁卫生。

2. 盐、醋搓洗法

此法主要用于洗涤黏液、污秽较多的原料，如肠、肚子等。因为盐具有很强的渗透性，加工过程中容易使肠、肚子组织细胞中的水分渗出，导致肠壁或肚子壁变薄，质地变老、变韧，现在饮食业已经探索使用其他物品代替，例如面粉等。

3. 刮、剥洗涤法

主要用于去除原料表面的黏液和污物，如肠、肚子等；以及去掉一些原料的残毛和硬壳等，如头、爪、舌、尾等。

4. 清水漂洗法

主要用于质地较嫩、易碎原料的洗涤加工，可使密度大的污物沉于水底，密度小的污物浮于水面，达到清洁的目的。如家畜的脑、髓、肝、油脂等。

5. 灌水冲洗法

主要用于洗涤一些管状的原料，如肠、肚子、肺等，将其套在水龙头上较长时间的冲洗，达到治净的目的。

6. 焯水烫泡法

如肠、肚子、舌、爪等原料经上述加工后，再经热水烫泡可进一步去除污物和异味；也可以先将这些原料进行烫泡后再洗涤，会达到事半功倍的效果。

应该注意的是，有些原料在加工处理时，仅靠一种加工方法可能达不到理想要求，往往需要几种方法的综合运用。同时，家畜内脏和四肢初加工的方法还有很多，往往要根据实际条件、个人习惯和技术条件灵活处理，这就需要在工作实践中不断摸索，以寻求更合理、更有效、更科学的加工方法。

四、水产品原料的初加工

水产品，通常指长期生活在水中的所有原料。根据其生长水源的不同，可分为海水产品和淡水产品。常见的水产品有鱼类、虾蟹类、龟鳖类、蛙类和软体动物类等。

（一）水产品初步加工的基本要求

水产品的种类繁多，性质也各不相同，因此在加工过程中采用的方法也不一样。在加工时，应遵循一条总原则，就是要把原料加工成便于烹调食用、符合清洁卫生标准的净料。因此，在水产品初步加工过程中必须符合一些基本要求。

1. 了解原料的组织结构，去除不能食用的部分

不同的水产品有着不同的组织结构，在加工过程中必须根据具体情况去除不能食用的部位，同时按照烹调用途的不同，将可食部分归档待用。例如，在一般情况下，鱼类原料的鳞片、鳃、鳍、内脏（包括肝、胆、腹腔黑衣、肠、心等）在加工过程中必须清除不用或另作他用；虾类原料多要剪去头须脚，去壳或不去壳，除去肠腺备用。总之，水产品在初加工时必须首先根据原料具体情况去除鳞片、鳃、内脏、硬壳、灰质板、沙粒及血腥黏液等，以取得理想的净料。

2. 根据烹调成菜的要求进行加工

中国菜肴烹调方法多样，同一原料采取不同的加工方法可烹制出多种佳肴。因此原料在加工过程中必须根据烹调成菜的具体要求进行加工。例如同一条鳜鱼，如需制作八宝鳜鱼，则须从口腔中将鱼鳃和内脏用竹筷卷出、洗净，以保持原料外形的完整美观；如需制作松鼠鳜鱼，则可从背部或腹部开刀去除内脏，以便于洗涤、去骨等再加工。再如以对虾为原料制作菜肴，如制作彩褶大虾、干烧对虾等菜肴，只须剪去须脚洗净即可；如制作凤尾虾，则需剥去头壳和部分身壳，留尾壳，以保持成菜身体部分洁白而尾部红艳；如制作橘瓣虾和煎虾饼等菜肴，则需要去除全部虾壳，仅留虾仁入馔。

3. 符合卫生，确保营养要求

水产品的初步加工，不仅要求加工过程必须按照卫生要求进行去废、洗涤，保证原料卫生质量，还应注意避免原料本身化学组分发生变化，防止对人体有害物质

的产生。例如甲鱼死后内脏极易腐败变质，肉中的组氨酸转变为有毒的组胺，对人体有害，从而影响甲鱼的卫生质量；再如鳝鱼属血清毒鱼类，其血液带有一定毒性，在加工时应予以清除。另外，有些水产品如小龙虾的体内常宿生肺吸虫囊蚴，有些蚶类则是甲型肝炎病毒的宿主等，也影响到原料的卫生质量，加工时应采取有效措施（如煮熟煮透等），保证原料符合卫生要求。

水产品的初步加工既要符合卫生要求，还应确保营养素不受或少受损失，尤其是一些特殊的水产原料更应如此。例如鱼类的初步加工一般应去鳞，但新鲜的鲥鱼和白鳞鱼则不能去鳞，因为其鳞片大而薄软、鳞下富含脂肪。再如鱼类的肝脏往往带有大量的维生素和无机盐，在加工过程中也应注意收集利用。

4. 物尽其用，避免浪费

在对某些原料进行初步加工时，首先应广泛了解并掌握其使用情况，以便根据需要进行加工，物尽其用，水产品原料亦应如此。例如酒店为了制作软兜长鱼而买回鳝鱼后，首先会烫杀剔骨获取鳝鱼背肉；实际上还可以用腹部鳝肉制作煨脐门，用尾部鳝肉制作炝虎尾，用骨头制作炸龙骨等。高明的厨师往往利用别人忽视不用的下脚边料，经过独特的构思，创新出佳肴名品。

（二）水产品初步加工的方法

1. 鱼类的初步加工

（1）常见鱼类的初步加工

常见鱼类的加工步骤一般为：刮鳞→去鳃→开膛去内脏→洗涤备用。

① 刮鳞：因鱼鳞一般没有食用价值，质地较为坚硬，在加工时应予以刮除。但鲥鱼和白鳞鱼等鳞片较薄，鳞下脂肪含量丰富，烹调时可以不去鳞，在上桌食用时用筷箸轻轻拨去即可。

② 去鳃：鳃是鱼类的呼吸器官，质地坚硬，往往夹杂一些泥沙、异物，无食用价值，故应去除。小型鱼类一般用手拔去鱼鳃即可，但大型鱼类和一些有毒鱼类的鳃需要用剪刀等辅助工具去除。

③ 开膛去内脏：鱼类开膛的方法往往视具体的烹调用途而定。一般用于红烧、清炖、氽汤的鱼类可以直接剖腹去内脏；用于出骨成菜的例如双皮刀鱼、怀胎鲫鱼等，宜采用背部开膛的方法，其具体步骤是在去除内脏后用刀将其脊骨和胸刺从刀口去除；另外，有些鱼类在初加工时为了保持外形完整，用竹筷从鱼的口腔中将内脏绞出，如清蒸鳜鱼、白汁鲴鱼等。

④ 洗涤：因鱼类腹腔中血污较多，尤其是一些池养鱼的腹腔中有一层黑膜（俗称黑衣），腥味尤重，在洗涤时应重点清除。另外注意对鳃部和口腔的洗涤，尤其是对鳃部的反复冲洗，以洗净泥沙、黏液和其他污染物。

（2）特殊鱼类的初步加工方法　特殊鱼类经常使用的初步加工方法有宰杀、剥皮、褪砂、泡烫等。

① 宰杀：常用于那些生命力强，难以直接进行开膛加工的鱼类，如乌鳢鱼、鳝鱼等。乌鳢鱼的宰杀方法较简单，可以直接摔死或用刀背对准鱼头部位猛击致死后按照常见鱼类加工方法加工即可。因鳝鱼体表有大量黏液，具有极强的生命力，

宰杀较为困难。常用的方法有两种：一种是直接用左手掐住鳝鱼头鳃部，右手用剪刀或其他尖刀刺破颈部，再从刀口处刺入顺腹部直划到脐门，去除内脏洗净；另一种是将鳝鱼放在案板上，用刀背将其击昏，迅速用刀在颈下划一小口放血，再用左手按住鳝鱼身体，右手持刀顺腹部从刀口处直划至脐门，去内脏洗净。

② 剥皮：常用于加工鱼皮粗糙、颜色不美观的鱼类。如鲨鱼和鳎科鱼类中的宽体舌鳎、半滑舌鳎等。加工方法是先在头后背部割一小口，用手捏紧鱼皮用力撕下，一般腹部皮不必去除，刮去鳞片即可。

③ 褪砂：主要用于加工鱼皮表面带有沙粒的鱼类，多为鲨鱼，如白斑星鲨、白斑角鲨、姥鲨等。加工方法是将鲨鱼放入热水中略烫，水温视鲨鱼形体大小和质地老嫩而定，体大而质地老则水温高，反之则水温低。烫制的时间以能褪掉砂粒而鱼皮不破为佳，若将鱼皮烫破，褪砂时砂粒易嵌入鱼肉，影响食用。烫后用小刀刮去表面砂粒、剪去鱼鳃，剖腹去内脏，再洗涤干净即可。

④ 泡烫：主要用于加工鱼体表面带有黏液且腥味较重的鱼类，如鳝鱼、海鳗、鳗鲡等，尤其鳝鱼对泡烫的技术要求较高。鳝鱼的泡烫方法是：先将锅中水烧开，加入适量的盐、醋、料酒、葱、姜等，将鳝鱼扣入锅内并迅速盖上锅盖（或者先将开水倒入小口径容器中将鳝鱼烫死后再倒回锅内），加热至鳝鱼嘴张开后，捞出用凉水浸冷，即可用于出肉加工（俗称划鳝）。

鳝鱼泡烫技术关键有三点：第一，鳝鱼必须开水下锅，以防营养物质在水中常时间加热而损失；同时防止鳝鱼骨头长时间煮制导致疏松（尤其是在加醋以后），以至于划鳝的时候骨头易断裂。第二，水中需加入盐、醋、料酒、葱、姜等，加盐的作用是使鳝鱼肉质紧缩，蛋白质凝固，同时与醋共同作用去除鳝鱼体表的黏液和腥膻异味；加料酒和葱、姜的作用是为了去腥增香。第三，要求泡烫的时间要恰到好处，如烫得老则骨头和肉质易断，烫得嫩则肉质老韧，都影响到"划鳝"效果。

2. 虾蟹类原料的初步加工

虾蟹属于节肢动物类，生活在淡水或海水中。虾类主要有澳龙、对虾、毛虾、河虾、罗氏虾等；蟹类主要有中华绒螯蟹、大闸蟹、河蟹、梭子蟹等。

虾类原料可整只烹调，也可以去壳或半去壳烹调。整只烹调的虾可以直接清洗后使用；有些体型较大的虾类需用剪刀剪去虾枪、须、腿，挑出头部砂袋，从脊背处用刀划开，剔去虾筋和虾肠。去壳烹调的步骤行业上又叫"挤虾仁"，属于出肉加工的范畴。

蟹类加工前多静养使其吐出泥沙等脏污，再用清水冲洗干净即可。应注意有些蟹类的螯足大且密生绒毛，易夹杂污物，应反复冲洗，最好用刷子将蟹壳仔细洗刷一遍，烹调前用绳索捆住蟹足防止脱落，保持外形完整。

3. 龟鳖类原料的初步加工

龟鳖属于爬行纲龟鳖目，因其生命力较强，为防止加工时咬伤人，一般应先宰杀后再清洗加工。龟鳖类原料初步加工步骤为：宰杀→去内脏→泡烫→洗涤。

（1）宰杀　方法一：将龟鳖腹部向上放在案板上，待其头部伸出支撑欲翻身时，迅速用左手抓住头颈部，右手用刀切开喉部放血；方法二：用竹筷等物让其咬住，随即用力拉出头颈并迅速用刀切开喉部放血；方法三：将龟鳖放在地上，趁其不备用右脚猛踩其背部，使其受压后头部伸出，迅速用刀剁去头部。为了保持原料的外形完整，一般不采第三种方法进行宰杀。

（2）去内脏　甲鱼去内脏的方法主要有两种：一是直接在腹部开十字刀口去除内脏，适用于生炒、酱爆等烹调方法；二是将其泡烫后用拇指踢开裙边与鳖壳结合处，掀起鳖壳去除内脏。乌龟去内脏的方法是在其后面两腿无壳无骨的地方切一个小口，掏出内脏。

（3）泡烫　根据龟鳖原料质地的老嫩和加工的季节不同，选择 70～100℃ 的热水，将宰杀好的龟鳖投入烫 3～5min，取出用刀刮去周身黑衣即可。

（4）洗涤　清洗过程中应注意去除甲鱼体内的黄油，因其腥膻味较重，如果去除不干净，不但成菜腥味很重，还会使汤汁浑浊不清。

4. 蛙类原料的初步加工

蛙类的常见品种有牛蛙、林蛙、石蛙等，其加工方法基本相同：摔死→剥皮→剖腹→清理内脏→洗涤。

将蛙摔死后，从颔部向下剥去皮，用刀纵向割开腹部，清理内脏，仅保留肝、脾、胰、心及菊花形油脂，其他包括肠、胃、肺、胆及膀胱等一概除去，剪去蛙头、蹼趾，洗净后备用。有时候根据制作菜肴的要求也可以不去皮，如爆炒牛蛙，只需要用盐揉搓外皮后反复清洗即可。

5. 软体动物原料的初步加工

软体动物是低等动物，身体柔嫩，不分节。因为大多数软体动物都具有贝壳，故通常又称为贝类。贝壳是软体动物的保护器官，当软体动物活动时，将头和足伸出体外，遇到危险便缩入壳内。因贝壳无食用价值，故在加工或食用时去除或仅作为点缀使用。

（1）腹足类软体动物初步加工

① 鲍鱼：先用刷子将鲍鱼外面的一层黑膜去除，为了便于刷去黑膜，可先用苏打水浸泡。用餐刀刀刃紧贴鲍鱼的内壳划动，使其壳肉分离后取出鲍鱼肉，除去内脏，清洗。

② 田螺：常见且分布较广的有中国圆田螺和中华圆田螺，主要生长于淡水湖泊。加工方法：一是将其用清水（可加入适量豆油或料酒）静养一段时间，待其吐净污物后用刷子清洗干净，用钳子夹去尾壳，再反复清洗即可。此法主要用于红烧整田螺，多用竹签挑食，江南多喜用嘴直接吸食。二是将其用沸水煮至肉体离壳，用竹签挑出螺肉，洗净即可。三是用机械方法直接破壳，取其生肉洗净备用。

（2）瓣鳃类软体动物的初步加工

① 河蚌：又名无齿蚌，是瓣鳃类动物中体型最大的一个品种。加工方法是直接用薄型小刀插入前缘两壳结合处，向两侧移动，割开前、后闭壳肌，然后紧贴两壳内侧剜出肉体，摘去鳃瓣与肠胃，用少量盐水洗涤干净即可；也可以用开水煮

熟，使壳张开，取出肉体，除去外套膜及内脏，洗净即可。

② 蛏子、蛤蜊：加工时首先将活的蛏子或蛤蜊放入2%的盐水中静养1h左右，促使其吐出腹内泥沙和污物，清洗干净即可；也可以将其放入开水锅中煮至两壳分开后取肉去内脏，清洗干净后备用。

（3）头足类软体动物初步加工　乌贼、章鱼：分头、足和躯干三部分，加工时应先摘除眼球、头上的吸盘，去除灰质板，再摘去墨囊等，用清水反复洗涤干净即可。加工墨鱼、鱿鱼时，最好在水盆里进行，防止墨汁外溅。

五、野味类原料的初加工

在众多的烹饪原料中，有一类采撷于自然、风味独特、珍贵难得的原料，常被制作成一些较为高档的菜肴，颇受食客的青睐，这就是野味类。烹饪界通常所说的野味，是指野生的、未经人类驯化的、常被用于烹饪的一类动物性原料。因野味资源有限，有的野味卫生指标也达不到摄食标准，甚至有些野生动物受到法律法规的保护，因此对野味类原料的加工方法不予介绍。这里仅谈谈野味类原料加工的基本要求。

1. 掌握野味原料的习性，注重加工安全

野味原料一般长期生活在自然环境中，往往具有较大的野性，性格凶猛，生命力强，给初加工带来了一定的难度。更有一些原料还会给初加工者的安全带来威胁。因此，在对野味类原料进行初加工时，必须掌握其基本习性，注重加工安全，防止被咬伤或抓伤。例如在加工蛇类原料尤其是眼镜蛇等有毒蛇类时，应掌握蛇的习性，首先进行正确的宰杀加工，以防止被蛇咬伤；再如加工刺猬时，应先将其摔死后再进行剥皮加工，防止加工时被其棘刺刺伤。

2. 必须保证原料的卫生质量

很多的野味品种因数量稀少，获取不易，成为名贵的烹饪原料，也因此保存时间较长，很容易发生腐败变质，从而降低食用价值，甚至影响食客的健康。因此对那些不慎变质的原料要坚决舍弃不用，确保饮食安全。另外，还有一些野味类原料如毒蛇、河豚等，某一部位具有一定的毒性，在初加工时应注意清除，慎用于烹饪。综上所述，在对野味类原料进行初加工时，应全面考虑产品特点，严把卫生质量关。

3. 根据菜肴制作要求采用不同的加工方法

野味原料性质各异，其烹调用途也不相同，在对其进行加工处理时，还应熟悉其制作菜肴的要求，采用不同的加工方法。如有的野味在制作菜肴要剥皮，如蛇类、蛙类等；有的野味在制作菜肴时则需进行煺毛处理，如鹌鹑、竹鸡、野鸭等。

4. 遵守野生动物保护法规，保护珍稀及有益动物

由于人类的活动范围不断扩大，生态环境发生了改变，野生动物已经越来越少。更兼人类对野生动物的滥捕，许多动物资源已经濒临灭绝。为了改变这种现状，作为烹饪工作者应了解并遵守《野生动物保护法规》，坚决不采购、不加工、不食用国家公布的重点保护野生动物，保护那些珍稀及有益的野生动物。

第二节　复制品原料的初加工

一、复制品原料初加工的含义

1. 复制品原料

复制品原料是指批量生产的烹饪原料，为了实现异地或延时使用的目的，经初加工后进一步加工处理，形成富有特色的再加工原料。民间常用的再加工方法有干制、腌渍、冷冻以及糟、醉、腊等，形成的制品各具特色，拓宽了烹饪用途，呈现出一批风味独特、深受欢迎的特色名菜。

2. 复制品原料的初加工

复制品原料由于具有干、硬、咸等不同的质地特征，一般很难直接用于烹调成菜。为了便于烹调成菜，在正式烹调前对复制品原料所采取的吸水膨润、稀释、除味等处理环节，统称为复制品原料的初加工。

复制品原料的初加工应根据复制品原料的具体性质和特点，采用适宜的加工方法；在加工过程中应尽可能保持原料固有的风味特征，保护其营养素不受损失，保证其卫生指标不受影响。

二、干货原料的初加工

（一）干货原料的基础知识

1. 干货原料的由来及常见种类

干货原料简称干料，是鲜活的烹饪原料经加工后脱水干制而成的一类烹饪原料。干货原料具有干、硬、柴、韧、老、脆等质感特点，不适合直接用于烹饪成菜，因此必须进行涨发加工，才能达到烹调和食用的要求。

在我国，早在一千多年前的《齐民要术》中就有关于干制方法的记载，如在"种椒篇"中就记有"天晴时摘下，薄布，曝之令一日即干，色赤椒好，若阴时收者，色黑失味"。干货原料就是经过脱水干制后得到的一大类烹饪原料，主要有晒干、风干、烘干、渗透干燥、石灰或草木灰焐干及真空干燥等几种干制方法。一般来说，晒干的原料质地较风干的更硬些，而盐腌干制的原料往往带有较重的咸味、苦味等，容易改变原料本来的风味。因此，风干的干货原料质地比晒干的要好，使用石灰焐干的干货原料质地较差，而热空气干燥、真空干燥、微波干燥等方法干制的原料质量较好。

干货原料的常见种类有两大类：一是植物性干货原料，包括玉兰片、食用菌类（如香菇、竹荪、猴头菇、草菇、蘑菇、黑木耳、银耳等）、金针菜、苔干菜、莲子、腐竹、粉丝、干粉皮、百合、红枣、海带、紫菜等；二是动物性干货原料，包含水产干货原料（如鱼翅、鱼肚、鱼皮、鱼唇、鱼骨、鱼信、黄鱼鲞、鲍鱼、海参、干贝、裙边、淡菜、鱿鱼、墨鱼、章鱼、开洋、墨鱼穗、墨鱼蛋、蛤蜊干、牡蛎干、蛏子干、银鱼干等）和陆生动物干货原料（如驼峰、驼掌、鹿筋、鹿鞭、蹄筋、牛鞭、干肉皮以及燕窝、哈士蟆油等）。

2. 干货原料的烹饪学意义

（1）实现长期备料 原料经脱水干制后，在不破坏原料固有本质特性的前提下，防止原料腐败变质，从而能在常规储存条件下较长时间地完成备料需要，实现了原料供应时效的延长；同时还可以平衡产销高峰，有效地安排工作进程。

（2）实现异地供应 我国地大物博，原料品种丰富；各地由于地域、气候的不同，特色烹饪原料众多，为了加强资源共享，增进物产交流，需要通过运输手段来完成。原料经脱水干制以后，可以防止变质，重量减轻，便于运输和携带，方便异地供应。

（3）拓宽烹饪原料品种 原料经脱水干制以后，一般需要经过涨发加工后才能用于烹饪成菜。经过涨发的原料与鲜活原料的质地会有很大的差别，从而拓宽了烹饪原料的品种。如鲜肉皮与皮肚、鲜蹄筋与水蹄筋、鲜贝与干贝等，鲜活原料与涨发后的原料质地都有很大的变化，其适宜的烹调方法和常见的代表菜肴也迥然不同。

（4）形成独特的风味 经过涨发后的原料固有的性质被改变，形成了新的风味特征，往往给食客留下全新的、完全与鲜活原料不同的风味特点。根据原料涨发后的质地特征，选择合适的烹调方法，可以烹制出一大批具有独特风味的特色菜品。如鲜肉皮一般多采用烧、冻、酱等烹调方法，成菜多糯、筋，有咬劲；涨发的皮肚一般多采用烩、炝等烹调方法，成菜多软、烂、蓬松感强。

（二）干货涨发的基础知识

1. 干货涨发的意义

原料经脱水干制以后，无法直接用于烹饪成菜，必须使其重新吸收水分，达到松软、膨润的可食状态。所谓干货涨发，简称"发料"，就是利用烹饪原理的物理性质，进行复水和膨化加工，使其重新吸水后，合乎食用要求，利于人体的消化吸收。

干货原料涨发过程实质上就是将干货原料进行膨化加工和复水加工，从而使其体积变大，重新吸收水分，使质地变软。膨化加工主要是使烹饪原料分子颗粒变大、分子之间空隙变大；而复水处理则要注重水质和吸收的数量，确保涨发后的原料品质。

2. 干货的复水特点

干货的复水并不是干燥历程的简单反复，这是因为干燥过程中所发生的某些变化并非是可逆的，原因有四：一是部分细胞和毛细管萎缩和变形等物理变化，使自由水进出通道堵塞；二是胶体中的物理变化和化学变化；三是盐分的增加和热使蛋白质部分变性，失去了再吸水的能力或与水分相互结合的能力；四是破坏了细胞壁的渗透性，细胞受损伤后，在复水时就会因糖分和盐分的流失而失去保持原有饱满状态的能力。

（三）干货原料涨发的分类与原理

1. 水膨润涨发工艺

水膨润涨发工艺是指利用水的可渗入性和水与氢键相结合的能力，使水分子进入干货原料内部，最大限度地达到体积膨大、质地变软的工艺过程。

水膨润涨发工艺的原理主要体现在三个方面：一是利用毛细管的吸附作用。生物在脱水干制的过程中，细胞间隙的水分丢失，形成许多孔洞状组织，呈毛细管状。而水分利用自身的渗透特性，渗入到这些部位后并被保持，完成原料的吸水膨润过程。二是利用渗透作用吸水膨润。构成烹饪原料的主要成分就是组织内容物，包括蛋白质、无机盐、维生素等，其中很大一部分是可溶性的。当原料脱水干制以后，原料内部渗透压增高，当原料置于清水中时就会形成原料内外的渗透压差，从而导致水分通过细胞膜向原料组织细胞内扩散，达到吸水膨润的目的。三是亲水物质的吸附作用。烹饪原料的组织结构中含有大量的亲水集团，如—OH、—COOH等，它们能与水以氢键的形式结合，同样达到吸水膨润的效果。只是与氢键结合的水最终形成的是化合水，是一种化学性吸水过程，它对被吸收物质具有选择性，即只有与亲水基团缔合成氢键的物质才可被吸附；另外，吸水速度慢，且多发生在极性基团暴露的部位，这和前面两种物理性吸水有着本质的不同。

2. 热膨胀涨发工艺

热膨胀涨发工艺就是采用高温处理方法，使原料的组织膨胀松化成孔洞结构，有利于水分渗入导致原料松软，达到涨发目的的工艺过程。

除了 0～4℃ 的水，所有物质都具有热胀冷缩的物理性质。受热的影响，可以使干货原料的体积膨胀，这是由于在热力作用下，构成原料的分子颗粒受热膨胀；同时，分子颗粒之间的空隙也变大。但由于氢键的存在，无法使分子之间的空隙达到最大化。实践证明，在 200℃ 的高温作用下，可以破坏氢键（食品学上常用这样的高温进行膨化加工生产膨化食品），从而使原料分子颗粒之间的空隙达到最大化，为较好地完成水渗入膨润涨发奠定基础。

3. 碱腐蚀涨发工艺

碱腐蚀涨发工艺就是利用碱水或碱面对原料的腐蚀性，破坏原料表面的防水层，使水分能够顺利渗入到原料内部达到质地松软的工艺过程。

碱腐蚀涨发工艺主要适用两种情况：一是海产软体动物干货原料，二是先期采用油发的干货原料的后续涨发。

海产软体动物类原料为了适应海水高渗性的生活环境，体表有一层由内分泌物组成的致密膜，既不允许溶剂通过，也不允许溶质通过，具有一定的防水性。但恰恰是这层致密膜同样阻止了涨发过程水分的进入，因此必须去除后才能使水分渗入原料内部达到质地松软的目的。碱的作用就是破坏这层致密膜，再利用蛋白质的水化作用吸收水分，完成吸水涨发过程。

皮肚、蹄筋、鱼皮等原料经过油发以后，表面会包裹着一层厚厚的油脂，由于油、水不相溶的特性，阻止了水分与原料结合。酯在碱的作用下产生羧酸盐和醇，从而破坏了油发原料表面包裹的油脂层，使水分能顺利渗入原料内部达到松软涨发的效果。

（四）干货涨发的实际运用

1. 水发

水发是干货涨发中使用最广泛的一种方法，适用于大部分植物性、真菌类及动物性原料。即使经过盐发、油发、碱发、火发等，最后还是要经过水发过程，吸水、膨胀是干货涨发的两个显著特点。水发是通过水的浸泡以及用火加热采用煮、焖、泡、蒸等方法，使干货原料吸水膨润，最大限度地恢复原有的鲜嫩松软状态。根据水温的不同，可以分为冷水发、温水发、热水发三种。

(1) 冷水发　是指将干货原料放置在室温状态下的水中浸泡，使其自然吸收水分，漂去杂质和异味，合乎烹调之用的方法。冷水发根据工艺方法不同，又可以分为浸发和漂发两种。

① 浸发：就是将干货原料直接用室温下的水浸没，使原料自然涨发的一种方法。浸发首先要保证充足的水量，保证将原料浸没在水中。浸发的时间要根据干货原料的大小、老嫩和质地而定，一般体小质嫩的干料如香菇、黑木耳、白木耳、黄花菜等，可直接用冷水浸透；而质地较老或带有涩味的干货原料如草菇、黄菇等，在浸透后最好漂洗几遍，以漂去杂质和异味。

② 漂发：就是将干货原料放在大量的冷水中，用工具或手不断挤捏，一方面达到吸水膨润的目的，另一方面还可以漂去杂质和异味等。漂发的关键在于水量要多，要能够使干料漂浮于水面，利用挤捏使其悬浮后泥沙等沉入水底，杂草等漂浮于水面，达到去除杂质的目的，同时达到干货涨发的目的。

浸发和漂发可以单独用于植物性干货原料的涨发加工，也可以用于一些动物性干货原料的后续涨发。例如经过油发、盐发、火发等处理后的原料用水发作为辅助和配合措施，可以达到最终的涨发目的。

(2) 温水发　是指用 $45\sim60℃$ 的水将干制原料直接静置涨发的过程。凡是用于冷水发的干货原料都适用于温水发，其特点是涨发速度比冷水发要快得多。温水发就是利用水温提高干货原料分子和水分子的运动速度，加快涨发进程；同时使分子颗粒体积变大、分子之间空隙也变大，从而达到膨润的涨发效果。

(3) 热水发　是指用 $60\sim100℃$ 的水温使干货原料更好地吸收水分，达到松软膨润的涨发目的。热水发主要是利用热力学作用，加快分子运动速度，促进吸水进程。根据具体的涨发方法又可以分为泡发、煮发、焖发、蒸发四种方法。

① 泡发：就是把干货原料放入热水中（或将干货原料置于容器中，将热水直接冲入容器中）浸泡，使原料受热后迅速吸水膨润的涨发方法。泡发适用于一些容易涨发的干货原料如霉干菜、粉丝、干粉皮、银鱼干等；还适用于莲子、海参、鱼翅等的前期涨发，达到初步软化的目的。应该注意的是，泡发时要注意保持水温，必要的时候应更换热水。

② 煮发：就是将干货原料放入水中，加热煮沸，使干货原料体积逐渐膨大、质地变软，达到吸水膨润的涨发目的。煮发多用于质地坚硬、厚大且带有较重腥膻异味的干料，如玉兰片、海参、熊掌等。应该注意的是，采用煮发前宜先用温水将原料泡软，以加快煮发的进程；同时煮发宜反复多次进行，必要的时候可以与焖发结合，效果会更好。

③ 焖发：是将干货原料置于密闭容器中，保持一定水温，促使原料内部也吸

收水分,使干货原料内外涨发效果达到一致的方法。焖发其实是煮发的后续过程,可以防止原料外部组织过早发透,外层吸水量过大涨发过度,而内部组织还没有发透,影响原料涨发品质。焖发主要适用于那些体型大、质地坚实、腥膻味较重的干料,如鱼翅、驼掌等,焖发的温度和时间根据原料具体情况确定,一般温度应控制在60~85℃。

④ 蒸发:就是将干货原料放入容器内,加入少许清水或高汤,根据原料具体情况加入葱、姜及料酒等,用蒸汽进行加热,使干料吸水膨润的涨发方法。蒸发的原理和煮发、焖发相似,所不同的是利用蒸汽传热,有利于保持原料的外形完整和本味不受影响,因此适用于一些体型小、易散碎、鲜味足的干料,如干贝、鱼唇、脑髓、莲子等。

在实际涨发过程中,有时候根据原料的具体情况应采用多种涨发方法进行处理,可以节约涨发时间,还可以保证涨发效果。

2. 油发

油发就是将干货原料放入大油锅中加热,使其体积膨大后再吸收水分,质地变得松软膨润的加工过程。油发适用于富含胶原蛋白的动物性干货原料,如皮肚、蹄筋、鱼皮、鱼肚等。

油发一般经历六个阶段:清洗晾干→冷油下锅→温油焐发→热油炸发→碱水泡发→清水漂洗。

(1)清洗晾干 就是将需要涨发的干料用温水清洗干净,去除杂质和腐肉,再放在阴凉通风的地方晾干。原料经过这样的加工过程只是达到清洁目的,本身的理化性质没有发生任何变化。

(2)冷油下锅 就是将清洗晾干的干料与油脂一起放入锅中,这个过程干料本身也没有发生任何理化变化。需要注意的是,用于干料涨发的油脂必须是经过反复炸制的陈油,因为经历干料涨发以后的油脂不得再用于烹调,只能作为工业使用。

(3)温油焐发 就是将油温控制在100~120℃,使干货原料达到焐油的效果。温油焐发的目的是尽量去除干料中剩余的水分,最大限度地降低原料的含水量。只有干货原料的水分降低到最低限度,才符合膨化加工的基本要求;另外,要想使干货原料能很好地吸收水分,就必须最大限度地失去水分,也就是说原料失去的水分越彻底,吸收水分的能力就越强,涨发的效果就越好。之所以能将原料中剩余的水分最大限度地去除,是利用气化的原理使原料中的水分以气态逸出,因此油温应控制在100℃以上,否则达不到气化温度,无法最大限度地去除原料中剩余的水分;但油温又不能高于120℃,否则原料质地碳化,不利于后期的膨化加工。从理论上讲,焐油的时间越长,干料中剩余的水分去除得就越彻底;但反复试验证明,在100~120℃油温中焐45min就可以基本去除干料中残留的水分,达到膨化加工的条件。经过焐油后的干料,由于水分含量降到最低限度,物理性质发生了变化,其体积变小,质地变得更硬,为半透明状。

(4)热油炸发 就是将焐油以后的干料投入到200℃的高油温中加热,使其体积变大数倍，达到膨化加工的目的。热油炸发是在经历较长时间的焐油以后，将干料捞出沥油；将锅中油温升高到 200℃，再将干料投入炸发，使其体积迅速膨大。膨化加工是食品行业常用的方法，主要用于膨化食品如虾条、薯片等的加工。膨化加工的条件是将需要膨化的原料水分降低到最低限度后，再用 200℃ 的高温进行加工处理。由于 200℃ 的高油温已经临界燃点，故应注意安全，炸发加工的动作要熟练，投料要轻，且应贴着锅沿投料，防止将热油溅起引发灼伤事故；高温炸发的时间宜短，否则就会导致原料高温碳化。经过热油炸发的干料，体积迅速膨胀，成孔洞状组织结构，质地变脆，呈淡黄色。

（5）碱水泡发　就是将油发以后的原料投入到热碱水中，使其吸收水分，达到松软膨润状态的加工过程。由于干料经历油发以后表面包裹着一层油脂，由于油、水不相溶的特性，阻止了水分与原料的结合。酯在碱的作用下产生了羧酸盐和醇，从而破坏了油发原料表面包裹的油脂层，使水分能顺利渗入原料内部达到松软的涨发效果。使用碱水泡发一定要注意控制水温和投碱比例，水温过高、投碱比例过大，则对原料的腐蚀性太大而导致涨发过度；水温过低、投碱比例太小，则无法破坏原料表面的油脂层，外面的水分无法进入原料内部。一般用 80℃ 的 4% 浓度的热碱水泡发 6～8h，原料体积变大，质地变软，色泽淡黄。

（6）清水漂洗　就是将碱水泡发以后的原料放入清水中进行稀释处理，去除原料中的碱分，达到干料涨发的最终目的。清水漂洗的原理是渗透作用，每次漂洗出来的碱分在理论上应该是原料含碱量的一半，因此要想最大限度地去除原料所含的碱分，就需要多次换水，换水的次数越多，原料中的含碱量就越低。经过清水漂洗的原料质地变软，色泽洁白，达到干货涨发的最终目的。

3. 碱发

碱发有碱面发和碱水发两种方法，主要适用于鱿鱼、墨鱼、乌贼等海产软体干货原料的涨发加工，也适合于油发的后续涨发加工。

碱面发是先用冷水或温水将原料泡软，然后剞上花刀切成小块，在表面蘸满碱面，涨发时再用沸水冲烫，成形后再用清水漂净碱分。目前碱面发已经很少使用。碱水发是将干料放入配制好的碱液中，破坏原料表面的致密层，使其吸收水分变得膨润的工艺过程。

碱发时应注意三个问题：一是根据原料的性质和烹调时的具体要求，确定使用什么方法。如果选用的是碱水发，应注意碱液的浓度配制，并注重涨发时碱水温度和泡发的时间。二是涨发完成后要及时用清水漂去碱分，避免涨发过度影响成品质量。三是用于碱发的应该是食碱，而不能用工业用碱，避免对人体造成伤害。

4. 盐发

盐发是将干货原料置于加热到一定温度的大量盐结晶中，使其热胀后形成孔洞组织结构，便于水分进入，达到涨发目的。

盐发的工艺流程是：预先炒盐→投料翻炒→继续加热→温水浸泡→换水备用

（1）预先炒盐　是将食盐放入炒锅中加热，将温度升高到 100℃。

（2）投料翻炒　是在炒盐到一定温度后随之放入干货原料进行翻炒，使干货原料的残留水分进一步去除，这时原料体积变得更小，重量变轻。

（3）继续加热　是使盐结晶的温度继续升高，使原料受到高温加热，达到膨化的效果。需要将盐升高到200℃才有利于破坏原料的氢键，有利于膨化加工。

（4）温水浸泡　是将膨化加工成孔洞状组织结构的干货原料筛尽盐结晶后放入温水中，使其吸水膨润，体积变大，质地变软，达到涨发目的。

（5）换水备用　主要是用清水浸泡，以去除原料中残留的盐分；同时使原料进一步吸收水分，达到干货涨发的最终目的。

三、腌腊原料的初加工

为了延长烹饪原料的保存时间，运用渗透和脱水等方法抑制微生物的生长繁殖，通过腌渍、风干、日晒、熏制等方法制成的一类复制品，统称为腌腊原料。常见的腌腊原料有咸鱼、鲜肉、火腿、咸菜、霉干菜、腊肉、风鸡、板鸭等。由于在腌腊过程中原料容易受到灰尘、污物和微生物的污染，加上本身由于渗透、干制而导致的质地变化，甚至会发生严重的变味、变色等现象，无法直接用于烹制成菜，必须通过合理的加工，使其达到理想的品质要求。腌腊原料的初加工主要表现在以下几个方面。

1. 去污清洗加工

一些植物性腌腊原料如咸菜、霉干菜、干豆角等原料，会有一些枯枝黄叶，在烹调前必须予以去除；一些动物性腌腊原料如风鸡、腊肉、咸鱼等原料，由于长时间储存导致表面沾染泥土杂物，甚至有一些微生物依附生存，因此必须予以去污处理。腌腊原料去污清洗的方法首先是清理加工，去除不能食用的污染物和部位，保证原料的可食性，有些原料如咸鱼、风鸡等，为了维持良好的风味特点，便于储存，一般不去鳞和鸡毛，在正式烹调前再予以去除；其次是清洗加工，将原料表面的污物清洗干净，必要的时候要高温杀菌，确保原料卫生。

2. 浸泡复水加工

由于腌腊原料经历腌渍、风干、日晒等方法的处理，原料大多失水变硬，无法直接用于烹制成菜。如腊肉、风鸡、板鸭、霉干菜等，必须用温水浸泡，使其最大限度地吸收水分，恢复到鲜嫩松软的状态。浸泡复水的过程往往比较漫长，期间还要注意对原料进行清洗加工，有时候还需要对原料进行蒸煮加工，尽可能使原料恢复松软状态，以备正式烹调使用。

3. 正味脱渗加工

腌腊原料最常用的加工方法就是腌渍，制品含盐量比较高，具有高渗特点，因此在正式烹调加工前需要对这类原料进行脱渗加工。最常用的脱渗方法就是用清水较长时间地浸泡，且中途要反复换清水，直到腌腊原料的含盐量降低到可食用的范围内。有时候腌腊原料在储存过程中会产生一些哈喇味和其他异味，必须在正式烹调前进行正味处理，一般采用清洗、浸泡的方法，有时候可以加入葱、姜、料酒等蒸煮进行正味处理。

4. 蒸煮回软加工

一般腌腊原料脱水后质地都变得很硬，无法直接用于烹调成菜。以咸肉、火腿、咸鱼等为代表的腌腊原料可以用葱、姜、料酒、高汤等调配上笼蒸透，使其回软后食用或进一步烹制成菜；以腊肉、风鸡、咸鹅等为代表的腌腊原料可以在大水锅中加入葱、姜、料酒、花椒等焖煮至质地回软后食用或进一步烹调成菜。无论采用蒸或煮，都要注重一个"度"字，不能欠火候，影响食用效果；更不能过度，使其散碎不能成形，降低食用价值。

四、冷冻原料的初加工

为了有效抑制微生物的生存和繁殖，利用低温对原料进行保存是应用最广泛的方法之一。原料的低温储存分为冷藏和冷冻两种类型，前者适用于以果蔬类为代表的原料保鲜，通常采用 $1\sim4\,^{\circ}\mathrm{C}$ 的温度进行原料储存，原料本身的性质不会发生大的变化，可以将原料的储存时间延长 $3\sim7$ 天；后者适用于动物性原料的速冻储存，通常采用 $-18\sim-1\,^{\circ}\mathrm{C}$ 的环境温度进行原料储存，尤其是需要速冻的原料，环境温度大多在 $-10\,^{\circ}\mathrm{C}$ 以下，以使原料在短时间内迅速达到冰冻的储存状态。冰冻状态下的原料须经过解冻加工才可以应用于烹调成菜。

1. 解冻时原料发生的变化

烹饪原料经过冷冻以后，在解冻时会发生一些变化，主要体现在：一是由于冰结晶对肉质的损伤，使冷冻肉类在解冻时易受微生物和酶的作用，更容易腐败变质，因此解冻后的肉类应尽快食用；二是解冻后的原料易于氧化；三是解冻后的原料水分容易蒸发，会导致原料尤其是表皮部位干硬；四是发生汁液和营养物质的流失，导致原料食用价值降低。

2. 常用的解冻方法

（1）自然缓慢解冻法 就是将冷冻原料放在常温状态下使其自然解冻，这种解冻方法需要的时间比较长，但肉的汁液和营养素流失较少，风味保持最佳。

（2）水解冻法 就是将冷冻原料放入常温状态下的水中浸泡或用流水冲淋来达到解冻目的，速度比自然缓慢解冻法要快，但解冻后的原料表面潮湿，含水量增加，尤其是营养和风味物质流失严重。

（3）加热解冻法 是为了加快解冻速度，运用升高温度来加快原料分子颗粒运动的速度，使原料在较短时间内迅速解冻。主要有两种方法：一是用温水浸泡解冻，此法可以有效地缩短解冻时间，但原料风味物质损失严重，且微生物易于繁殖，导致原料污染严重；二是用高温蒸煮解冻，此法解冻时间更短，但对原料的影响也最大，有时还会发生外面熟烂而内部还没有完全解冻的现象。

（4）微波解冻法 是采用高频率的电磁波引起冷冻原料本身分子颗粒的高速运动，使分子颗粒发生碰撞而产生热能来达到解冻的目的。此法解冻速度快，不易受微生物的污染，原料营养素损失较少，但有时候会发生加热不均现象，只适合家庭式的少量冷冻原料的解冻加工。

思 考 题

1. 举例说明鲜活原料初加工的原则有哪些？
2. 以鸡为例说明家禽初加工的要求和方法？
3. 结合实例说明干货涨发的原理及应注意的问题。
4. 冷冻肉类解冻过程中会发生哪些变化？举例分析各种解冻方法的优缺点。
5. 民间有"宁吃飞禽四两，不食走兽半斤"的说法，你是怎么理解这个说法的？

项目二　烹饪原料的初步加工

【项目要求】熟练掌握烹饪原料初加工的相关知识，并具备主动在社会实践中学会对具体原料的初加工；能针对烹饪原料的具体情况采取合适的初步加工方法，科学合理地采取加工措施；能明确原料的性质和烹饪用途，根据实际需要完成初加工处理。

【项目重点】

① 常见鲜活原料的初加工。

② 常见干货原料的涨发加工。

【项目难点】

① 根据原料的性质和烹饪用途采用科学合理的加工措施，保证加工后的原料卫生性、营养性和实用性。

② 熟悉原料情况，合理取舍；注重加工效果，强调安全性。

【项目实施】

① 确定项目内容：鲜活原料的初加工——鸡的宰杀加工、鳝鱼的初加工；干货原料的初加工——蹄筋的涨发、莲子的涨发。

② 项目实施：将班级同学分成两组，任选鲜活原料初加工和干货原料初加工中的一项，讨论并独立完成项目任务。

③ 项目实施步骤：确定实践对象（每人两种原料的初加工）→制订项目实施计划→小组讨论并提出修改意见后定稿→教师审核，提出修改意见→修改完善计划→实施项目计划，完成项目实践→个人自评→小组内互评→教师点评→完成项目报告。

④ 整个项目实践过程必须遵循烹饪原料初步加工的相关要求和原则，保证加工后的原料实用性效果。

【项目考核】

① 其中项目实施方案占 20 分，项目方案（原料初加工过程）占 30 分，综合评价（含项目报告）占 50 分。由学生自评、小组内互评、教师测评分别进行评价。

② 项目考核总成绩为 100 分，学生自评成绩占 20%，小组内互评成绩占 30%，教师测评成绩占 50%。

第三章 分割加工工艺

第一节 刀 工 工 艺

一、刀工的意义及要求

（一）刀工的意义

刀工是指根据烹调和食用要求，运用一定的刀具和行刀技法，将原料分割成组配菜肴所需的基本形状的操作过程。从原料的清理加工到拆卸加工都离不开刀工，如鸡的宰杀、猪的分解等都是通过刀工来实现的。原料经过刀工处理后，不仅具有美观的形体，为实现原料的最佳成熟度提供了尽善尽美的前提条件，更重要的是为加热、调味提供了方便，使原料更便于食用、利于消化，进一步丰富了菜肴的品种。当然，目前行业中已有一些使原料加工成形的机械（如切丝机、切片机、绞肉机、粉碎机等），但是名目繁多、技艺精妙的刀工刀法，仍然是厨师手工工艺中重要的基本功之一，更是中国烹调工艺的一大特色。

（二）刀工的基本要求

1. 根据原料性质选择合适的刀法

我国烹饪原料品种繁多，性质各异，应根据原料的性质采用灵活的刀工方法进行处理。如牛肉质地老且肌肉纤维粗，要顶着肌肉纹切丝；鸡脯肉质地松嫩，容易断裂，要顺着肌肉纹切丝；猪肉质地介于两者之间，要斜着肉纹切丝。

2. 原料的成形要整齐划一、均匀一致

对原料进行刀工处理时，要做到成形大小均匀、厚薄一致，粗细得当、长短相等、形状相似，否则成熟的速度不一致，影响菜肴的品质。另外，将原料切成丝、片、条、丁、粒、末等形状时，相互之间要分开，不可连刀，否则不利于烹调，也影响菜肴美观。

3. 适应菜肴和烹调要求

一般来说，对于爆、炒等旺火速成的菜肴，原料要切得小些、细些、薄些；对炖、焖等小火较长时间加热的菜肴要切得大些、粗些、厚些。

4. 合理用料，物尽其用，避免浪费

烹饪中要合理地使用原料，减少损耗，尽量降低成本，更不能随便浪费，刀工处理必须要遵循这条原则。在加工处理原料时，要充分考虑原料的用途。下刀时要心中有数，合理用料，对刀工后的边角碎料也要充分利用，总之一切可以利用的原料都要充分利用，不能随便抛弃，造成浪费。

5. 注意卫生要求，力争保持营养

刀工操作要规范，时刻注意卫生要求，养成干净、快捷、规范的操作习惯，刀、砧板及其周围的原料、物品要保持清洁整齐，刀工处理中要根据原料的性质和特点，尽量减少营养素的损失。比如原料先洗后切，对于一些容易氧化的原料要注意隔绝氧气等。

二、刀工基础知识

（一）刀具及其保养

1. 厨刀

在刀工工艺中其主要工具是菜刀和砧板。菜刀是切割刀具，砧板是衬垫原料的平面板。人手对刀做简单机械运动，将压力集中在刀刃挤压原料，使原料折断，砧板衬垫在原料下部给原料以支持。这种运动是简单机械中斜面机械之一的"尖劈"的具体运用。刀刃越薄则挤压越大，原料承受压力的点越小，则越易折断。刀距越短越垂直，压力越大，人则越省力。因此，刀具的选择与保养是十分必要的。

（1）厨刀的选择　在长期的实践过程中，历代烹饪工作者创造了具有各种用途的刀具，其中以方刀最为典型。方刀呈长方形，刀身前高后低，刀刃前平薄后略厚而稍有弧度；刀身上厚下薄；刀背前窄后宽，刀柄满掌、刀体短宽。刀高，前约12cm，后约10cm，长20～22cm，前厚约0.3cm，后厚约0.7cm，重约800g，这是"大方刀"。特点是：刀柄短，惯力大，一刀多能，前批、后剁、中间切，使用方便且又省力，具有良好的性能。

除了大方刀以外，各地使用的还有以下优良刀种。

① 小方刀：大方刀的缩小，便于切削，重约500g。

② 马头刀：刀身缩短，刀尖突出，刀板较轻薄，重约700g，便于切、削、剔。

③ 圆头刀：刀头呈弧形，刀腰至刀根较平，刀身略长，略轻薄，重约750g，适于切削。

④ 尖头刀：又叫心形刀，前薄尖，后厚，重约1000g，专用于剔骨、剁肉。

⑤ 斧形刀：形如斧头，但比斧头宽薄，重量1000～2000g，专用于砍剁大骨。

⑥ 片子刀：刀板薄，刀刃平直，刀型较方，重量较轻，200～500g不等。依据用途又有刀宽薄、刃平直的干丝片刀；刀窄而刃呈弓形的羊肉片刀；刀窄而刃平直的烤鸭片刀等。

除了对刀型及用途选择外，刀刃的硬度、重量都具有重要的选择意义。

（2）厨刀的保养　俗话说："三分手艺七分刀"，刀具的锋利是使原料光滑、完整、美观的根本保证，也是操作者刀工操作多、快、好、省的条件之一。刀锋的锐利是通过磨刀及其科学保养来实现的。磨刀需要磨刀石及辅助工具。

① 磨刀石（砖）：有粗石、细石和油石三种。粗石的主要成分是黄砂，质地较粗松，用于刀的开口；细石的主要成分是青砂，质地坚实而细腻，不伤刀刃，一般用于刀的精磨；油石是采用金刚砂人工合成，成本较高。一般使用粗、细石结合磨

刀，能缩短磨刀时间，使刀刃光滑而锋利。

②磨刀的辅助工具由磨刀池、磨刀台、磨刀木板托组成。磨刀台台面前沿应低于后沿，以便污水排放；磨刀木托以石体长宽为度，防止石滑。磨刀应有专门场所，以符合卫生要求。

磨刀方法有三种，即平磨、翘磨和平翘结合磨。平磨，是将刀身与刀石贴紧推拉研磨，适用于磨制刀身平薄的批刀，可以使刀板平滑的同时使刀刃锋利；翘磨，是将刀身与刀石保持一定的锐角推拉研磨，适用于磨制刀身厚重的砍剁刀，可以直接对刀刃研磨而不磨及刀身；平翘结合磨，是采用平推翘拉的磨法，平推是对刀板的磨制，能保持其平滑，翘磨是直接对刀刃磨制，但又不伤损刀刃，适用于一般切削刀具的研磨。如大方刀研磨时，是前平、后翘、中腰为平翘结合。

磨刀中应该避免出现的问题有：①偏锋，即磨刀时刀的两面、前后磨制的时间和次数应该基本相等，防止出现刀锋偏向一侧；②毛口或倒丫、缺口，是由于刀刃磨制时间过长、磨研过度，或磨制的方法不对、磨刀时刀身的角度出现问题，还有就是刀具的本身质量出现问题；③罗汉肚或月牙口，是由于刀身前、中、后磨的次数和力度不一致造成的刀身中腰呈大肚状突起或向内呈弧度凹进；④圆锋，多因用而不磨、磨而不利、膛刀过多造成的；⑤磨刀石呈月牙形，应该注意前要推到头，后要拉到位，防止刀身只在刀石的中间部位磨砺，造成刀石局部受损严重。

磨刀完毕后，应对刀作以下鉴定才能视其为锋利合格：迟钝刀刃原有的白线消失，试锋有不滑滞涩的感觉；两面平滑，无卷口和毛锋现象；刀面平整无锈迹，两侧重量均等，无摇头现象；刀背等处如有刃口，应磨圆，防止操作时割破手指。

2. 雕刻刀

根据实际用途可以分为平口刀、槽口刀、模具刀等；根据包装中雕刻刀的品种数量，可以分为十八件套、三十六件套、五十四件套、一百零八件套等；根据雕刻刀的质地，可以分为不锈钢雕刻刀、铜质雕刻刀等。

(1) 雕刻刀的保养 应有专门的盛装器具，防止雕刻刀的遗失和损坏；应经常进行磨制，保持刀具的锋利和光亮；保持刀具的整洁，避免因为刀具造成对原料和制品的污染。

(2) 雕刻刀的使用 熟悉用刀的方法，能根据具体雕刻品种和实际雕刻手法选用合适的雕刻刀，并能熟练完成食品雕刻。

3. 其他辅助用刀

主要包括剪刀、镊子刀、刮刀、刀片等。为了原料加工方便，可选用一些具有特殊用途的刀具。在实际烹饪过程中，可以根据实际需要灵活选用；从业者应根据生产习惯和实际需要，对常用辅助用刀进行配备，并经常进行保养。

4. 厨刀总的保养原则

(1) 要经常磨刀，保持刀的锋利 "工欲善其事，必先利其器"，从业者有个趁手的刀具，往往能够提高工作效率，充分展现自身的技能水平。俗称"磨刀不误砍柴工"，是说在工作之余长期对自身用刀进行磨制，保持刀的锋利。

(2) 保持刀具的洁净和干燥，不乱斩乱剁 保持刀具的洁净，可以避免原料的二次污染，确保成菜的卫生质量；保持刀具的洁净和干燥，还可以避免刀具生锈，保持刀的品质；不乱斩乱剁，可以保护刀具不受损坏，延长刀具的使用寿命。

（3）经常给刀具抹上一层油脂，防止生锈　对较长时间不用的刀具，应在其表面抹上一层纯净的油脂，以割断金属刀具与空气的接触，避免造成氧化产生铁锈。但需要注意的是，如果抹上的油脂不纯净，含有较多的水分和杂质，反而会加快刀具生锈，应注意避免。

（4）长期不用的刀具应放置在安全、干燥的地方　应有专门的刀柜，安置在通风、安全的地方，避免对人员造成意外伤害，并保持刀的洁净，避免刀具生锈。严禁将刀具随处乱扔，更不可以用刀具对人、物进行比划，避免误伤事件的发生。

（5）不将刀具借给不懂烹饪和刀具保养的人　刀具是厨师的立身之本，是最重要的工作用具，对提高工作效率、展现技艺水平具有十分重要的意义。而不懂烹饪和刀具保养的人是无法理解刀具对烹饪的重要性的，还可能会发生乱斩乱剁甚至发生伤害事故。

（二）衬垫设备及其保养

刀工设备除了主要工具——刀具之外，还有辅助设备，也叫衬垫设备，包括砧板、案板、垫布等。在实际操作中，也需要对其加以保养。

1. 砧板的使用与保养

砧板也叫菜墩、砧墩等，根据制作材料的不同有木制砧板、塑料砧板两种，其中常见的是木制砧板。大多数木制砧板是选用橄榄树或银杏树、榆树、柳树等材料制成的，这些树的木质坚固而具有韧性，既不伤刀刃又不易断裂和腐烂，经久耐用，少量碎屑对人体也无害。制作砧板应选用外皮完整、不空不烂无结巴、色泽均匀无花斑的材料。一般来说，新的砧板使用前应先用盐溶液浸渍，使木质紧缩致密，能有效地防止虫蛀及腐烂。用时不应损坏皮层，否则易裂。每次用后应刮净砧板面，不宜固定在一个部位长时间切削排剁，而要四面调节，保持砧板面平整。应满刮砧板面，防止凹凸不平，影响刀工的进行。禁忌在砧板面硬砍硬剁，造成损坏。砧板用后应洗净晾干，用洁布或套罩上，防止污染，砧板不能在烈日下暴晒，否则会骤然变热使其炸裂。

2. 案板的使用与保养

根据制作案板的材料不同，有木制案板、不锈钢案板、合金案板等。应根据质地（尤其是木制案板，应注意选择质地比较结实、不容易变形、没有虫窟、木质本身无异味的材料）、平整度、宽度和长度（应根据实际用途、工作场地的面积、操作者的工作习惯等决定）、高度（应根据工作者的实际身高、砧板厚度来决定）等方面，选择适合的案板。目前行业中使用较多的是不锈钢案板。

在使用过程中，用完后要清洗擦干，防止油渍残污，影响清洁度；经常进行检查护理，保持其完好平整。

3. 垫布的使用与保养

垫布是为了防止砧板打滑而在案板和砧板之间铺垫的一层布，一般应该将其用水湿透，增大案板和砧板之间的摩擦力，防止打滑。垫布材料宜选用棉质的，吸水性强，摩擦力较大，防滑效果好。在刀工处理完毕后，要将垫布清洗干净并晒干，防止细菌滋生，以备下次使用。

三、刀工刀法

(一) 刀工

目前主要还是手工操作，具有一定的劳动强度，刀工的规范化直接关系到操作者的健康。正确的操作规范，对提高工作效率、减少职业病具有重要的作用，是刀工操作准确、迅速、精细、安全的保障。刀工操作规范化主要包括以下几个方面。

1. 刀工前准备

刀工前准备是指刀工前对刀案位置、应用工具及卫生工作的调整与准备。

(1) 刀案位置　指刀工的工作台（案）位置，应以宽松无人碰撞为度。工作台应有调节高度装置，可随工作人员体高调节，一般以腰高为宜。

(2) 应用工具陈放位置　一般用于刀工加工的工具是刀、砧板、杂料盛器、实料器、空料器、洁布、水盆等，陈放在工作台上应以方便、整洁、安全为宜。

(3) 卫生准备　刀工加工前应对手及应用工具进行清洗杀菌消毒。手可用70%酒精擦拭，工具可采用蒸汽杀菌或高锰酸钾浸泡杀菌或沸水浸烫杀菌。案面与地面应保持清洁。

2. 操作姿势

(1) 站立姿势　双脚呈八字，脚尖与肩齐，两腿直立，挺腰收腹，与案距离约5cm。双肩水平，双臂收拢自然放松靠腰。目正视，颈自然微屈，重心垂直。

(2) 握刀姿势　手心紧贴刀柄，小指与无名指屈起紧捏刀柄，中指屈起捏刀，食指上端按住刀背，前段与拇指相对捏住刀身。

(3) 扶料姿势　通常左手控制原料，五指合拢，自然弯曲呈弓形；拇指与小指按料两侧，防止切料松散；食指、中指与无名指按料上端，中指指背第一关节吐出顶住刀膛，后手掌及拇指外侧紧贴砧板面或原料，起支撑作用。

3. 运刀

运刀指刀的运动及双手的配合。运刀用力于腕肘。小臂运力于腕、掌，作弹性切割，匀速运行。左手按料，拇指与小指按料两侧，防止切料松散。食指、中指与无名指按料上端，有两种形式。

(1) 指尖微屈，中指前突，甲面抵住刀身，以规范刀距，并起到安全防范作用，用于切的配合。

(2) 指伸平按于斜面，规约进刀的厚度，用于批片的配合。刀随手移，手衬刀移，有节律地向后运动。

4. 刀工的基本要求

(1) 保持良好的操作姿势，动作要规范协调　良好的操作姿势既可以展现操作者优雅的工作状态，更可以提高工作效率，减少体能消耗和工伤事故的发生；刀工动作要规范协调，要领会刀工的动作要领，保证刀工进程。

（2）坚持长期练习，保持愉快心情　"熟能生巧"，长期练习是精湛刀工形成的基础；工作时保持愉悦的心情，热爱本职工作，可以减少操作过程中的疲劳感，提高效率。

（3）注意保持周边环境卫生　要随时保持操作环境的卫生，在刀工过程中，尽量避免乱扔下角废料和杂物，注意垃圾篓、垃圾袋的使用。能利用的原料应注意收集，充分保证原料的利用率，减少成本损耗；不能利用的废料要收集，统一处理。随时保持周边环境的整洁卫生，保持砧板、案板、地面等的整洁。

（4）刀工应密切配合烹调　应根据原料的具体情况和菜肴制作的具体要求，选用合适的刀工方法，保证刀工的科学性、规范性、合理性。

（二）刀法

刀法指对原料切割的具体运刀方法，是根据烹调和食用要求，将各种烹饪原料加工成一定性状的行刀技法。依据刀刃与原料的接触角度，分为直刀法、平刀法、斜刀法、其他刀法和混合刀法。

1. 直刀法

直刀法指刀具与砧板面基本保持垂直运行的刀法，直上直下，成形原料精细，平整规一。

（1）切　指运用腕力，刀刃离料 0.5～1cm 向下割离原料的方法，一般适用于没有骨头的原料。根据用力的方向又可以分为直切、推切、拉切、锯切、滚刀切、铡切等方法。

① 直切：用力垂直向下，切断原料，不移动切料位置的方法叫直切，连续迅速切断原料叫"跳切"，适用于对脆嫩性植物原料的加工，如萝卜、土豆、白菜等原料。

② 推切：运用推力切斜的方法，刀刃垂直向下，向前运行，适用于对薄嫩易碎原料的加工，如豆腐干、里脊肉、猪肝、猪腰、鱼肉等原料的加工。推切要求一推到底，刀刀分清；

③ 拉切：运用拉力切料，刀刃垂直向下，向后运行，适用于对韧性原料的加工，如一般的肉类。拉切要求一拉到底，刀刀分清，用力稍微大一些。

④ 锯切：切势如锯木，是推、拉力的结合，适用于酥烂易碎的原料，如各种酱肉、黄白蛋卷、肉糕等。

⑤ 滚刀切：在切原料时一边进刃一边将原料相应滚动的方法，是对球形原料或柱形原料的专门刀法，滚料切成的块叫"滚刀三角块"，也叫"抹刀块"。

⑥ 铡切：运刀如铡刀切草，是切刀法的特殊刀法，刀刃垂直平起平落或交替起落。前者叫平铡法，适用于薄壳原料的加工，如螃蟹、熟鸡蛋等原料；后者叫前后起落铡法，对小型颗粒原料如虾米、花生仁、胡椒粒等切碎时常用的方法。

（2）砍　又叫劈，是只有上下垂直方向运刀，在运刀时猛力向下的刀法。根据运刀方法的不同，又可分为直刀砍、跟刀砍、拍刀砍等几种。

（3）剁　用力于小臂，刀刃距料 2cm 以上垂直用力，迅速击断原料的方法。根据用力的大小又可以分为占剁、排剁、跟刀剁、拍刀剁和砍剁等几种方法。

① 占剁：将刀扬起，运用小臂的力量，迅速垂直向下截断原料的刀法。带骨和厚皮的原料常用此法。占剁运刀时，左手按料离刀稍远，右手举刀直剁而下，故又叫直剁。占剁不宜在原刀口上复刀，应一刀断料，否则会产生碎骨、碎肉，从而影响原料的质量。用于占剁的原料一般有排肋、鱼段等。

② 排剁：即反复的有规则、有节律地连续占剁，是制作肉蓉、菜泥的专门刀法。由于这种占剁是由左至右再由右至左的运刀，故又叫排剁。排剁要求具有鲜明的节律性。

③ 跟刀剁：将原料嵌进刀刃，随刀扬起剁下断离的方法。一些带骨的圆而滑的原料如兔头、鱼头等常用此方法加工，对这些原料采用跟刀剁的刀法能提高准确性和安全性。

④ 拍刀剁：将刀刃嵌进原料，左手猛击刀背，截断原料的方法。其意义与所用原料与跟刀相似。

⑤ 砍剁：借用大臂力量，将刀高扬，猛击原料的刀法。专指对大型动物头颅的开片刀法，砍剁要稳、准、狠，要充分注意安全并注意刀的硬度。

2. 平刀法

平刀法是指刀面与砧板面平行，刀保持水平运动的刀法。平刀法运刀要用力平衡，不应此轻彼薄，而产生凹凸不平的现象。根据用力方向，平刀法有平批、推批、拉批、锯批、波浪批、旋料批等。

（1）平批　指原料保持在刀刃的一个固定位置，平行批进，不向左右移动。对易碎的软嫩原料，如豆腐干、猪血等常采用此方法。

（2）推批　指运用向外的推力，批料时，原料从刀尖入刃向刀腰移动断离。对脆嫩性新鲜蔬菜如生姜、白菜、茭白等原料常采用此法。

（3）拉批　指运用向里的拉力，批料时原料从刀腰进刃，向刀尖部移动断离。对韧性稍强的动物性原料如鸡脯肉、猪腰、猪肝、精肉等常采用此方法。

（4）锯批　即推拉结合，对韧性较强或软烂易碎或块体较大的原料常采用此方法。

（5）波浪批　又叫抖刀批，指刀刃进料后做上下波浪形移动，应用较少，仅指对菊花变蛋的批片。一些固体性较好的原料也可采用此方法，如豆腐干、蛋糕等原料。

（6）旋料批　即批料时一边进刃一边将原料在砧板面上滚动，专门指对球体或柱体原料的批片。旋料批可以取下较长的片。植物性原料一般从上端进刃，叫上旋批，如萝卜、黄瓜等；动物性原料一般从下端进刃，叫下旋批，如肉块。

3. 斜刀法

斜刀法是指刀面与砧板面呈斜角，刀做倾斜运动将原料片开的刀法。斜刀批料较为一致、平稳，故一般上好的原料都用斜刀批片。根据运刀时左侧的钝、锐角度，又分为正斜刀法和反斜刀法两种。

（1）正斜刀法　即正斜批，右侧角度为 $40°\sim50°$。一般来说，正斜刀法运用的是拉力，故又叫"斜拉批"。适用于软嫩而略带有韧性的原料，如鸡脯肉、腰片、腌肝等的加工。正斜刀法是切割柳叶片、抹刀片的专门刀法，能相对扩大较薄原料的坡度截面，增加与汤汁的接触面。在运刀时，要求两手同时相应运动，左手按料，刀走下侧，每批下一片即屈指取下，再按料进刀，反复进行。

（2）反斜刀法　即反斜批，右侧角度为钝角 $130°\sim140°$。一般来说，反斜刀所用的是推力，故又叫"斜推批"，适用于脆性而黏滑的原料，如熟牛肉、猪胃等的加工。反斜刀法运刀时，左手按料，刀身倾斜抵住左手指节。

4. 其他刀法

指除了直刀法、平刀法、斜刀法之外的刀法。绝大多数属于不成形刀法，不是刀工的主体，大多是作为辅助性刀法使用；有些虽然能使原料成形，但是由于其应用受原料的限制，而使用极少。这些刀法有削、旋、挑、剔、刮、揭、拍、撬、剜、剐、铲、割、敲、吞刀（在整块肉的表面有规则地实施刀法，但皮仍相连的一种刀法）等。

（1）削　左手持料，右手持刀，悬空切去老根或老皮，常用于清理加工。有直削和旋削两种。后者常用于圆形果蔬原料的处理。

（2）刮　刀身垂直，紧压料面，做平面横向运行，去除附着于原料表层的骨膜及皮层毛根、鳞片和污物。按照刀势走向，有顺刮和逆刮两种。

（3）拍　指刀身横平猛击原料，使之松裂，适用于对纤维较长、较为紧密原料的加工，如姜块、茭白、精肉等。

（4）剐　指用刀跟随顺滑臼做弧形运动，使关节的凸凹面分离。

（5）割　即运用推拉的方法，悬空将肉的某一部分从整体上取下。

（6）铲　即刀平刃向外，紧贴皮层，运用推力向前使皮与肉分开。

（7）剔　指将刀尖贴骨运行，使骨与肉分离，是拆卸加工的专门刀法。

（8）揭　指将刀身一侧紧压原料，斜刀做平面推进，将原料辗压成泥。细嫩软烂的蓉泥都可运用此刀法，如豆腐、虾仁、熟土豆等。

（9）撬　指将刀刃嵌入原料约 1/3，以刀身作为杠杆，拨开原料，料块表体有纤维的丝裂状，能提高原料对调味卤汁的吸附力。

（10）敲　指用刀背猛击，使粗壮之长骨折断，易于炖煮。

（11）吞刀　指在整块肉的肉面有规则地切片或块，但皮仍保持完整的刀法。吞刀分割于整形之中，便于成熟与筷夹使用。

5. 混合刀法

混合刀法指运用两种或两种以上的刀法对原料实施加工，一般在对原料进行加工时，都采取混合刀法。

四、刀工美化

刀工与原料的成形和形态变化是因果关系，没有刀工美化就没有烹调中"形"的存在。刀工的好坏决定了料形的变化，刀工美化是指运用各种不同的刀法，将烹饪原料加工成形态各异、形象美观、适用于烹调和适合食用的原料形态。原料形态大体上可以分为基本工艺型、花刀工艺型两大类。

（一）基本料形美化

在一般情况下，基本料形有块、段、片、条、丝、丁、粒、末、蓉（泥）九类形状，这正是原料由粗到细的加工过程。

1. 块

块即具有一定立方体，成团成疙瘩的料形，由切、剁、撬和斜刀法产生。块具有许多不同的形态，常用的有方块、长方块、三角块、瓦棱块、劈柴块和菱形块等。

（1）方块　呈正方体，四边边长均等，在菜肴中常将大方丁以上的料形称之为方块，如红烧肉块。

（2）长方块　即料形长度超过宽和高的方形块。根据加工方法又可以分为烤方、酱方、蒸方、骨牌块。

（3）菱形块　即边长相等，由相对钝、锐角构成，故又叫"象眼块"，由切法产生，可用不易变形原料切成此形，主要用于冷盘造型如羊肉冻、狗肉冻、酱牛肉、熟鸭脯等，边长不宜超过2.5cm。

（4）三角块　即块形如三角形，由切法产生，一般多用于鲜豆腐、豆腐干、萝卜、土豆、胡萝卜等原料。

（5）瓦棱块　即中国旧式小瓦的块形，由正斜刀产生，常用于熘瓦块鱼、熏鱼的块形，宽度两端形成弓形，长不超过5～6cm。

（6）劈柴块　即形似劈柴，由撬刀法产生，又叫撬刀块，仅用于"烩冬笋"的料形，约4.5cm长、2cm厚，是一种特殊的块形。

2. 段

将柱形原料横截成自然小节叫段，如鱼段、葱段、芸豆段等。在刀法的运用中，段可用直刀与斜刀法产生，因此在形态上可以分为直刀段和斜刀段两种。

（1）直刀段　即运用直刀法加工的段，多用于柱形蔬菜和鱼肉。直刀段常常可以再加工成更小的料形。

（2）斜刀段　即运用斜刀法加工的段，多用于葱、蒜等管状的蔬菜。运用反斜刀法的段，常常用于炒、爆菜的辅料料形。

3. 片

片即有扁、薄、平面结构的料形。片可以运用平刀法、直刀法、斜刀法获取。片形的形式复杂多样，依据不同刀法的运用分平刀片、斜刀片和直刀片三个基本类型。

（1）平刀片　即运用平刀法在较大物体上取下的片统称为平刀片。主要是大方片或菱形片，如贴类菜肴的片形，典型品种有锅贴鸡、锅贴鱼等。

（2）斜刀片　即运用斜刀法在较大物体上取下的片统称为斜刀片。主要有柳叶片、玉兰片、长条片和大菱形片等形状。

（3）直刀片　即运用直刀法在宽条状原料上取下的片统称为直刀片。一般形体较小，整齐划一，体壁较薄，具有良好固体性质的脆、嫩、酥烂原料都适合采用直刀法取片。常用形状有长方片、月牙片、小菱形片、尖刀片等。直刀片厚度根据原料质地而定，容易碎的原料应厚一些，厚度在 $2\sim3cm$，如鱼片、熟肉片等；有一定韧性的原料应稍薄，不超过 $2cm$，如灯影牛肉、笋片等；切片时应注意原料的纤维纹理方向，较老者宜逆向刀片，如牛肉、笋片等；较嫩者宜顺向刀片，如鱼片、里脊片等。片的切面应光滑，片体均匀，厚薄一致，宽长相等。

4. 条

条即将片形原料切成细长的形状，一般宽度大于 $0.5cm$。条有三个基本等级。

（1）一号条　即粗约 $1.5cm$，因如指粗，所以又叫指条。一般不作终结料形，可再加工成丁，如鸡丁。

（2）二号条　即粗约 $1cm$，长 $3.5\sim4cm$，因粗如笔杆，故又称为笔杆条。一般用于熘、炒、烩等方法。

（3）三号条　即粗约 $0.5cm$，长 $3.5\sim4cm$，肉粗如竹筷，故又称为筷子条，一般用于炒、烩等方法，如鱼条。

5. 丝

丝即一般将直径小于 $0.5cm$ 的细长料形称为丝，也有三个基本等级。

（1）一号丝　即直径约 $0.3cm$，因细如绒线，故又叫绒线丝。收缩率大或易碎原料宜切此形，如牛肉、鱼肉等。一般用于炒、烩、氽等。

（2）二号丝　即直径约 $0.15cm$，因细如火柴梗，故又称为火柴梗子丝。收缩较小或具有一定韧性的原料宜切此丝，常用于炒、拌、氽等。

（3）三号丝。即直径在 $0.1cm$ 以下，因细如麻丝，故又称麻线丝，可穿过针眼。适用于固体性强的原料，主要有姜丝、菜叶丝、嫩豆腐丝等。

6. 丁、粒、末

此三种料形分别从相应条、丝上切下。

（1）丁　从条上截下的立方体料形叫丁。根据大小分为三种：一种从一号条上切下，常用于炸、熘、烩等；一种从二号条上取下，适合炒、烩或做馅心料形；一种是从三号条上取下，常用于炒或作馅心料形，如炒鱼米等。

（2）粒、末　从丝状原料上截下的立方体叫粒或末。粒取自一号丝，大小如末，一般用于缔子料形，为粗蓉；末取自二、三号丝，前者适用于肌肉原料，如肉末，后者适用于植物性原料，如姜末、葱末等。

7. 蓉（泥）

这是料形的最小形式，是由剁、刮、揿等刀法产生的。传统上称动物性原料是蓉，植物性原料是泥。蓉用手触和目视没有明显颗粒感，是制作缔子菜肴的专门料形，其颗粒越小，与水的接触面越大，亲水性越强，吸水越多，出菜率越大，质地越细嫩，如鱼圆等。

一种料形的最终形成，在多数情况下并不是一种刀法单独完成的，而是通过多种刀法相互配合才能产生，是刀法的综合运用。因此，要准确运用刀法，就必须加强严格的料形意识训练，刀工与整个菜肴的营养与风味有紧密关系，均匀一致的料形能够在加热过程中实现受热、生熟老嫩一致，同时能增加菜肴的美感。

（二）花刀工艺美化

花刀工艺，也叫刀工美化、剞花工艺，是指运用各种刀法在原料的表面切上深浅不同的刀纹，使之受热后卷曲成各种不同的美丽形状的过程。

1. 花刀美化的烹饪学意义

（1）缩短成熟时间　经过剞花工艺处理的菜肴，其受热面积增大，这样就很大程度上缩短了正式烹调的时间，有利于控制烹调过程，缩短临灶时间。

（2）使原料均匀受热　由于原料表面被剞上各种不同的刀纹，这样就增强了热的穿透力，使热穿透均衡，有利于原料的均匀受热，使各个部位的成熟时间趋于一致。

（3）有利于原料的入味　正是由于原料表面被剞上了各种深浅不同的刀纹，使原料与调味品的接触面积增大，有利于完成调味汁对原料的包裹，同时更有利于调味品向原料内部的渗透，实现入味均衡。

（4）有利于食用　也正是由于原料经过了刀工处理，在缩短正式烹调时间的同时，也使原料具备了致嫩和帮助菜肴酥烂的特点，无论原料是否改刀成小型条块，都有利于食客的进食，符合中式烹饪的进餐特点。

（5）美化了菜肴的整体造型　由于原料表面被剞上了各种不同的刀纹，使其受热面积和受热程度得到改变，当某一部位受热面积增大以后，其热胀冷缩的程度也得到增强，而没有剞刀的一面受热面积没有发生改变，这时就会出现有剞刀刀纹的一面向没有剞刀刀纹的一面卷曲，形成了各种美丽的形状，很大程度上美化了菜肴的造型。

2. 原料选择

剞花刀对烹饪原料有特定的要求，并不是所有的原料都可以剞花刀。一般要符合以下几个要求。

（1）具有剞花刀的必要　所用原料如较圆不利于热的均衡渗透；或原料过于光滑不利于裹附卤汁；或有异味的原料不便于在短时间内散发，这些都具有剞花刀的必要。

（2）突出刀纹的表现力　原料应具备不易松散、破碎，而有一定韧性和弹力的条件，具有可受热收缩或卷曲变形的性能，才能突出剞花刀纹的美感。

（3）利于剞花刀的实施　所用原料必须具有一定面积的平面结构，方便剞花刀的实施和刀改的伸展。

根据以上要求，一般用于剞花刀的原料有整形的鱼，方块的肉，畜类的胃、肾、心，禽类的肫，鱿鱼、鲍鱼等，植物性的原料有豆腐干、黄瓜、莴苣等。

3. 剞花刀的基本刀法和类型

在剞花刀的过程中，大多是对平刀法、直刀法、斜刀法的综合运用，因此剞花刀的基本刀法是平剞、直剞和斜剞。

（1）平剞　指运用平刀法将原料切成纵横呈数层相连状的方法。适用于较小块的原料。平剞条纹最长，呈放射卷曲的菊花瓣状。如动物内脏、鱿鱼、带皮鱼肉等。

（2）直剞　指运用直刀法在原料表面切割具有一定深度刀纹的方法。适用于较厚的原料。直剞刀纹短于原料本身的厚度，呈放射状，挺拔有力。

（3）斜剞 指运用斜刀法在原料表面切割具有一定深度刀纹的方法。适用于稍薄的原料。斜剞条纹长于原料本身的厚度，层层递进相叠。

4. 剞花刀法

（1）深剞花刀

① 麦穗花刀。逆肌纤维排列方向斜剞深约 4/5、刀距约 0.2cm 的平行刀纹，再顺向直剞同等的深度、刀距的平行刀纹，顺向切成 5cm×2.5cm 的条块，受热卷曲呈麦穗花形。适用于肌纤维平面排列的原料，如鱿鱼，常用来炒或爆。

② 荔枝花刀。在原料表面直剞交叉十字花刀纹，深约 2/3，刀距约 0.25cm，切成 3.5cm 的长菱形块，受热卷曲呈荔枝形。适用于肌肉纤维呈立面排列的原料，如腰子、肫、肚等。

③ 卷筒花刀。顺着纤维排列方向略斜向直剞交叉十字刀纹，深 4/5，刀距约 0.2cm。顺向切成 5cm×3cm 长方形块，受热卷曲如卷发筒形。适用原料性质与麦穗花刀相同，如爆鱿鱼卷。

④ 蓑衣花刀。刀纹方向与麦穗花刀相反，再于原料反面斜向推剞深约 2/3、刀距 0.2cm 的平行刀纹，与正面呈透空网络状，切成 3.5cm×3.5cm 的方块，受热收缩卷曲呈蓑衣形。适用原料主要是腰子。

⑤ 菊花花刀。从原料的一端平剞深约 4/5，再直切剞开部分为长条，受热卷曲呈菊花形，适用于鱼、肉、鹅肫等原料。

除此之外，深剞花刀还有绣球花刀、竹节花刀、眉毛花刀、篮花花刀、葡萄花刀、螺旋花刀等。

（2）浅剞花刀

① 牡丹花刀。即运用斜刀法在鱼体两侧斜剞弧度刀纹，深至椎骨，鱼肉翻开呈花瓣形，一般常用于熘，体壁宽厚的鱼类适宜用此方法加工，如醋熘牡丹鳜鱼。

② 人字花刀。即在鱼体两侧直剞上人字刀纹，适用于较宽的鱼体，如鳜鱼、鳊鱼、鲳鱼等鱼类，深约 1/3。

③ 小字花刀。在鱼体两侧体侧线上直剞小字刀纹，呈弧形排列，适用于窄而厚长的鱼体，如青鱼、草鱼、大马哈鱼等。

④ 散线花刀。在鱼体两侧直剞三条单线一组共六组呈八字排列，深约 1/3。适用于体壁宽薄的鱼，如鲫鱼、鲤鱼等。

⑤ 菱格花刀。在鱼的两侧直剞相叉十字刀纹，即呈菱格图案，深约 1/2，刀距约 2cm，适用于炸、烤，如脆皮鳜鱼、网烤鲤鱼。剞菱格花刀的原料一般需要拍粉、挂糊或上浆，否则表皮容易脱落。

除此之外，浅剞花刀还有波浪花刀、瓦楞花刀、蚌纹花刀等。

5. 花刀美化的注意事项

（1）注意花刀的方向、角度、深度和距离相交的角度 花刀的角度主要指两个方面：一是指刀与原料的角度，二是两次剞刀的刀纹纵横。对一般原料的花刀，不需要考虑方向，但对一些特殊的原料，如墨鱼、鱿鱼必须根据其卷曲方向及花刀的要求来决定纵横之间的方向，成形改刀也必须根据其卷曲的方向来决定。剞花刀的深度应根据原料的性质及菜肴的要求来决定，一般是剞进原料厚度的 2/3～4/5，剞花刀的距离就是根据原料的大小剞成一条条距离相等的平行刀纹。

（2）根据原料的质地和形状灵活运用剞刀法　由于各种动物性原料组织结构不同，经刀工处理加热后形态各异。因此，运用剞刀法，既要熟练掌握各种刀法，也要熟悉各种原料的性能特点和原料纤维组织在加热后的形态变化，只有这样才能得心应手、运用自如。

（3）要适应烹调方法和菜肴对花刀形状的要求　不同的烹调方法和菜肴口味对花刀形状的要求不同。因此，在剞花刀时应注意烹调方法和菜肴口味对花刀形状的要求。炖、焖、扒、烧所用花形应大些；爆、炒、熘、炸所用花形居中；氽、涮、蒸、烩所用花形较小。口味要求脆嫩的菜肴刀纹要剞得深一些，反之则浅一些。

第二节　分档取料

一、分档取料的烹饪学意义

烹饪原料经过初步加工后，一些体积小的原料可直接进入配菜工序，但对于某些整只、大型的原料，必须分割成更小的，无论是动物性原料还是植物性原料，不同的部位具有不同的性质特点，要在烹调过程中充分发挥原料的独特性能，就要通过加工使其成为能够独立使用的个体，这就需要对原料进行分档取料，即根据整形原料不同部分的质量等级、质地特点，按照不同的标准将其进行有目的地切割与分类处理，使其成为符合烹调要求的具有相对独立意义的更小单位和部件。

二、分档取料的方法及实例

（一）分档取料的原则

分档取料最根本的目的是满足不同烹调方法的使用要求，达到因材施艺、合理使用烹饪原料，因此必须遵守以下基本原则。

（1）熟悉各种动物性原料的生理组织结构，做到准确下刀，按肌肉间结缔组织形成的筋络腱膜取肉，保证不同部位原料的完整性。

（2）分档取料时，重复刀口要一致，每次进刀都要在前次进刀的刀口上继续前进，力度适宜，尽量减少碎肉、碎骨的出现。

（3）严格按照菜肴的要求，结合不同部分原料的特点进行分档取料，减少浪费，保证良好的经济效益和社会效益。

（二）分档取料的方法及实例

1. 家畜原料的分档取料

（1）猪肉的分档取料

① 肩颈部。前端从第从 1 颈椎、后端从第 4～5 胸椎或第 5～6 肋骨间，与背线呈直角切断，下端如做火腿则从腕关节截断，如做其他制品则从肘关节切断，并

剔除椎骨、肩胛骨、臂骨、胸骨和肋骨。

② 臂腿部。从最后腰椎与荐椎结合部和背线呈直角垂直切断，下端则根据不同用途进行分割，如作为分割肉、鲜肉出售，从膝关节切断，剔除腰椎、荐椎骨、股骨、去尾；如做火腿则保留小腿后蹄。

③ 背腰部。前面去掉肩颈部，后面去掉臂腿部，余下的中段肉体从脊椎骨下4～6cm处平行切开，上部即为背腰部。背腰部也称外脊、大排、横排。

④ 肋腹部。俗称软肋、五花，与背腰部分离，切去奶脯肉。

⑤ 前臂和小腿部。俗称肘子、蹄筋，是前臂上从肘关节、下从腕关节切断，小腿上从膝关节、下从跗关节切断。

⑥ 颈部。从第1～2颈椎处或第3～4颈椎处切断。此处是宰杀猪的刀口，有较多的污血，常用作馅料。

对猪胴体分档、出骨、取料后进一步处理，包括对所选部位去除皮、肌外膜、瘀血、伤肉、黑色素肉、粗血管、淋巴结、疏松组织结膜、碎骨、表面污物，整理好后可按照烹饪制品的需要进一步分解切割成块、条、丝等更小的形体。

(2) 牛肉的分档取料　牛肉与猪肉比较脂肪较少，腱膜较多，肌纤维粗于猪肉，层次不十分明显，我国实行的牛胴体分割法，是将标准的牛胴体分成臀腿肉、腹部肉、腰部肉、胸部肉、肋骨肉、肩部肉和前后腿肉七个部分，在此基础上把牛肉分为5个等级。

① 特级牛肉：里脊。位于腰肋间，纤维细长，无筋膜间杂，含水量大，适合余、涮、爆、熘。

② 一级牛肉：脊背、上脑。肥瘦交融，质地软嫩，肌面较宽，适合炒、炸、熘、余、涮。

③ 二级牛肉：胸口、肋肉、腰肉和后腰肉。肌肉纤维较长，腱膜较少，适合炒、涮。

④ 三级牛肉：后退、臀尖、腹肉、肩肋，腱膜较多，质地较老，适合烧、卤、炖、焖、煨。

⑤ 四级牛肉：肋下腹肉、血脖、前后胫肉。肋下腹肉俗称奶脯，有白筋，腱膜丰富，肌肉少且质地老。适合煨、焖、炖、烧、卤等方法。

(3) 羊肉的分档取料　羊肉与猪肉、牛肉相比，体形较小，脂肪较多且大都夹杂在肌肉之中，有较多的筋腱结缔组织，可以分为以下几个等级。

① 一级羊肉：外脊、里脊、上脑、内腱子。肉嫩，夹脂及结缔组织较少，适合炒、爆、余、涮、熘。

② 二级羊肉：胸口肋条、臀尖、羊尾。筋膜复杂，脂肪较多，适合烧、烤、炸、煎。

③ 三级羊肉：脖肉、奶脯、前后腱子。脖肉较硬，适宜做馅心；奶脯肥多瘦少，适宜焖、煨；前后腱子适宜炖、焖、烧、卤等方法。

2. 家禽原料的分档取料

(1) 鸡的分档取料　将光鸡平放于砧板上，在脊背部自两翅间至尾部，用刀划一个长口，再从腰窝处至鸡腿裆内侧，用刀划破皮。左手抓住一个鸡翅，从刀口自肩臂骨骨节处划开，剔去筋膜，撕下鸡脯。同时将紧贴胸骨的鸡里脊肉取下，再将鸡翅与鸡脯肉分开，左手抓住一鸡腿，反关节用力，用刀在腰窝处划断筋膜，再用刀在坐骨处割划筋膜，用力即可撕下鸡腿，再从胫骨与跗骨关节处拆下，然后将鸡翅、鸡脯、鸡腿、鸡架、鸡爪分类放置备用。

（2）鸭、鹅胴体的分档取料　鸭、鹅在生理结构上与鸡相似，所以分档取料也相似，即第一刀从跗关节取下左爪；第二刀从跗关节取下右爪；第三刀从下颌后颈椎处平直斩下鸭或鹅的头；第四刀从第15颈椎间斩下颈部，去掉皮下的食管、气管和淋巴组织；第五刀沿着胸骨脊左侧由后向前平移开膛，摘下全部内脏，并用干净的毛巾擦去腹水、血污等；第六刀沿着鸭、鹅的脊椎骨将其分为两半；最后从胸骨端剑状软骨至髋关节前缘的连线将左右分开，然后分成腿、脯、爪等备用。

3.鱼类原料的分档取料

（1）梭形鱼的分档取料　烹饪中常使用的梭形鱼有鲫鱼、鲤鱼、草鱼、青鱼、鲢鱼等。鱼一般分为三部五档位，即头部，包括颅及颈圈；中躯部，包括脊背和腹部；尾部，从胸鳍后椎骨第二节处切下鱼头。也有从腮骨后端切下颈圈单独使用的，如红烧项圈。但大多数情况下，鱼头肉层较薄，形状不美，为了增加其美感和可食性，可斜线从肩背至腰鳍切下鱼头，与尾配合使用。

鱼头骨多肉少，肉质滑嫩，皮层含有丰富的胶原蛋白，适合红烧、炖汤等，鱼尾俗称划水，皮厚筋多，肉质肥美，胶原丰富，适合红烧。鱼的中躯俗称鱼中段，肉质地适中，可加工成丝、条、丁、片、块、糜等形状，适合炸、熘、爆、炒等烹调方法。

（2）无鳞鱼的分档取料　无鳞鱼在烹饪中用得也较多，最为典型的为黄鳝，熟黄鳝去骨后，可按照菜肴要求分割成脊背肉、尾脊肉、腹肉三个部分。前脊背肉可以炒软兜；尾脊肉可用于炝虎尾；鱼腹可煨脐门等。

（3）扁形鱼的分档取料　扁形鱼体型扁平，肉质较薄，一般不分档，整体使用，适用于清蒸、红烧等。

第三节　整料去骨

一、整料去骨的烹饪学意义

整料去骨是对鸡、鸭、鱼等小型动物性原料进行全部骨骼清除，且保持其形状完美的一种原料加工手段。它是中餐烹饪中加工技艺的表现形式之一，是中餐烹饪中造型艺术的重要组成部分。整料去骨的烹饪学意义主要有以下几点。

（1）易于成熟，便于入味　原料在烹饪过程由于没有阻热性较强的骨骼存在，热能和调味可以较直接地转入原料中心部位，使其加快成熟速度和味道渗入。

（2）造型生动，寓意广博　原料去骨后，柔软的肉体维持着原料原有的风味，方便了原料形态的变易，使之可以派生出许多寓意丰富的精美菜肴，使饮食与文化有机地结合为一体。

（3）方便食用，老少皆宜 没有骨骼的妨碍，既加快了成熟的速度，又减少了食用时的诸多不便，备受人们的喜爱。

二、整料去骨的方法及实例

（一）整禽出骨

整禽出骨即从整体的禽体内腔中抽出除头与第一翅节以外的其他各骨，仍保持完整禽体的出骨方法。整禽出骨具有良好的封闭性，既便于填料，又能较好地保持填料的卤汁和原味。下面就以鸡为例说明整禽出骨的方法，其步骤如下。

1. 出颈椎骨

沿着颈根至肩一侧，略斜竖划一个 3～4cm 的刀口，从宰杀口处切断颈椎及食管、气管，自刀口处抽出，将皮向下翻剥使肩关节裸露，并将肱骨从关节上割离，割断肱骨周围腱膜，抽出肱骨。

2. 出胸肋骨

将肉朝外向下翻剥，边剥边割断与胸椎和锁骨的结缔组织，至龙骨突前，手指伸进将龙骨突两侧附着肌肉分离，割断龙骨突上缘骨膜，将肉体继续向下翻剥，压迫胸肋，剥至愈合荐椎，用刀在荐椎上刮清骨膜，边刮边剥至腰带，脱出龙骨，将两腿向上屈，使股骨脱离腰带关节，剔下腰肌，再刮剥至尾综骨，切断尾综，取下胸椎肋骨。

3. 出腿骨

在内侧剖开股骨上侧使之裸露，在关节处将股骨与胫骨分离，割断、刮清骨骺周围结缔组织，分别抽出股、胫骨，复原禽体洗净。

整禽出骨后应皮无破洞，肉面平整，骨不沾肉，刀口正常，在形态上仍是一只完整的鸡。整鸭、鹅出骨与鸡相似，在此不一一赘述。

（二）整鱼出骨

整鱼出骨是指将鱼体中的主要骨骼（椎骨、肋骨）去除，而保持外形完整的一种出骨方法。适合整鱼出骨的鱼类有鳜鱼、鲤鱼、黄鱼、鲈鱼、黄菇鱼、石斑鱼等，这些鱼体壁较厚，身体较宽，体重大都在 250g～1kg 之间，过小的鱼不适宜整鱼出骨，常用整鱼出骨的菜肴有脱骨八宝鳜鱼、三鲜脱骨鱼、蒸酿双皮刀鱼等。根据出骨点有脊出骨和项出骨两种方法。

1. 脊出骨

即从鱼的背鳍两侧剖开鱼背，取出鳍骨与椎骨，再斜刀剔出肋骨，也可以不剔出肋骨。

2. 项出骨

在鱼的一面项圈处直切一口，切断椎骨，在鱼的另一面肛门下端直切一口，切断椎骨。用长出骨刀由项圈下刀口伸进胸肋肌肉间，贴骨向肛门处运行，上下运刀使胸肋、椎骨与腹背在内部一侧分离，将刀抽出再由肛门处刀口伸进，向项圈运行，使内腔另一侧骨与肉分离，然后将分离的椎、肌肉从项圈刀口抽出。

思 考 题

1. 试论刀工与配菜、火候、调味的关系。
2. 刀工美化的方法有哪些？对原料有什么要求？怎样保证花刀的质量？
3. 刀法是如何分类的？并举出一例烹饪应用实例。
4. 不同刀法之间的区别主要表现在哪些方面？
5. 花刀美化应该注意什么问题？

项目三　烹饪原料的分割加工工艺

【项目要求】

通过本项目训练，学生必须养成良好的刀工姿势和操作习惯，熟练掌握各种基本刀法和花刀刀法，加工出的各种原料形状应符合规格要求。

【项目重点】

① 基本刀法（直刀法）——丝的成形。

② 花刀成形——整鱼剞刀。

【项目难点】

① 根据原料的性质和烹饪用途采用科学合理的刀工处理，保证加工后的原料规范性、营养性和实用性。

② 熟悉常用原料的特点，熟练掌握各种花刀的运用。

【项目实施】

① 确定项目内容：基本刀法（直刀法）——白萝卜丝、猪里脊丝；花刀成形——剞糖醋鱼花刀、剞松鼠鳜鱼花刀。

② 项目实施：将班级同学分成两组，任选基本刀法和花刀刀法中的一项，讨论并独立完成项目任务。

③ 项目实施步骤：确定实践对象（每人两种原料的初加工）→制订项目实施计划→小组讨论并提出修改意见后定稿→教师审核，提出修改意见→修改完善计划→实施项目计划，完成项目实践→个人自评→小组内互评→教师点评→完成项目报告。

④ 整个项目实践过程必须遵循烹饪原料刀工处理的相关要求和原则，保证加工后的原料实用性效果。

【项目考核】

① 其中项目实施方案占 20 分，项目方案（原料初加工过程）占 30 分，综合评价（含项目报告）占 50 分。由学生自评、小组内互评、教师测评分别进行评价。

② 项目考核总成绩为 100 分，学生自评成绩占 20%，小组内互评成绩占 30%，教师测评成绩占 50%。

第四章　保护性加工工艺

第一节　保护性加工工艺的意义

一、保护性加工工艺的烹饪学意义

烹饪中用蛋、粉、水等原料在主原料外层加上一层保护性膜或外壳的加工，由于如同为菜肴原料穿上一层外衣，所以也叫着衣工艺。

保护性加工工艺通常包括上浆、挂糊、拍粉、勾芡四部分，其烹饪学意义主要有以下几点。

1. 保护原料形态，增强定型效果

烹饪中，鸡、精肉、鱼、虾、贝类等细嫩原料加工成细薄精小料形后，容易在加热中散碎、萎缩、变形，经过保护性加工工艺后，由于黏合性加强，不仅能保持原料饱满完整的形态，还有利于新造艺术形体的固定，并在加热中产生洁白或金黄光亮的视觉效果。

2. 保护原料的水分，提高触觉风味

在以油为传热介质的旺火速成的熟处理加工中，往往会使原料骤然受热过高，使水分和风味物质大量快速流失或被破坏，从而产生老硬、干燥、失鲜等不良风味。在对原料实行保护性加工工艺后，相当于给原料穿件保护衣，缓冲了高温对原料表体的直接作用，并减少了原料内部水分外溢，从而保持了原料本身的嫩度和鲜度。同时由于淀粉糊化而形成爽滑的风味，甚至外脆里嫩，丰富了菜肴的触感。

3. 提高了菜肴营养价值，增强了调味的融合

在高温热油中，原料的营养成分容易被破坏，尤其是维生素、矿物质等损失严重，保护性加工工艺的基本原料是粉、蛋，从而大大减少了营养素的流失，提高了菜肴的营养价值，特别是勾芡原料的卤汁裹附性增强，增强了菜肴调味的融合性。

二、保护性加工工艺的相关原理

（一）淀粉的糊化

将淀粉混于冷水中，经搅拌形成称为淀粉乳的乳状悬浮液。将淀粉乳加热到一定温度，淀粉颗粒开始膨胀，偏光十字消失。温度继续上升，淀粉颗粒继续膨胀，可达原体积的几倍到数十倍。由于颗粒的膨胀，晶体的结构消失，互相接触，变成稠状液体，虽停止搅拌，体积胀大，淀粉也再不会沉淀。这种现象称为淀粉的糊化。

淀粉根据其分子结构的不同，可以分为直链淀粉和支链淀粉两类，其中支链淀粉能溶于水，而直链淀粉完全不溶于水。从来源上有豆淀粉、玉米淀粉、马铃薯淀粉和小麦淀粉等，淀粉的吸水性对保护工艺是很重要的。在对同等原料进行着衣处理时，吸水性强的淀粉添加量应小于吸水性弱的淀粉。通常保护工艺选用的是支链淀粉多的马铃薯淀粉和玉米淀粉。支链淀粉较直链淀粉容易发生糊化。烹饪中的保护性工艺就是利用淀粉的糊化作用，经过加热包裹在原料外面的淀粉糊化成黏性很大的胶体，紧紧包裹在原料表面，避免了原料表面与高温油的直接接触，使原料内部水分与呈味物质不易流失而显得饱满鲜嫩。淀粉的糊化过程如下：

$$淀粉 \xrightarrow{吸水} 膨胀 \xrightarrow{30\sim50℃} 硬粒状态 \xrightarrow{53℃} 膨胀糊化 \xrightarrow{60\sim80℃} 直链淀粉$$

$$分散于水中 \xrightarrow{90℃} 支链淀粉分散于水中 \longrightarrow 胶体溶液$$

（二）蛋白质的凝固、分解作用

1. 蛋白质凝固

蛋白质经强酸、强碱作用发生变性后，仍能溶解于强酸或强碱溶液中，若将pH调至等电点，则变性蛋白质立即结成絮状的不溶解物，再加热则絮状物可变成比较坚固的凝块，此凝块不易再溶于强酸和强碱中，这种现象称为蛋白质的凝固作用。

在保护工艺中，利用了蛋液中的蛋白质凝固作用。蛋液中的黏蛋白能增强浆液对原料表体的黏附性，加热后蛋白凝结，尤其是卵蛋白的凝结，使菜肴滑嫩光亮，由于这种蛋白质大分子形成的固态传热性能差，因而起到了一定的保护作用。

2. 蛋白质分解

在对动物性原料进行着衣工艺时，肌肉的僵直后期为最佳时机，这是因为此时肉体开始软化，肌原纤维逐渐破碎，肌肉逐渐伸长，持水性逐渐提高，原料中的三磷酸腺苷（ATP）经过各种酶的作用，生成重要的风味物质肌苷酸（IMP），其次在组织蛋白酶的作用下，蛋白质部分水解成肽和氨基酸游离出来，大大改善了原料的风味。但时间越长，蛋白质的水解产物越多，原料光泽度和持水性都将下降，对着衣不利。

三、保护性加工工艺所用的基本原料

保护性加工工艺实施需要淀粉、鸡蛋、面粉等基本原料。

（一）淀粉

每种淀粉由于结构紧密的程度不同，因此都有其各自的糊化温度，糊化的难易除与淀粉分子间结合的紧密程度有关外，还与淀粉颗粒的大小有关。一般颗粒大的、结构比较疏松的淀粉比颗粒小的、结构比较紧密的淀粉容易糊化，所需的糊化温度也较低，含支链淀粉数量多的也较易于糊化。在挂糊上浆时应选择糊化速度快、糊化黏度上升较快的淀粉。实践证明，马铃薯淀粉最适宜作为上浆和挂糊原料。

（1）绿豆淀粉　含支链淀粉 60％以上，淀粉颗粒小而均匀，粒径为 15～

$20\mu m$，热黏度高，稳定性、透明度均好，适宜作勾芡和制作粉皮。

（2）马铃薯淀粉 颗粒较大，呈卵圆形，粒径达 $50\mu m$ 左右，直链淀粉含量约达 25%，糊化温度为 $59\sim67℃$，糊化速度快，糊化后很快达到最高黏度，但黏度的稳定性较差，透明度较好，适宜作上浆和挂糊之用。

（3）玉米淀粉 为不规则的多角形，颗粒小而不均匀，平均粒径为 $15\mu m$，含直链淀粉 25% 左右，糊化温度为 $64\sim72℃$，糊化过程较慢，热黏度上升缓慢，透明度差，但黏胶强度好，使用过程中应注意高温糊化。

（4）小麦淀粉 为圆球形，平均粒径 $20\mu m$，含直链淀粉 25%，糊化温度为 $65\sim68℃$，热黏度低，透明度和凝胶能力都较差，在烹饪中经加工可制成澄粉，在面点中做船点原料。

（二）鸡蛋

鸡蛋是糊浆的重要原料，既可为菜肴增加营养、增加色泽、改善质感，又可作为溶剂代替水起到调和糊浆的作用。

鸡蛋可以使用整只蛋，也可以将蛋黄、蛋清分开使用。其使用原理有以下几点。

（1）蛋白质的起泡作用 蛋白质是一种亲水性胶体，具有良好的起泡性。经强烈搅拌后，蛋白膜将混入的空气包围起来而形成泡沫，由于蛋白表面张力的作用，迫使泡沫形成球形。同时，蛋白胶体本身的黏度和淀粉等原料的介入，使这种泡沫变得非常厚和结实，增加了泡沫的稳定性。应该注意的是，鸡蛋的新鲜程度直接影响起泡的效果。

（2）蛋的凝固作用 蛋液经加热后由于蛋白质受热变性而凝固，使其作为糊浆时，受热后在原料表面形成一层保护膜，防止原料中的水分及营养物质渗出。同时由于蛋液本身是由鸡蛋和淀粉混合而成，也使菜肴中的蛋白质、碳水化合物等营养物质得到补充，使原料的口感也可得到改善。

（3）蛋液的调色作用 利用蛋黄可以使原料成菜后形成金黄色；而利用蛋清可以增进菜肴的光洁度，保持并增进菜肴色泽的洁白度。

（三）面粉、面包粉、面包屑、馒头丁等

（1）面粉 其主要成分是淀粉、蛋白质、脂肪、粗纤维和少量的无机盐及维生素等，其中能对糊产生影响的是淀粉和蛋白质。淀粉可以吸收原料表面的水分而糊化；蛋白质则可与糊化的淀粉相结合，利用自身的弹性和韧性提高糊的强度。一般可以单独使用，也可以与其他粉料结合使用。

（2）面包粉 是面包干燥后搓成的碎渣，炸制类原料挂上黏合剂再裹上或撒上面包粉使其不黏结，在受热时易上色、增香，其变化系面包粉中蛋白与糖类起羰氨反应，使炸制品表面粗松、口感良好所致。

（3）面包屑、馒头丁等原料 一般适用于拍粉工艺，其原理与面包粉基本相同，但需要说明的是，面包屑和馒头丁都有甜、咸两类，在这里运用的应该是咸味的，如果带有甜味，油炸时会很快变焦、变黑。而且它们应该是干燥的，一般潮湿的粉料不容易酥香，也不容易包裹均匀，颗粒过大则不易粘牢，加热后易脱落，整只的面包、饼干、花生等必须加工成粉粒状以后，才能作为拍粉的原料。

第二节 上浆工艺

一、上浆工艺的定义

（一）定义

上浆又称抓浆、吃浆，广东称"上粉"，是指在经过刀工处理的原料表面黏附一层薄薄的浆液的工艺过程。

（二）上浆原料和调料

上浆所用的原料为鲜嫩的动物性原料如猪精肉、鸡脯肉、牛肉、鱼肉、虾仁、鲜贝和内脏，刀工处理以片、丝、丁、粒等料形为主。

上浆调料有精盐、淀粉（干淀粉、湿淀粉）、鸡蛋（全蛋液、鸡蛋清、鸡蛋黄）、油脂、小苏打、嫩肉粉、水等。

二、上浆工艺的程序和方法

上浆的一般程序：腌拌→调浆→搅拌→静置→润滑。

（一）腌拌

将食盐加入浆料中，搅拌均匀至肌肉表体有黏稠感，目的是通过盐的电解作用，使肌动球蛋白的溶解度增大、原料表面蛋白质的静电荷增加，提高水化作用，引起分子体积增大，黏液增多，达到吸水嫩化。

（二）调浆

调浆即用湿淀粉与蛋液（或加水）调匀成浆。常用的浆有以下几类。

1. 蛋粉浆

蛋粉浆即蛋液与淀粉结合的浆液，又有全蛋浆、蛋清浆、蛋黄浆三种。

（1）全蛋浆 即用蛋的全部调成的浆体，色泽淡黄，适用于有色炒、熘类菜肴的上浆。

（2）蛋清浆 即只用蛋白部分调成的浆体，色泽洁白，适用于特别细嫩的白色菜肴的上浆，如清炒虾仁、熘鱼片等。

（3）蛋黄浆 即用蛋黄部分和淀粉调成的浆液，色泽金黄，适用于炒、爆、熘等法制作的菜肴。

2. 水粉浆

水粉浆即仅用湿淀粉与少量清水调合的浆液，属于一般性浆液。色泽洁白，可用于所有的菜，上浆的质量次于蛋粉浆，但是对心肌、平滑肌类型的原料，如果需要上浆则仅能用水粉浆，如心、肝、肾、胃等，这种浆既没有蛋浆的密封性高，又具有一定的保护作用。

3. 苏打浆

苏打浆即在蛋清浆中添加适量的苏打水和白糖，具有致嫩膨松作用，多用于牛肉丝、片的上浆，如蚝油牛柳。

4. 酱品粉浆

酱品粉浆指将主料用调料（精盐、料酒、味精）腌入味，再用酱品（黄酱、面酱、辣酱等）或酱油和淀粉调制成的浆液，主要用于炒、爆、熘等菜肴及烹调后要求为酱色的菜肴。

调浆时应注意：浆的稀稠度应根据烹饪原料水分含量的多少来决定，以浆能够均匀地将原料包裹为度，不可过稀或过稠，此外，还应该考虑淀粉本身的性能，吸水力强、糊化程度高的淀粉应控制用量。

（三）搅拌

将腌拌的原料置于调好的浆液中，通过顺时针搅拌，使浆液充分均匀地黏附于原料之上。在拌浆过程中，应对不同的原料加以区别，采用不同的力度和时间。一般畜、禽肌肉含水少，而且肌束纤维中蛋白质容易盐溶，需要在拌浆前加入适量的水让其吸收；虾仁搅拌时间较长，用力要迅速，目的是破坏肌外膜结构使肉质疏松吸浆；鱼肉容易断裂，搅拌力度不宜过猛，防止碎屑的产生。值得注意的是，如果搅拌不充分，浆液不能均匀牢固地黏附在原料的体表，则加热时蛋液容易脱入油中，造成上浆失败。

（四）静置

静置即"咬劲"，虽然搅拌使浆液能均匀地裹附在原料表体，但经过剧烈的搅拌后，原料表面的蛋白质分子处于不稳定状态，蛋白质的水化能力还没有达到最高值。将上好浆的原料静置于4℃温度中1～2h，使蛋白质分子稳定，进一步水化，而且原料表面发生凝结，阻止了水分子的扩散运动，但静置时间不宜过长，以免原料渗水脱浆。

（五）润滑

适量添加一些冷油脂于浆成的原料中拌匀，利用水与油不相溶的原理，有利于原料在划油时迅速分散，受热均匀，并对原料成熟时的光泽度和润滑性有一定的增强作用。

三、上浆工艺的注意事项

（一）灵活掌握各种浆液的浓度

在上浆时，要根据原料的质地、烹调的要求以及原料是否经过冷冻等因素决定浆液的浓度。

（二）准确掌握上浆过程中的每一环节

上浆过程中的三个重要环节，一是腌制入味，即在原料中加少许精盐、料酒等调料腌渍片刻，浸透入味；二是用鸡蛋液拌匀，即将鸡蛋液调散（不能打成泡）后放入原料中，将鸡蛋液与原料拌匀；三是调制的水淀粉必须均匀，不能有渣粒，浆液对原料的包裹必须均匀。

（三）必须达到吃浆上劲

上浆时必须抓匀抓透，这有两个目的：一是使浆液充分渗透到原料组织中去，达到吃浆的目的；二是充分提高浆液黏度，使之牢牢黏附于原料表层，达到上劲的目的，最终使浆液原料内外融合。但对于质地比较细嫩的原料如鸡丝、鱼丝等，抓拌时用力要稍轻一些，防止断丝破碎现象的发生。

（四）要根据原料的质地和菜肴的色泽选用适当的浆液

上浆时要选用与原料质地相适应的浆液，如牛肉、羊肉中结缔组织较多，上浆时宜用苏打浆或加入嫩肉粉，这样可取得良好的嫩化效果。再者，根据菜肴的色泽要求不同，也要选用与之相适应的浆液，如成品颜色要求是白色的则要选择蛋清浆；成品颜色为金黄、浅黄、棕红色时，可选用全蛋浆、蛋黄浆等。

第三节 挂糊工艺

一、挂糊工艺概述

（一）定义

挂糊是根据菜肴的质量标准，在经过刀工处理的原料表面适当地挂上一层黏性糊的工艺过程。挂糊的原料都要以油脂作为传热介质进行热处理，加热后在原料表面形成或脆或软或酥的厚壳。挂糊对原料的品质具有良好保护作用，适用于炸、煎、烤、熘等烹调方法。

（二）挂糊原料

调制粉糊的原料主要有淀粉（湿淀粉、干淀粉）、面粉、鸡蛋、膨松剂、油脂等，也可加入一些辅助原料如核桃粉、芝麻、瓜子仁、吉士粉、花椒粉等。

（三）适宜挂糊的原料选择

以动物性原料为主，也可选择蔬菜、水果等，原料形状以整形、大块为主。

二、挂糊工艺的方法和程序

（一）糊的种类及调制

目前各地所用的糊种类很多，根据挂糊成菜形成的质感和用料，大体可以分为酥质糊、松质糊、脆质糊、软质糊四大类。

1. 酥质糊

原料成熟后外部糊层最厚，有一定的硬脆度。酥质糊的用料与质感介于脆质糊和松质糊之间，既有脆性又有松性，多用于酥炸菜肴，色泽较黄，有一定的焦香味。

（1）酵面糊　在糊中加入适量的面肥，使之发酵4h，投料比为面粉375g、面肥75g、淀粉65g、马蹄粉60g、精盐10g、水550g和匀后发酵4h，再加入160g花生油、适量的碱水调匀，静置20min即可使用。此糊饱满，成熟后一触即碎。

（2）酵皮糊　投料为面粉500g、淀粉150g、发酵粉20g、精盐6g、花生油150g、水600g，和匀即可。

（3）腐酥糊　投料为豆腐泥100g、面粉400g、水250g，调拌均匀即可。

（4）金酥糊　其调制方法是将蛋黄和米粉按照1∶1的比例调制而成。

2. 松质糊

菜肴成熟后外部所裹糊层较厚，并且有气室结构，成熟后口感略脆而疏松，称为松质糊。常用于松炸菜肴，如松炸银鱼、高丽鱼条等。主要有蛋泡糊和发粉糊两种。

（1）蛋泡糊　又称为芙蓉糊、高丽糊等，即将蛋清打发后加淀粉调制的糊，糊质膨松饱满，色泽乳白，成熟后表层略脆，内部松嫩。一般投料成分除蛋清外，可分别添加干淀粉、米粉、精白面粉等，比例一般为2∶1或3∶1，即100g蛋泡糊可加入33～50g干淀粉调制。若用淀粉与面粉的混合物，则比例为2∶1。蛋泡糊调成即用，放置会失气回稀。

（2）发粉糊　指面粉加水、发酵粉调制的糊，其成品松脆度强于高丽糊，色泽淡黄，用料比例为面粉350g、水450g、发酵粉15g，调制均匀即可。

3. 脆质糊

脆质糊即菜肴成熟时原料外部糊层稍厚，有较强的厚度，破碎有响声，与内部软嫩原料形成鲜明对比，形成外脆里嫩的风味。色泽一般为金黄色，有较浓的香气。常用于脆炸、脆熘等菜肴。脆质糊又可以分为全蛋糊、蛋黄糊、水粉糊三种。

（1）全蛋糊及蛋黄糊　常用的配料方式有：全蛋液、面粉、水及少量油；全蛋液、淀粉、水及少量油；全蛋液、米粉、水及少量油；全蛋液、面粉、淀粉、水及少量油；全蛋液、面粉、米粉、水及少量油。蛋液与粉的比例为1∶3，掺水量视用粉量而定，一般以面粉用水量最大，米粉次之，淀粉最小。糊的厚度应视烹饪原料的干湿性而定，较干者应薄些，反之应厚些。

（2）水粉糊　即用水与纯淀粉调制的糊，一般干淀粉800g掺水650g调匀，此糊口感最脆，色泽淡紫而带金黄，多用于脆熘，如熘鳜鱼、熘变蛋等，因淀粉吸水量少，不溶于水，因此需要反复多次搅拌淀粉，使之产生黏性，与水融合，才能挂上糊。

4. 软质糊

软质糊即成熟时原料外部糊层较薄，触觉较软为软质壳。在各种糊中，仅蛋白糊一种为软质糊，多用于软炸菜肴，如软炸口蘑。此糊质感与内部原料没有明显的差别，色泽淡白。

（二）挂糊工艺的方法和程序

根据不同原料，烹饪中挂糊方法有很多种，最为常见的有以下几种。

1. 拌糊法

即将原料直接投入糊中拌匀，适用于对形体较小而且不容易破碎的原料进行挂糊，如肉丁、土豆块等。

2. 拖糊法

即将原料缓缓地从糊中拖过，适用于较大、扁平状原料的挂糊，如鱼、猪排等。

3. 拍粉拖糊法

即先拍干淀粉，再拖上黏糊，适用于含水量较大的大型原料。拍粉的目的主要是吸收多余的水分，提高糊的黏合力。

三、挂糊工艺的注意事项

（1）对糊的调制搅拌应先慢后快、先轻后重，调制均匀，不能使糊中含有粗粉团，否则既影响口感和美观，而且加热时也容易引起油爆。

（2）在挂糊时，要用糊把主料的表面全部包裹起来，不能留有空白，否则在烹调时油就会从没有糊的地方浸入主料，使这一部分质地变老、形状萎缩、色泽焦黄，影响菜肴的质量。

（3）糊的厚度应灵活掌握，一般来说，较嫩或冷冻后的原料，由于水性强，而糊则应厚一些；质地较老或新鲜的原料较干，则糊应薄一些。调糊后即用厚稠，否则应薄一些。

第四节 拍 粉 工 艺

一、拍粉工艺概述

（一）拍粉的定义

拍粉又叫粘粉、上粉，是在加工成形的原料表面均匀地粘挂上一层粉状原料的操作技法，传统称为干粉糊。其主要作用是使原料吸水固型，增强风味，并且有一定的保护作用。适用于炸、煎、熘类菜肴。原料经过拍粉后，受热的变形率较小，并且有外层金黄香脆、内部鲜嫩的特点。

（二）拍粉所用的原料

拍粉常用的原料有淀粉、面粉、米粉（大米粉、玉米粉、糯米粉）、面包粉、芝麻粒等。

二、拍粉工艺的方法和程序

一般拍粉的菜肴比挂糊更为香脆，但是嫩度稍欠。拍粉方法有以下几种。

1. 干拍粉

即直接将干粉拍粘在原料上，无上浆过程，可吸收原料水分，强化固型。以鱼排拍粉为主要形式，方法是先将鱼腌渍，带湿拍粉，形成外壳，适用于熘菜，如菊花青鱼、松鼠鳜鱼等，特别是条纹清晰，原料表面平整，成形方便美观，但是嫩度不够。

2. 上浆后拍粉

即先上浆后拍粉，上浆的作用是加强对原料嫩度的保护和粉粒的黏合性，适用于板块面原料，但是不适应复杂花形，特点是外脆里嫩，形体饱满，但条纹不清晰。适用范围较广，如芝麻鱼排、萝卜鱼等。

三、拍粉工艺的注意事项

（1）拍粉时要现拍现炸，因为粉料非常干燥，拍得过早，原料内部水分被干粉吸收，经过高温炸制后菜肴质地会发干变硬，失去外酥里嫩的效果，同时粉料吸收过多会结成块或粒，造成表面粉层不匀，炸制后外表不光滑美观，也不酥脆。

（2）拍粉时需要按紧并抖清余粉，防止加热时脱粉，并造成对油质的污染。

第五节 勾芡工艺

一、勾芡工艺概述

勾芡也叫拢芡、着芡、打芡、走芡，是根据菜肴制作的特定要求，在烹制的最后阶段加入芡液，使菜肴汤汁具有一定浓稠度的调质工艺。

勾芡的作用主要有以下几点。

1. 增加菜肴汁液的黏稠度

在菜肴制作中，加热使原料体液外流，勾芡后粉汁的糊化作用增加了菜肴卤液的黏稠性和浓度，使之较多地附着在菜肴表面，提高对菜肴滋味的感受及对汤汁绵厚的感觉，同时又使整个菜肴增强了滑润、柔嫩、鲜美的风味。

2. 能保质、保光，延迟冷却时间

芡汁紧包原料，可防止原料内部水分外溢，从而保持了菜肴鲜嫩的质感，又使形体饱满而不易散碎，且延迟了冷却时间。

3. 能改善菜肴口感

勾芡能使菜肴的汤汁黏度增大，一般无汤汁的菜肴因芡汁包裹，菜肴口感变得嫩滑；汤汁少的菜肴因芡汁较稠与菜肴原料交融，口感变得滋润；汤汁多者因芡汁较清水黏稠，口感变得浓厚。

4. 减少营养成分损失

菜肴原料在加热过程中所形成的汤汁勾芡后，溶于汤汁中的各种营养物质随着糊化的淀粉一起黏附在菜肴原料的表面，使汤汁中的营养成分得到了比较充分的利用，减少了损失。

二、勾芡的方法

（一）勾芡工艺使用的粉汁及调制

这里所说的粉汁是指在烹调过程中或烹调前临时调剂用于勾芡的汁液。根据其组成和勾芡的方式，大体上可分为单纯粉汁和混合粉汁两种。

1. 单纯粉汁

单纯粉汁又称水淀粉、单纯粉汁芡、跑马芡，是用湿（或干）淀粉加水调匀而不加调料的粉汁。这种粉汁的适用范围很广，主要用于烧、扒、焖、烩等烹调方法。

2. 混合粉汁

混合粉汁又称调味粉汁、对汁芡、碗汁芡，是在烹调前或烹调过程中先把某个菜肴所需要的各种调味品和湿淀粉、鲜汤放入碗中调好的粉汁，多用于爆、炒、熘等烹调方法，因为这类烹调方法多采用旺火速成，如果将各种调味品在菜肴的加热过程中逐一下锅，势必会影响操作速度，而且口味不容易调准，这样使用混合粉汁就可以既快又好地达到要求。

（二）勾芡的方法

粉汁调制后需投入加热的菜肴中使之糊化才能成为芡汁，勾芡的方法因菜式不同而不同，主要有泼入式和淋入式两种。

1. 泼入式翻拌勾芡

一般适用于混合粉汁，即根据烹调需要，将调好的混合粉汁一次性倒入（或泼入）锅中，在粉汁糊化的同时，快速翻拌菜肴，使之裹上芡汁。特点是受热成芡迅速，裹料均匀。

2. 淋入式推摇勾芡

即将粉汁徐徐淋入锅中，一边摇晃锅中菜肴或推动菜肴一边淋下粉汁，使之缓缓糊化成芡。特点是平稳、糊化均匀缓慢，一般用于中、小火制熟且具有一定汁液的菜肴着芡，大多数采用单纯粉汁，成芡一般为薄质芡汁。

三、芡汁的种类和运用

根据不同菜肴的性质，其芡汁的厚、薄、多、少是有区别的，依据其厚度有厚芡与薄芡两大类芡汁。芡汁的厚薄主要在于淀粉含量的多少。根据有关研究表明，厚芡淀粉与水的比例为1∶1.2，薄芡则为1∶1.5。在菜肴中，厚芡汁一般较少，薄芡汁一般较多，两者都具有增强菜肴主体风味的特点；薄芡作用增强卤液黏稠质感，多用于烧、扒、蒸、烩等菜肴中，具有促进汤与菜滋味融和的特点。

（一）厚芡

厚芡又分为包芡和露珠芡两种。

1. 包芡

见油不见汁，亮油包芡，适用于爆炒类菜肴。

2. 露珠芡

稀于包芡，呈糊状，较黏稠，油芡交融；芡汁悬挂于菜肴之上，如朝晨之露珠，光泽明亮，欲滴而不滴，适用于熘菜。

（二）薄芡

薄芡又分为流芡和羹芡两种。

1. 流芡

稀于糊芡，呈琉璃状，光洁明亮。适用于烧、扒、蒸、烩类菜肴。

2. 羹芡

羹芡是最稀的一种芡，略黏稠，多用于羹菜类。

四、勾芡的注意事项

（一）掌握好勾芡粉汁的浓度和用量

一般来说，勾芡所用粉汁的浓度和用量要根据锅中原料的多少与种类而定。在同一菜肴中，用不同的淀粉勾芡，用量也是不同的。一般规律是勾芡时淀粉的用量与原料的数量、含水量成正比，与火候的大小及淀粉的黏度、吸水性成反比。

（二）准确地把握勾芡时机

勾芡必须在菜肴原料已经或即将成熟、锅中汤汁保持沸腾时进行。勾芡过早，菜肴原料还未成熟，继续加热，原料在锅中停留过久，粉汁就容易焦苦变味，失去光泽；勾芡过迟，菜肴原料已经完全成熟，勾芡后还要因等待粉汁糊化而继续加热，势必会造成菜肴原料受热时间过长变得老硬，失去脆嫩质感。

（三）把握好锅中的油量

在菜肴勾芡时，锅内的油不宜过多，油量过多勾芡后菜肴的卤汁不容易包裹住原料，菜肴的汤汁也不易完全融合。如果有些菜肴需要"亮油"，可再勾芡后加入。

（四）恰当控制勾芡的火候

在勾芡的过程中，由于粉汁的加入，锅中菜肴汤汁的温度下降，要使淀粉颗粒达到完全糊化的温度，就必须提高锅中的温度，因此粉汁入锅后，一定要及时升温，并不断搅拌或摇晃，使淀粉颗粒在菜肴汤汁中分散均匀，受热平衡。

思 考 题

1. 在烹调时，为什么会出现"脱糊"或者"脱浆"的现象？如何避免？
2. 芡汁的种类有哪些？各举出一例烹饪实例。
3. 挂糊的糊种类有哪些？在烹饪中是如何应用的？
4. 拍粉工艺的操作关键是什么？
5. 上浆的浆汁是怎么分类的？各举出一例烹饪实例。

项目四　保护性加工工艺

【项目要求】

通过本项目训练，要求学生熟悉着衣工艺的方法及特点，灵活掌握上浆、挂糊的方法和技巧。能根据原料的性质和具体菜肴的要求，灵活采用各种着衣方法，确保菜肴质量。

【项目重点】

① 蛋清浆和全蛋浆的调制与应用。

② 水粉糊和蛋泡糊的调制与应用。

【项目难点】

① 根据原料的性质和烹饪用途采用合理的上浆、挂糊、拍粉方法。

② 熟悉各种芡汁和糊的调制方法及应用。

【项目实施】

① 确定项目内容：勾芡练习——上蛋清浆和上全蛋浆；挂糊的练习——水粉糊的调制和蛋泡糊的调制。

② 项目实施：将班级同学分成两组，任选上浆和挂糊中的一项，讨论并独立完成项目任务。

③ 项目实施步骤：确定实践对象（每人制作两种芡汁或糊）→制订项目实施计划→小组讨论并提出修改意见后定稿→教师审核，提出修改意见→修改完善计划→实施项目计划，完成项目实践→个人自评→小组内互评→教师点评→完成项目报告。

④ 整个项目实践过程必须遵循烹饪原料的特点，对原料上浆或糊化后能保证原料实用性，达到预期的效果。

【项目考核】

① 其中项目实施方案占20分，项目方案（芡汁或糊的整个制作过程）占30分，综合评价（含项目报告）占50分。由学生自评、小组内互评、教师测评分别进行评价。

② 项目考核总成绩为100分，学生自评成绩占20%，小组内互评成绩占30%，教师测评成绩占50%。

第五章 优化加工工艺

所谓优化加工工艺，是指在烹调前对原料的优化加工处理，属于原料预（深）加工内容，即运用一些添加剂和各种手法，使原料的性状发生改变，主要包含制缔工艺、制汤工艺、致嫩工艺、膨化工艺等内容，对菜肴的色、香、味、形、质以及营养等发挥着极其重要的作用。由于它们在原理上相对独立，在内容上又比较重要，通过这几种特色工艺，有助于菜肴性状的改善和提高。

第一节 制 缔 工 艺

一、制缔工艺基础

（一）制缔工艺的含义

制缔工艺是指将动物性原料的肌肉经破碎加工成糜状后，加入调、辅料（2％～3％的食盐、水等），再搅拌成高黏度的肉糊。各地区对此称谓均有不同，如北京称"腻子"、山东称"泥子"、江苏称"缔"或"缔子"、湖南称"料子"、四川称"糁"、广东称"胶"、陕西称"瓢子"、河南称"糊子"……而"蓉泥制品"可作为烹调工艺的规范标准名称。制缔在烹调工艺中应用广泛，俗话说"漆匠的刷子，厨师的缔子"，它既可以独立成菜，也可作为花色菜肴的辅料和黏合剂。

（二）缔子的特性

1. 缔子的胶体特性

即缔子中胶态体系呈稳定状态，这是蛋白质胶体的一个显著特点，是缔子成团的理论基础。

2. 缔子的弹性

缔子的弹性是指缔子的伸缩强度，这是由缔子中蛋白质的凝结强度决定的，是形成缔子类制品弹性质感的重要原因。

3. 缔子的乳化特性

缔子的乳化特性是指利用绞碎和切剁工序，以机械搅动的方法，使肉中的蛋白质产生黏性，使肉黏结，从而将脂肪包裹，均匀地分散在缔子内，提高缔子的油嫩度。

（三）制缔工艺流程

1. 原料选择

制作蓉泥制品的原料要求很高，应是无皮、无骨、无筋络、无淤血伤斑的净料，质地细嫩，持水能力强。如鱼蓉泥制品，一般多选草鱼、白鱼等肉质细嫩的鱼类，虾蓉泥制品一般选用河虾仁，鸡蓉泥制品的最佳选料是鸡里脊肉，其次是鸡脯肉，鸡腿肉不能作为蓉泥制品的原料。

2. 漂洗处理

漂洗的目的是洗除其色素、臭气、脂肪、血液、残余的皮屑及污物等。鱼蓉泥要求色白、质嫩，需要充分漂洗，漂洗时，水温不应高于鱼肉的温度，应力求控制在 10℃以下；鸡脯肉一般也需放入清水中浸泡，最好加入适量的料酒和葱、姜，以去除血污和腥膻异味；尤其是虾肉，为了去除外皮色素，可用盐水搅打清洗，保证其洁白细嫩；而猪肉、牛肉、羊肉一般可不经此操作过程。

3. 破碎处理

(1) 机械破碎　绞肉机、搅拌机的使用范围最为广泛，特点是速度快、效率高，适于加工数量较多的原料。但肉中会残留筋络和碎刺，而且机械运转速度较快，破碎时使肉的温度上升，使部分肌肉中肌球蛋白变性而影响可溶性蛋白的溶出，对肉的黏性形成和保水力产生影响，因此应在绞肉之前将肉进行适当切碎加工，剔除筋络和过多的脂肪，同时控制好加工时肉的温度。

(2) 手工排剁　缺点是速度慢、效率低，但肉温基本不变，且肉中不会残留筋络和碎刺，因为排剁时将肉中筋络和碎刺全部排到了蓉泥制品的底层，采用分层取肉法就可将杂物去尽。手工排剁时，也应根据具体菜品的要求采用不同的方法。

4. 调味搅拌

一般可加入盐、细葱、姜末、料酒（或葱姜酒汁）和胡椒粉等调料，辅料有淀粉、蛋清、肥膘、马蹄等。盐是蓉泥制品最主要的调味品，也是蓉泥制品上劲的主要物质，对猪蓉泥制品来说，盐可以与其他调味品一起加入，对鱼蓉泥制品来说，应在掺入水分后加入。加盐量除与主料有关外，还与加水量成正比。

加盐后的蓉泥通过搅拌使蓉泥黏性增加，使成品外形完整、有弹性。搅拌上劲后的蓉泥应放置于 2～8℃的冷藏柜中静置 1～2h，使可溶性蛋白充分溶出，进一步增加蓉泥的持水性能，但不能使蓉泥冻结，否则会破坏蓉泥的胶体体系，影响菜品质量。

二、影响制缔质量的因素

制缔工艺流程一般可以分为选料、制蓉、搅拌三道主要工序。每一个工序都对蓉胶制作及蓉胶制品的质量有较大影响。

1. 选料

选料是制缔的基础工序，原料的好坏直接影响着蓉胶制品的质量。对于畜禽类原料最好选用结缔组织含量低的肌肉，如畜类的里脊肉、禽类的胸脯肉等。还要注意选用后熟期的肉，此阶段的肉肌动球蛋白较多地分离为肌体蛋白和肌动蛋白，吸水性和持水性好，有利于吸水调制成蓉胶。

对于水产品，应选择鲜活状态的原料。就鱼类而言，刚宰杀的活鱼肉，就可以制成质量上好的蓉胶。这是因为鱼肉的组织非常柔嫩，在排剁或磨碎过程中肌细胞遭受破坏的程度远比畜禽肉大。细腻的鱼蓉实际上主要是由蛋白质（鲜活鱼肉制成的主要为肌动球蛋白）组成的糊，而不是肌细胞及其残体。脱离肌细胞的肌动球蛋白仍具有较强的吸水性和持水性。鱼蓉胶需要选用鲜活原料，理由是鱼死后僵直期较短，进入成熟期也就是腐败的开始，易产生较浓的腥味，影响制品风味。

2. 制蓉

烹调加工中制蓉时主要用刀排剁，也可用食品搅拌器、绞肉机磨碎。从蓉胶制品的弹性考虑，所制的蓉应该越细越好。剁（或磨）得越细，原料中肌细胞的破损程度就越大，就越利于食盐对肌原纤维蛋白质的作用，从而形成黏性较大（上劲足）的蓉胶。用食品搅拌器、绞肉机磨碎时，注意磨的时间不要过长，否则由于摩擦而温度升高，会导致蛋白质变性，降低蓉的吸水性和持水性。夏季磨较大量的肉蓉，最好加一定数量的冰屑同磨以降低温度。

3. 搅拌

搅拌是制作蓉胶的关键工序。蓉胶及其制品的质量好坏，在很大程度上取决于搅拌是否适当。实践证明搅拌可以使蓉上劲，成为蓉胶。搅拌是机械力对蓉的作用，加盐搅拌过程中产生一种较大的机械应力，它有两个作用：一是打破受损不完全的肌细胞，使肌原纤维蛋白质尽可能地暴露出来，便于食盐的作用；二是帮助食盐渗透到肌细胞中去，提高肌细胞内肌原纤维蛋白质的吸水性和持水性。这两个作用产生一个效果，那就是使蓉的吸水性、持水性和黏性增大，使蓉逐渐变成为蓉胶。搅拌时用力比较重要，力量越大，效果越好。少量蓉胶的制作，用人力搅拌即可，搅拌时要注意使用爆发力；大量蓉胶的制作，最好借助机械搅拌，因为机械产生的力比人力大得多。此外，搅拌还有方向性问题，这在机械搅拌时并不存在，人力搅拌时需要特别注意。搅拌必须顺一个方向进行（或顺时针，或反时针），否则蓉胶很难上劲。搅拌施加给蓉的机械应力始终朝一个方向循环才能达到搅拌的目的，不然，左搅一下，肌细胞刚受上力，食盐刚有向搅拌方向分散的趋势，右搅一下，一切又都还原，这样搅拌不仅费力达不到效果，时间长了，还会引起蛋白质变性（温度升高所致），造成"伤水"（或称"泄汤"）。

此外，在搅拌过程中还要注重盐、水、蛋清、淀粉、油脂的正确使用。

（1）食盐和水的投放顺序 关于食盐和水的投放顺序问题，有的提倡先放水后下盐，有的则强调先下盐后放水，众说不一。探讨这个问题，需要以搅拌方式和目的为前提。工业化生产时，搅拌都借助机械进行，并且搅拌过程还是原料组织继续破损的过程，为了提高搅拌对原料组织的破坏效率，必须先下盐后放水。手工制作时，蓉一般排得很细，搅拌的主要目的是让食盐进行很好地分散和渗透，对肌原纤维蛋白质产生作用，先入水后下盐，有利于达到上述目的。先下盐后放水也可以，只是搅拌起来多费些力气而已。

（2）蛋清的应用 调缔时加入蛋清，可增强缔子的黏性，提高其弹性、嫩度及吸水能力，还会使菜品更加洁白、光亮，但用量不宜过多，否则会使缔子变稀且黏性下降，加热时不易成形。

（3）淀粉的应用 淀粉在制缔中发挥着重要的作用。常温时淀粉只是以均匀的颗粒分布在缔子之间，吸收少量水，但在缔子受热过程中，常温下的淀粉会大量吸水并膨胀，最终破裂，在缔子内形成具有一定黏性的胶状体，该过程被称之为"糊化"；经研究发现，淀粉颗粒的糊化温度比肌肉蛋白质变性温度要高，在淀粉糊化前，肌肉蛋白的变性作用已基本完成并形成"网状结构"，束缚不稳定水分，保持缔子的嫩度，且在加热中不易破裂、松散。值得注意的是，应选用优良的高品质淀粉，这样糊化时才能产生透明的胶状物质，从而增强菜品光亮度及可塑强度，其次在用量上必须根据缔制黏度灵活把握，过多则会使缔子失去弹性，生粉味重，口感变硬。

（4）油脂的应用　大多数缔子在调制后需掺入适量的油脂，通过搅拌，在力的作用下可发生乳化作用，形成蛋白质与油脂相溶而成的胶凝，使菜品饱满、油润光亮、口感细嫩、气味芳香；但掺油应放在缔子上劲之后，且用量不宜过多。

三、制缔工艺的分类

为了认识各种蓉胶的性状及其运用，掌握其制作技术，有必要了解一下制缔工艺的分类。根据所用原料的种类不同，烹调加工中常用的蓉胶可以分为鱼蓉胶、虾蓉胶、鸡蓉胶和肉蓉胶四类。根据各类蓉胶的性状差异，又可将它们进一步分为硬蓉胶、软蓉胶和嫩蓉胶三类。下面以原料的划分为主干、性状的划分为支干，展开对各类蓉胶的介绍。

1. 鱼蓉胶及其运用

鱼蓉胶通常以鱼类净肉为主要原料制作而成，既可以用于制作大众化菜肴，也可以用于制作高档工艺菜，不仅可以单独使用，而且可以与虾蓉胶、肉蓉胶，以及其他原料配合使用。制作鱼蓉胶，对鱼的选用要求较高，一般以鲜活的白鱼、鲥鱼为佳，青鱼次之。适合于制作鱼蓉胶的鱼，要求肉色洁白，肉质细嫩，吸水性大，持水性强，剁蓉后黏度较大，而且细腻有光泽。由于鱼肉组织中脂肪含量较少，在制作过程中常需根据不同的烹调要求，掺入一定量的熟肥膘、生肥膘或猪油，以及蛋清、生粉等辅料，以改善鱼蓉胶制品的质地，使其油润和滑嫩。鱼蓉胶要求色洁白、质细嫩，因此，用葱、姜时，一般只取其汁，做到吃姜不见姜、吃葱不见葱。烹调的要求不同，鱼蓉胶的吃水量和需要选配的辅料应有所区别，也就是说，鱼蓉胶在性状上应有一定差异。据此，可把各种不同性质的鱼蓉胶粗略地划分为硬、软、嫩三类。

（1）硬鱼蓉胶　在吃水量和添加辅料上有如下要求：吃水宜少，可根据鱼肉质地老嫩酌情增减；添加适量熟肥膘，鱼肉与肥膘的比例一般以 5∶1 为宜，需切成小粒。其质地较"硬"，较为浓稠，适于制作鱼饼、鱼球、鱼糕等，常用于煎、炸、贴、蒸等，成菜后弹性大，韧性足，口感较好。

（2）软鱼蓉胶　吃水量较大，因而质地较柔软，黏性大，可塑性强。制作时需要添加适量生肥膘蓉。适于制作蒸、酿而成的各种花色工艺菜，成菜后口感柔嫩而有弹性。

（3）嫩鱼蓉胶　是鱼蓉胶中质地最软的一种，其吃水量最大（以可以成形为度），不用肥膘而加猪油，鱼肉与猪油的比例随烹调要求而定。适于制作鱼圆、鱼线等，也可做酿菜，常用于氽、烩等，成菜后质地软滑、细嫩，且有一定弹性。

2. 虾蓉胶及其运用

虾蓉胶的档次较鱼蓉胶高，使用也很广泛。它以虾肉（即虾仁）为主要原料制成，要求选用鲜活、色洁白、无血筋的虾肉。制作过程中也需根据烹调要求添加熟肥膘、生肥膘或猪油，以及蛋清、生粉等辅料，葱、姜用法与鱼蓉胶相同，也常分为硬、软、嫩三类。

（1）硬虾蓉胶　吃水量很小，除葱、姜汁外，一般不需另外加水，其质感浓稠，搅拌上劲后需加入适量熟肥膘小粒，以免制品受热时收缩变形，并增进鲜嫩油润的口感。适合于炸、煎、贴等，以单独使用居多，如炸虾球、煎虾饼等，也可酿制花色工艺菜。

（2）软虾蓉胶　吃水量较硬虾蓉胶大，质地比较柔软，黏性大，可塑性较强，制作中需加入适量生肥膘蓉。适合于蒸、氽等，也可用于煎，常配以其他原料酿制成各种花色工艺菜，如桂花虾饼、苹果虾等。

（3）嫩虾蓉胶　吃水量较软虾蓉胶大，其质地是蓉胶中最软嫩的。它的制作需要加入较大量的蛋清泡（也称发蛋），通常虾肉与蛋清的比例为1∶3。由于嫩虾蓉胶非常柔嫩，一般只适合蒸，而且蒸的时间不宜过长，火力不宜过大，中火沸水蒸1~2min即成。常用于酿制玲珑精细的花色工艺菜，如南京菜中的瓢儿鸽蛋等。

3. 鸡蓉胶及其运用

鸡蓉胶是以鸡脯肉为主要原料，去筋，排剁成蓉，加入食盐、鸡蛋清、湿淀粉、葱姜汁、水（或高汤）等，经搅拌上劲而成。它的应用没有鱼蓉胶和虾蓉胶广泛，硬、软鸡蓉胶不常见，只是嫩鸡蓉胶用得稍多一点。它质地柔软细嫩，常为稀糊状。单独做菜多用氽（包括水氽和油氽）的方法定型，然后采用炒、烩等烹调方法成菜，如芙蓉鸡片等。也可与其他原料配合，用于制作酿菜，粥类菜等。

4. 肉蓉胶及其运用

肉蓉胶多用猪肉制成，也可选用牛肉、羊肉等其他家畜肉类。用猪肉加工成的蓉胶有粗细之分。粗的如做肉圆、狮子头，严格地讲，它不是蓉胶，而是粒的黏合体；细的要细嫩得多，才是真正的蓉胶。细肉蓉胶比粗肉蓉胶在选料方面要讲究一些，一般以肥瘦兼有、质嫩筋少的肉为好，肥的用实膘，瘦的用里脊最佳，也可以根据需要选择合适的五花肉。肥瘦比例随菜肴的不同要求而定。肉蓉胶是一种普遍使用的中、低档蓉胶，既可单独成菜，也可与其他原料配合成菜。在与其他原料配合时，由于色泽度较差，一般都裹在其他原料里面，如果需要暴露于外，则常要与其他蓉胶搭配，使颜色跳开。肉蓉胶一般只是根据吃水量的多少分为硬、软两类。

（1）硬肉蓉胶　以肥三成、瘦七成为宜，搅拌时只需添加少量的水和适量的淀粉，调和均匀即可。其质感浓稠，加热不易收缩，适于炸、煎等，也可制作花色工艺菜。常见的嫩肉蓉胶除了清炖蟹粉狮子头外，炸制牛肉圆子也属于硬肉蓉胶。

（2）软肉蓉胶　其选料和剁制方法与硬肉蓉胶相同，但鸡蛋液的添加量和吃水量大于硬肉蓉胶，因此其质地较之软嫩一些。它常与各种蔬菜配合使用，酿制各种花色工艺菜，也可单独使用，如制氽汤圆子，适合于蒸、氽等。

第二节 制 汤 工 艺

一、制汤工艺基础

中式烹调工艺自古重视制汤技术，尤其是在味精没有发明以前，中国菜肴的鲜味主要来自于鲜汤提味。即使在味精大行其道的今天，鲜汤的重要地位也从未动摇。尤其是在制作那些名贵的山珍海味时，仍然要使用高级鲜汤来提味和补味。

制汤常称作煮汤或熬汤，是将制汤原料随清水下入锅中煮制，通过较长时间的加热使汤料中所含的营养成分和鲜味物质充分析出，溶于汤中，使汤味道鲜美，营养丰富，这种汤常以鲜汤名之，用于烹制菜肴的鲜味调味液和制作汤菜的底汤。汤料的营养成分以蛋白质、脂肪为主，而汤料所含鲜味物质则颇为复杂，有谷氨酸、鸟苷酸、肌苷酸、酰胺等40余种。不同物料所含呈鲜物质的主要成分各不相同，如母鸡含谷氨酸多，猪肉、火腿则含大量的肌苷酸等，故用不同汤料制出的鲜汤鲜味有差异。

二、影响制汤质量的因素

（1）原料的选用及初步加工　所用原料一定要新鲜，否则原料中的异味将被一起带入汤中，影响汤的质量。制汤的原料必须经过初步加工处理，以除去原料的污物和尾上腺，避免制成汤后出现异味。

（2）焯水处理　在制作清汤和高级奶汤时，原料必须经过焯水处理，以除去原料中的血污和异味，确保清汤和高级奶汤的鲜美滋味。

（3）掌握好水、料的比例　制汤的最佳料水比在1∶1.5左右。水分过多，汤中可溶性固形物、氨基酸态氮、钙和铁的浓度降低，但绝对浸出量升高；水分过少则不利于原料中营养物质和风味成分的浸出，绝对浸出量并不高。但清汤与浓汤的料水比也有一定的区别，一般清汤料水比例可以大于1∶1.5，浓汤料水比例可以略小于1∶1.5。

（4）制汤的原料都应该冷水下锅，随水同时升温。汤水要一次性加足加准，中途不得添加。

（5）随着温度的上升，浮沫逐渐出现，约在95℃时，汤面有较多的浮沫，应及时撇除干净。但煮汤过程中物料所析出的浮油不宜随意撇除。

（6）恰当掌握火力和加热时间　制作奶汤一般先用旺火烧开，然后改用中火，使汤面保持沸腾状态，一般需要3h左右，可根据原料的类别、形状和大小灵活掌握。在制作清汤时，先用旺火烧开，水开后立即改用中小火，使汤面保持微弱、翻小泡状态，直到汤汁制成为止。总之，煮制鲜汤都需较长时间的加热，以便物料中的营养物质和鲜味物质析出溶于汤中。

（7）常用调味料为葱、姜、料酒、食盐，食盐不宜过早投放，应在完成制汤的最后一个程序加入；葱姜可随料入锅；料酒出锅前 1h 加入即可。

三、吊汤

吊汤，指对制出的普通清汤进一步清化，利用"吊汤"技术加工而成。在吊汤的过程中，采用鸡等原料的蓉泥物进行吊制，最大限度地提高汤汁的鲜味和浓度，使口味更加鲜醇，同时利用蓉泥料的助凝作用吸附汤液中的悬浮物，形成更大的凝聚物，有利于悬浮颗粒的沉淀或上浮，便于去除，使汤汁更加清澈。高级清汤制作的具体工序如下。

第一，先制普通清汤，设法除去汤中的脂肪和微粒悬浮物。可将汤液放冷至 0℃时静置，使其中分散的脂肪液滴凝聚浮出水面撇去，再用纱布、汤筛或专用滤纸将普通清汤过滤除去杂屑、骨渣等直径较大的颗粒，继而在汤液中加少量食盐。食盐中的氯离子是蛋白质的结构稳定剂，在吊汤加热之前加入食盐，可以保持清汤这种蛋白质亲液溶胶的稳定性。

第二，取新鲜鸡腿肉（也可用鸡脯肉、瘦猪肉等）斩成肉糜，并加入葱、姜、料酒和清水，浸泡出血水。将血水和鸡腿肉糜一起倒入滤过的清汤中，迅速加热，控制火候使之微沸，加热强度不宜过大，仅保持微沸 5～10min，捞出浮在汤表面的鸡肉糜，除去悬浮物，即得高级清汤，行业中称为"一吊汤"。

第三，将新的鸡脯肉糜加姜、葱、料酒和清水浸泡出血水，除去血水后倒入凉透的"一吊汤"中，一边加热一边轻轻搅拌，待肉糜上浮后捞出，所得清汤称为"双吊汤"。重复第二步和第三步，可得"三吊汤"。总之，吊制的次数越多，汤味更加鲜醇，质更加浓稠，汤体更加清澈。

四、制汤工艺的分类

根据制汤所用原料类型的不同，一般可分为荤汤和素汤两大类。荤汤是用动物性原料制取；素汤则是用植物性原料制取。它们在制取时各有其法，在烹调中各有其用，下面介绍几种常用鲜汤的制作工艺。

（一）荤汤及其应用

制取荤汤所用的原料主要有鸡（包括鸡块、鸡肉、鸡骨架等）、鸭（包括鸭块、鸭肉、鸭骨架等）、猪蹄髈、猪肉、猪骨、猪肉皮、牛肉、牛骨、鱼（包括整鱼、鱼骨架和鱼头）等，有时还用火腿及一些海味等。利用这些原料制取的汤种类较多，按档次分有一般荤汤和高级荤汤两类；按汤色分有白汤和清汤两种；也有人将它分为毛汤、奶汤和清汤。下面将按第三种分类形式介绍。

1. 毛汤

包括用于加工奶汤和清汤的初制汤和直接用于做菜的普通汤。也有人认为毛汤只指后者。用于加工奶汤和清汤的初制汤，常称为头汤。其汤色浑白，介于奶汤和清汤之间，其用料随各种奶汤和清汤的要求而定。初制汤也可直接用于做菜，多用于制作炒、烩、烧类的菜肴和一般汤菜。直接用于做菜的普通汤汤料比较简单，仅用猪骨和清水（或水煮禽类、猪肉、猪排骨、猪蹄、猪蹄髈等之后的汤水）。它一般不需进一步加工成奶汤或清汤，因其用料档次过低，鲜味不够醇厚，没有进一步加工的必要。提取初制汤（头汤）之后的原料（仍含有较多的鲜味成分）加水进一步熬制而成的汤，常称二汤，其汤色较淡，鲜味较轻，是质量较次的普通汤，多用于制作普通菜肴。用鱼、鱼头或鱼架熬制的汤（常称鱼汤）也属于此类汤，多用于制作鱼羹类菜肴。此外，由于做菜的需要，五花肉、猪爪、猪蹄髈、鸡、鸭、鹅等有时必须进行初步煮制，所形成的汤也常作普通汤使用。

2. 奶汤

汤色乳白，汤质浓厚，味道鲜醇，香气浓郁。按所用原料档次的不同可分为一般奶汤和高级奶汤两种。由于毛汤的色泽也接近乳白，有人将它也归于奶汤中的一般奶汤。一般奶汤常用猪骨、鸡骨架、鸭骨架、碎肉（刀工处理的边角余料）等作汤料；标准高一点的，也可放些鸡肉、鸭肉、猪瘦肉等，此汤多用于制作沙锅菜及烧、烩白汁菜肴。

高级白汤用料比较讲究，多用老母鸡、猪蹄髈、猪瘦肉、猪骨等，有时还要加干贝、海米、火腿、鸡骨架、鸭骨架等，根据需要进行不同的组配。此汤较之一般奶汤，汤汁更浓，鲜味更醇，香味更厚，多用于制作高档筵席菜肴或中档筵席高档菜肴，如烧、扒一些珍贵原料等。

3. 清汤

汤汁澄清，口味鲜浓，清而不薄。人们常根据汤的质量差异分为一般清汤和高级清汤两种。有时也按用料种数不同分为单料清汤和多料清汤。

一般清汤用料以鸡为主，也可用上好的猪瘦肉、牛肉等，档次较低一点的，还可用鸡骨架、鸭骨架、猪骨等。可以用单一原料制取，也可以用多种原料制取，如火腿、猪蹄髈等。此汤常用于制作一些比较高级的筵席菜肴。高级清汤通常是在一般清汤基础之上，经加工加料再制而成，有的地方也另行配料，单独制取。此汤清澈见底，鲜味浓厚，浓度较大，比一般清汤质量更好，因此又称为上汤、顶汤。它主要用于烹制高档筵席上所用的某些珍贵而本身又平淡无味的原料和某些蔬菜。

（二）素汤及其应用

1. 制汤原理

制取素汤的原料主要为富含鲜味成分的一些植物性原料，如黄豆芽、竹笋、竹荪、口蘑、香菇蒂等。操作方法简单，具体方法是将原料洗涤干净加清水、葱、姜，加热至鲜味溶于水中去掉原料即可。制汤时可以用单一原料，也可以用多种原料，制汤的原料与水的比例一般以1∶1.5为宜。所制的汤汁也有奶汤、清汤之分，一般奶汤用料以黄豆芽为主，清汤用料以口蘑或竹荪为主。不论何种素汤，都具有清鲜不腻的特点，多用于制作素菜。

2. 几种素汤的制法

（1）素清汤 以竹笋根部、香菇蒂、黄豆芽为主料，加清水用旺火烧沸，改用小火烧煮约2h，以提取汤汁，澄清后即可使用。

（2）黄豆芽汤（奶汤）以择洗干净的黄豆芽为主料，加水用旺火烧煮约2h，至汤色浓白时即成。若火烧沸后改用小火煮，则可制成一般清汤。也可以将黄豆浸泡，使其充分膨胀，再加清水熬煮而成。

（3）口蘑汤（清汤）　将口蘑洗净后，用沸火焖泡至透，剔去尾部杂质，往锅中加入清水和焖泡口蘑的原汁，先用旺火烧沸，再改微火烧煮约 2h，然后滤出原料即成。也有用口蘑与黄豆芽同煮而成的，称淡口蘑汤。还可用竹荪采用同样的方法制成竹荪汤。

第三节　致嫩工艺

一、致嫩工艺基础

致嫩工艺就是在烹饪原料中添加某些化学品或施以适当的机械力，使原料原先的生物结构组织疏松，提高原料的持水性，从而导致其质构发生变化，表现出柔嫩特征的工艺过程。

二、致嫩工艺的方法及原理

1. 物理致嫩

即对烹饪原料施以适当机械力而致嫩的方法，如敲击、切割、超声振动分离和断裂肉类纤维等。

2. 化学致嫩

即在食物原料中添加某些化学物质而致嫩的方法，如食碱致嫩、食盐致嫩、水致嫩等，以改变上浆原料的 pH 值，使其偏离原料中蛋白质的等电点，提高蛋白质的吸水性和持水性。加盐使肌肉中的肌红球蛋白渗出体表形成黏稠胶体状，从而使肌肉能保持大量的水分。动物肌肉中，持水能力最强的是肌球蛋白，1g 能结合 0.2～0.3g 水，但溶液的 pH 值对蛋白质水化能力有影响，因为碱能破坏肌纤维膜、基质蛋白以及其他组织，使肌球蛋白结构松弛，有利于蛋白质吸水膨润，达到致嫩的效果。

3. 酶致嫩

即在食物原料中添加某些酶类制剂而致嫩的方法。餐饮业常把一些蛋白酶类制剂称为嫩肉粉，常见的如菠萝蛋白酶、无花果蛋白酶、胰蛋白酶、木瓜蛋白酶、猕猴桃蛋白酶、生姜蛋白酶等植物蛋白酶类。蛋白酶能使粗老的胶原纤维蛋白、弹性蛋白水解，促使细胞间隙变大，吸收更多的水，并使蛋白质的肽链发生断裂，胶原纤维蛋白水解生成多肽和氨基酸等，从而达到致嫩目的。

4. 添加持水性强的其他原料致嫩

（1）淀粉致嫩　原料上浆和制缔时需要加入适量的淀粉，淀粉受热发生糊化，起到连接水分和原料的作用，达到致嫩目的。淀粉致嫩要注意两点：一是要选择优质淀粉；二是要控制好淀粉用量，使其恰到好处。

（2）蛋清致嫩　原料上浆常用鸡蛋清，鸡蛋清富含可溶性蛋白质，是一种蛋白质溶胶，受热时蛋白质成为凝胶，阻止原料中水分等物质的流失，使原料能保持良好的嫩度。

（3）油脂致嫩 油脂具有很好的润滑和保水作用，上浆时放入适量的油脂，能保持或增加原料的嫩度。上浆时原料与油脂的比例为 20∶1，一般 500g 原料放油25g。放油应在上浆完毕后进行，切忌中途加油，否则不能达到上浆目的。另外，油浸也是很好的致嫩方法。

此外，原料的选择、切配处理、火候处理、投料顺序等对致嫩工艺的影响也很大，例如"炝莲藕"，就要选择河南产的莲藕，因为一般南方产的莲藕含淀粉较多，黏性大，适合炖、烧、焖等烹调方法，而河南的莲藕含水分多，质地脆嫩，适合于凉拌、炝等制作方法；"滑熘鱼片"要想口感滑嫩，除了选择好的鱼肉外，也要选较嫩的配料相匹配，如冬笋尖、黄瓜片等，而配一些质地较老的配料就很难达到，更无法突出整个菜肴鲜滑爽嫩的特点；"芙蓉鸡片"要想达到其鲜嫩效果，就必须采用热锅凉油猛火速炒；"滑溜鱼片"这道菜，如果先放划过油的鱼片再放配料、调料翻炒，鱼片就会碎裂，口感变老。

第四节 膨 化 工 艺

一、膨化工艺概述

膨化工艺虽属于物理加工技术，却具有本身的特点。膨化不仅可以改变原料的外形、状态，而且改变了原料中的分子结构和性质，并形成了某些新的物质。膨化工艺是利用相变和气体的热压效应原理，使被加工物料内部的液体迅速升温气化、增压膨胀，并依靠气体的膨胀力，带动组分中高分子物质的结构变性，从而使之具有网状组织结构特征，定型成多孔物质的过程。

二、膨化工艺的方法及原理

（一）膨化机理

高温膨化食品的膨化主要取决于三个方面：一是淀粉原料中支链淀粉的含量，支链淀粉越多，膨化效果越好；二是半成品内部水分的含量及晶格化程度；三是膨松剂的添加。半成品加热干燥阶段，部分膨松剂分解，在半成品中形成极细微的孔状疏松结构，控制水分，使半成品形成均匀的晶格化结构。成品膨化阶段，高温使半成品晶格结构中的水分急速蒸发，剩余的膨松剂受热分解产气，两者协同作用，使产品达到充分膨化的膨松结构。

（二）膨化工艺分类

按膨化加工的工艺条件分类，膨化又可分为挤压膨化、微波膨化、油炸膨化等。

1. 挤压膨化食品加工

物料在挤压膨化机中的膨化过程大致可分为三个阶段。

（1）输送混合阶段　物料由料斗进入挤压机后，由旋转的螺杆推进，并进行搅拌混合，螺杆的外形呈棒槌状，物料在推进过程中，密度不断增大，物料温度也不断上升。

（2）挤压剪切阶段　物料进入挤压剪切阶段后，由于螺杆与螺套的间隙进一步变小，故物料继续受挤压；当空隙完全被填满之后，物料便受到剪切作用，强大的剪切主应力使物料团块断裂产生回流，回流越大，则压力越大，压力可达1500kPa左右。在此阶段，物料的物理性质和化学性质由于强大的剪切作用而发生变化。

（3）挤压膨化阶段　物料经挤压剪切阶段的升温进入挤压膨化阶段。由于螺杆与螺套的间隙进一步缩小，剪切应力也急剧增大，物料的晶体结构遭到破坏，产生纹理组织。由于压力和温度也相应急剧增大，物料成为带有流动性的凝胶状态。此时物料从模具孔中被排出到正常气压下，物料中的水分在瞬间蒸发膨胀并冷却，使物料中的凝胶化淀粉也随之膨化，形成了无数细微多孔的海绵体。脱水后，胶化淀粉的组织结构发生明显的变化，淀粉被充分糊化，具有很好的水溶性，便于溶解、吸收与消化，淀粉体积膨大几倍到十几倍。

2. 微波膨化食品加工

微波加热速度快，物料内部气体（空气）温度急剧上升，由于传质速率慢，受热气体处于高度受压状态而有膨胀的趋势，达到一定压强时，物料就会发生膨化。

3. 油炸膨化食品加工

油炸膨化食品起源于马来西亚，是颇受欢迎的一种酥脆型食品。随着世界各国食品工业的不断交往与渗透，这种油炸膨化食品作为一种风味食品逐渐风行西方。

（1）油炸膨化食品的分类　可以分为风味型和营养型两类。风味型，主要加入各种调味料制成海味、肉味、果味等不同风味的膨化食品；营养型，主要强化各种营养素，提高产品营养价值。

（2）油炸膨化食品的特点　生产工艺简单，家庭烹制方便，口感佳，易于消化吸收，老幼皆宜。

（3）油炸膨化食品膨化原理　淀粉在糊化、老化过程中结构发生两次变化，先 α 化再 β 化，使淀粉粒包住水分，经切片、干燥脱去部分多余水分后，在高温油中水分急剧汽化喷射出来，产生爆炸，使制品体积膨胀多倍，内部组织形成多孔、疏松海绵状结构，从而形成膨化食品。

（三）影响产品质量的因素

1. 糊化

淀粉粒在适当温度下（60～80℃）在水中溶涨、分裂，形成均匀糊状溶液的作用为糊化作用。只有充分糊化但又没有解体的淀粉，分子间氢链大量断开，充分吸水，为下一步老化时淀粉粒高度晶化包住水分，从而形成可观的膨化度奠定基础。

2. 老化

膨化后的 α-淀粉在2～4℃下放置1.5～2天变成不透明的淀粉。在老化过程中，糊化时吸收的水分被包入淀粉的微晶结构，在高温油炸时造成淀粉微晶粒中水分急剧汽化喷出，使淀粉组织膨胀，形成多孔、疏松结构，达到膨化目的。

3. 干燥

产品中的水分含量直接影响到产品膨化度的大小，因此水分含量的控制是非常重要的。如果干燥后制品中水分含量过多，油炸膨化时很难在短时间内将水分排出，造成制品膨化不起来，口感发软，不脆，破坏了产品的特色。若水分含量太低，油炸时又很难在短时内形成足够的喷射蒸汽将食品组织膨胀起来，也会降低产品的膨化度。因此，干燥时间选择 7h 左右，水分含量在 3%～5% 最为适宜。

思 考 题

1. 影响制缔质量的因素有哪些？

2. 讨论肉糜成形的原理。

3. 清汤鱼圆的成品要求是：鱼圆色白细嫩、光滑而有弹性，汤汁醇厚，汤色清澈见底。在烹调时有时会出现以下现象：(1) 鱼圆色泽发暗、口感粗老；(2) 鱼圆下沉、弹性不足；(3) 汤汁浑浊、口味不纯。请分析其原因。

4. "制作一般清汤和高级清汤的基本工艺相同，只是高级清汤的加热时间更长"，您认为这种观点对吗？为什么？

5. 影响制汤的因素及工艺分类是什么？

6. 致嫩工艺的方法及原理有哪些？

7. 膨化工艺的方法及原理有哪些？

项目五　优化加工工艺

【项目要求】

明确优化加工工艺的作用及分类，重点掌握制缔工艺和制汤工艺。了解制缔工艺的方法和分类，掌握制缔的工艺要点；了解制汤工艺的方法和分类，掌握制汤的工艺要点。能熟练完成相关缔子和汤的制作，并合理应用于烹饪实践。

【项目重点】

① 制缔工艺的关键及影响因素。

② 制汤工艺的方法及关键。

【项目难点】

① 根据制缔的具体种类进行合理选料，并能熟练完成缔子的制作；根据制汤的步骤，掌握毛汤的制作，并能正确完成吊汤。

② 能针对具体缔子的品种选择合适的工艺，分析可能会影响缔子质量的因素，并能正确控制。

【项目实施】

① 确定项目内容：制缔工艺——鱼圆的制作；制汤工艺——毛汤的制作、吊汤。

② 项目实施：将班级同学分成两组，任选制缔工艺和制汤工艺中的一项，讨论并独立完成项目任务。

③ 项目实施步骤：确定实践内容→制订项目实施计划→小组讨论并提出修改意见后定稿→教师审核，提出修改意见→修改完善计划→实施项目计划，完成项目实践→小组自评→小组互评→教师点评→完成项目报告。

【项目考核】

① 其中项目实施方案占 20 分，项目方案占 30 分，综合评价（含项目报告）占 50 分。由小组自评、小组互评、教师测评分别进行评价。

② 项目考核总成绩为 100 分，小组自评成绩占 20%，小组互评成绩占 30%，教师测评成绩占 50%。

第六章　菜肴与筵席组配工艺

第一节　菜肴与筵席组配工艺概述

我国筵席历史悠久，在古代由祭祀、礼仪、习俗活动而兴起的宴饮聚会，大多要设酒席；而以酒为中心安排的筵席菜肴、点心、饭粥、果品、饮料等，其组合对质量和数量都有严格要求。随着社会的进步，现今我国筵席的形式已经突破传统的格局形成中西合并式、仿古式、快餐式等。人们由此举行的宴饮聚会，不仅能获得饮食艺术的享受，而且进一步增进人际间的和谐交流，筵席正发挥着特殊的作用。

菜肴和筵席组配工艺包括菜肴组配工艺和筵席组配工艺两部分，前者是单一菜肴的组配，是基础；后者是整个筵席的组配，是综合和提高，是整桌菜肴和点心的整体组配。

根据筵席档次和菜肴质量的要求，把各种加工成形的原料加以适当配合，供烹调或直接食用的工艺过程就是菜肴和筵席的组配工艺。

配菜是中国烹饪的一项传统技术，袁枚在其所著的《随园食单》中说："凡一物烹成，必须辅佐。要使清者配清，浓者配浓，柔者配柔，刚者配刚，方有和合之妙。"随着社会的发展，人们对饮食要求的不断提高，对配菜的要求也相应提高，必须从色、香、味、形、营养、卫生等诸多方面着手，奠定美食的基础。

因此，负责组配工艺的厨师既要熟悉众多菜肴的烹调方法和特点，还要了解食客的风俗习惯，同时精于选料，熟悉原料的性质、用途，掌握成本核算知识，保证配菜的科学合理性。

筵席不是菜肴的简单拼凑，而是经过精选而组合起来的综合整体。筵席的独特之处在于色、香、味、形、器、养，相辅相成，融为一体，使人们得到视觉、嗅觉、触觉、味觉、养生的综合享受，其中以味觉和视觉的充分展现为核心，使人产生赏心悦目之感。配菜也叫配料，是根据菜肴的质量要求，把各种成形原料按一定的规格、比例配备恰当，使其可以烹制出一份（或一席）完整的菜肴，或配合成可以直接食用的菜肴的设计过程。

配菜是介于刀工（墩子）和烹制（炉子）之间的一道重要工序。配菜一般分两种类型：一是热菜的配菜。热菜制作过程中配菜只是其中的一个环节，配而不烹，其产品不能直接成为菜肴。二是凉菜的配菜。凉菜制作过程中配菜是最后的制作环节，配菜后即能食用。

配菜实际上是使菜肴具备一定质量和形态的设计过程。各种原料之间恰当巧妙地搭配，对一份菜肴的色、香、味、形及成本有直接影响。配菜可以确定菜肴的质和量，可以使菜肴的色、香、味、形基本确定，可以确定菜肴的营养质量，可以确定菜肴的成本，可以使菜肴形式多样化。因此，要配好菜，既要通晓原料知识，又要掌握刀工、烹调等基本技艺，还要了解成本、营养卫生、色调搭配等方面的知识。

第二节　菜肴组配工艺

一、菜肴组配的原则和要求

菜肴组配也叫配菜、配料，是指单一菜肴的组配工艺，就是根据菜肴的质量要求，把加工成形的数种原料加以科学的配合使其可烹制出一道完整的菜肴。

1. 菜肴规格和质量的组配要求

菜肴的质，是指一盘菜肴的构成内容，是组成菜肴的各种原料总的营养成分和风味指标；菜肴的量，是指一个菜肴中包含的各种原料的数量以及整个菜肴的分量。一份菜肴是由主料、配料和调料构成的，他们在菜肴中的地位和作用也是不一样的，配料要适应主料的要求，而调料的选用也应该与主料的性质不相冲突。

（1）确定菜肴的价格　一般核定一份菜肴的售价，首先应该了解该菜肴的成本，而成本的计算是根据每种原料的实际成本来累加的。而配菜的重要作用就是确定每种原料的选择和用量，根据单价乘以重量的计算方法，可以很方便地算出整个菜肴的成本。所以说，选择什么样的原料，使用多少原料，直接决定了菜肴的价格。

（2）确定菜肴的营养价值　每一种原料都含有既定的营养成分，使用什么样的原料、使用多少原料，也就决定了整个菜肴的营养素种类、数量和比例，从而决定其营养价值。这里需要说明的是，必须注重原料的营养素互补作用，以提高消化吸收率。

（3）确定菜肴的口味和烹调方法　有了菜肴的主料、配料和调料，其口味也就得到了确定；而烹调方法是完成菜肴成品的主要手段，配菜完成以后，其对应的烹调方法也就决定下来了，只有这样，才能做到有的放矢，达到预期的烹制效果。

（4）确定菜肴的色泽、造型　菜肴的色泽与以下三个方面有关：一是主料和辅料本身固有的色泽，这是菜肴的基本色泽来源；二是调味品所赋予的色泽，是菜肴的辅助色彩；三是加热过程中产生的色泽变化结果，是各种原料经加热而产生的。中国菜肴讲究造型，每一种菜肴都有其特有的状态，从厨者必须根据菜肴的成菜特点来决定菜肴的表现形态，这就是菜肴的造型。一般情况下，在配菜过程中，优秀的厨师就已经开始考虑菜肴的造型，从而做到心中有数，做起来有条不紊。

2. 菜肴营养与卫生的组配要求

随着生活水平的不断提高，人们对饮食的要求也从以前的填充饥变为如今的精神饥，从以前仅仅是要求吃得饱变为今天的吃得好、有营养、讲卫生。因此，在组配工艺中，菜肴营养与卫生的要求已经被提到一个重要的地位。

（1）配菜时注意六大营养素的充分和均衡　营养价值的高低，不是以单一种类的营养素数量来进行评价的，而是根据六大营养素的供给比例、根据膳食结构的合理性来评价的。

（2）注意食物的酸碱平衡　一般根据原料含有的成分和性质，把动物性原料如肉类、鱼、蛋等称为酸性食品，植物性原料如蔬菜、水果等称为碱性食品。为了维持人体体液的酸碱平衡，在配制菜肴时应该注意各类食物之间的搭配比例，一般称之为荤素搭配，既包括一道菜肴中主辅料的荤素搭配，也包括整桌筵席菜肴的荤素搭配。

（3）注意必需氨基酸和必需脂肪酸的含量　蛋白质有优质蛋白和劣质蛋白之分，脂肪也有脂和油之分及饱和脂肪酸和不饱和脂肪酸之分。因此，在配菜时应该考虑到人体生命活动必不可少的成分——必需氨基酸和必需脂肪酸的供给，因为这些成分是人体不能自行合成而必须从食物中摄取的，在组配菜肴时，不但要考虑含量问题，还要考虑它们之间的比例。最好的方法是选择多种原料，也就是通常所说的杂食化。

（4）注意食物中纤维素的数量　把原料中含有的纤维素、半纤维素、木质素、果胶等都称为膳食纤维，它可以使肠道保持一定的充盈度，促进肠胃蠕动，软化粪便，促进排毒等。因此，应该大力提倡粗粮饮食，尤其应该多食水果和蔬菜。

（5）防止营养素的流失　防止营养素损失的途径主要有：蔬菜应先洗后切；应注意使用旺火烹调；加醋烹调；挂糊勾芡；不用高温油；减少淘洗次数；多吃粗粮；连皮食用等。保证菜肴卫生质量的途径有：保证食物的安全性，最好选用绿色食物；防止交叉污染；杜绝二次污染。

3. 菜肴色、香、味、形的组配原则

（1）菜肴色彩的组配原则　色彩是菜肴质量的重要体现，一般而言，好的色彩往往代表其营养价值很高，风味独特，能提高人们的食欲，烘托宴会气氛。我们知道，色彩有冷、暖之分，冷色调多与深沉、宁静、清凉有关；而暖色调多与热情、乐观、兴奋有关。因此，必须重视菜肴色彩的搭配，以达到预期的作用。这里需要说明的是，在配色时应该以主料色泽为主调，以辅料色泽来衬托，尽量避免使用人工合成色素（苏州船点除外）。

菜肴色彩组配的原则主要有：同类色的组配，主要体现的是和谐，重要的是能够突出主料，有时候甚至能使人产生幻觉，增加主料的分量比例；对比色的组配，也叫做配花色菜，其基本要求是突出主料的颜色，可以通过间隔、对称、平衡以及对比、烘托的方法来达到配色目的。

（2）菜肴香味的组配原则　每一种原料都具有独特的香味特征，在进行组配时必须注重其香味的和谐性，如果搭配合理，往往使两种香味相辅相成、相得益彰；相反，如果搭配不当，往往使其香味相互干扰，影响整个菜肴的呈香效果。菜肴香味的组配应遵循的原则有：主料香味较好，应突出主料的香味，配菜时配料应该是清淡、爽口的，以最大限度地突出主料的香味特点；主料的香味不足，应用辅料的香味予以补充，利用原料香味可以互补的特点，使辅料的香味渗透到主料中，从而提高整个菜肴的呈香效果；主料香味不理想，可用调味品予以修正，调味品香味可以改变或掩盖主料的不良气味，这里尤其需要注意的是，选用的调味品香味必须符合人们的喜好，而且基本不破坏主料固有的风味特征；香味相似的原料不宜相互搭配，我们知道，菜肴原料搭配对香味的要求应该是互补或改善，当两种原料香味相近时，往往会降低菜肴的呈香效果，达不到配菜的基本目的。

（3）菜肴口味的组配原则　人们对口味的要求很高，而且每个人的口味要求也会随着时间、地点、情境、生理状况的不同而发生变化，因此，菜肴口味的组配就很复杂，主要体现在：本味原则，可以较好地体现原料本身固有的鲜美口味，让人们尽享大自然赋予人类的美味，尤其是淮扬菜和杭帮菜对本味的要求最高；适口原则，不同地区、不同风俗习惯和不同经济条件的人们对口味的要求也是不一样的，如前所说，不同情境和生理状况的人们对口味的要求也不一样，因此，要求从厨者必须考虑不同的人群要求，灵活施调，尽可能适应众人的口味需求；求变原则，菜肴的口味调配应该追求不断变化，求新求异，只要符合调味的基本原则，就可以大胆发挥，"物无定味，适口者珍"，只要能吸引顾客，促进食欲，不影响菜肴的食用效果和质量要求，就是成功的口味调配。

除此之外，还应该注重刺激人们食欲、保留传统口味等原则，对于一桌筵席，还应该考虑到口味复杂多变的原则等。

（4）菜肴原料形状的组配原则　在人们还没尝到菜肴的口味之前，首先进入食客眼帘的就是菜肴的形状。那么，将各种加工好的原料按照一定的形状要求进行组配，组成一盘特定形状的菜肴，就是菜肴形状的组配。菜肴原料形状组配的要求有：原料的形状必须协调统一，这样才能保证成菜以后形状的美观、整洁；辅料的形状必须服从于主料的形状，一般情况下，辅料的形状应该比主料的要小一些，应该和主料的形状不冲突，最好是相同或相近的形状；整体组配应遵循美学原理，以保证菜肴成形的效果；考虑原料的成熟时间，有的原料容易成熟，料形应稍大些，而不容易成熟的，料形应稍小些，这样才能使其成熟时间保持一致，且不破坏原料和成菜的造型。

（5）菜肴原料质地的组配原则　原料的质地往往能影响菜肴的口感，直接影响人们的食用心理和食欲；而中国烹饪使用的原料非常广泛，其质地也有软、硬、脆、嫩、老、韧之别，在组配时应该予以充分考虑；在烹饪实践中，可以进行同一质地原料之间的组配，也可以进行不同质地原料之间的组配，总的原则应该是和谐自然、互相衬托、差异互补，符合烹饪原理。

（6）菜肴原料与器皿的组配原则　烹饪的发展从远古时代的污尊杯饮直到今天，餐饮器具有了空前的发展，其质地之多而精、品种之广而美，无不渗透着中华民族文化，体现着国家文明；尤其是现代，人们不仅要求选择美食，而且讲究美食配美器，讲究餐饮器具的精致、雅观、卫生、实用和方便。在选择餐具时应考虑：根据菜肴的档次定餐具；根据菜肴的类别定餐具；根据菜肴的品质定餐具；根据菜肴的数量定餐具；根据人们的习惯定餐具；根据条件定餐具。

二、菜肴的组配方法

菜肴的组配方法可以分为一般菜肴的组配和花色菜肴的组配，当然也包含一些特色菜肴的组配。我们知道，菜肴有冷菜和热菜之分，那么一般菜肴也可以分为一般冷菜和一般热菜，花色菜肴也可以分为花色冷盘和花色热菜。对于一些特色菜肴的组配也应该根据既定的调配规格，按照传统的调配要求进行组配。

不管什么样菜肴的组配，都应该遵循烹饪原理，符合美学效果，同时还应该了解营养卫生方面的知识，这样才能使组配出来的菜肴或筵席科学化、合理化。

1. 一般菜肴的组配方法

（1）一般冷菜的组配方法　有三种方法：一是单一原料的冷盘的组配，这种菜肴组配比较简单，只要注重菜肴的装盘造型和卫生就可以了；二是多种原料冷盘的组配，应该注重原料口味的组配和色泽的组配，要注意营养的互补，讲究成菜造型；三是什锦冷盘的组配，必须由 8 种以上的原料或菜肴组配而成，讲究造型，注重刀工，色彩和谐，富有寓意，制作时必须符合美学原理，遵照冷盘拼摆的要求，达到营养和卫生的和谐。

（2）一般热菜的组配方法　一般热菜也和一般冷菜一样包括单一原料的组配、主辅料兼有菜肴的组配和多种主料菜肴的组配三种。单一原料的组配方法比较简便，但其具有口感单一、营养不均衡的特点；主辅料兼有菜肴的组配是最常见的热菜组配类型，可以在口味、质感、色泽、营养等方面互相补充，这里需要注意的是应该注意主辅料之间的比例；多种主料菜肴的组配具有很大的发展潜力，其合理性、科学性越来越受到人们的重视，这里需要注意的是，其质地、口味，应该根据烹调的原理合理调配。

2. 花色菜肴的组配与成形方法

（1）花色冷盘的组配与成形方法　花色冷盘的重要作用不仅体现在其食用价值（营养均衡、全面）上，而且具有很高的欣赏价值，在筵席中可以烘托气氛、美化桌面，尤其可以突出宴会的主题，另外还可以体现筵席档次，促进客人的食欲。冷盘就知识面和技艺而言，对从业者具有较高的要求，必须在美学、营养、卫生、刀工等各个方面都有很高的造诣，作为当代高校专业毕业生，必须对此有很好的研究。由于有专门一门课程对此进行研究，在此就不再赘述。

（2）花色热菜的组配与成形方法　花色热菜又称造型热菜，是饮食活动和审美情趣相结合的一种艺术形式，具有较强的食用性和观赏性。花色热菜的制作是为了满足人们的精神饮食需要，运用一定的造型手法，如对称与平衡、统一与变化、夸张与变形、对比与调和等法则，将菜肴做成图案，最终达到美食与美器、美境以及文化、习俗的协调统一。花色热菜在色、形方面特别讲究，是富于艺术性的一种菜肴。这种菜肴在刀工和配菜方面非常精细，要求有较高的艺术性，其成品菜肴造型美观、色泽悦目、营养丰富。

配花色热菜的要求有：选料应精细，易于造型；色、香、味、形要和谐统一，合理配膳，富于营养；菜肴图案或形态应赋予艺术美感；适当运用食品雕刻技艺，突出成品菜的整体形态美。

第三节　筵席组配工艺

筵席就是为了一定的社交目的，由多人同时进餐的、具有一整套菜点的组合。筵席一般由环境布置、宴会设计、事先准备、制作菜点（准备酒水）、宴会服务及结束工作六部分组成。在筵席设计过程中，必须根据具体情况，确定设计的要点和实施方案。而整个过程中，筵席菜点的设计和组配是核心，应该作为重点进行研究。

一、筵席组配对人员的要求

筵席组配是根据具体筵席的要求、菜肴原料及场地的情况，将一定菜点进行组合，使其具有一定规格、质量的一整套菜点的编排过程。要使组配出来的菜肴符合所有进餐人员的要求，使整桌筵席符合营养、卫生要求，达到一定的美学效果，是一般人员所无法完成的，因此，筵席菜肴的组配人员必须具有一定的营养学、卫生学、美学、民俗学以及烹饪工艺学等有关专业知识和技能。另外，还要求在制定筵席菜单以前进行市场调查、分析研究，最后才能确定方案，付诸实施。

二、筵席组配的原则和要求

1. 因人配菜，照人兑汤

因人配菜即制定菜单前要准确把握宾客的特征。出席筵席的客人有其不同的生活习惯，对菜肴的选择也有不同的偏好，详细了解宾客的生活习惯、饮食嗜好、忌讳等，以及主人设宴的目的、宴请的时间、人数、地点，以便根据不同的情况，有针对性地选择菜品，更好地满足客人的要求。同时，还要分析设宴者和赴宴者的心理特征。对于追求"新、奇、特"的宾客，要拿出本店的拿手菜、特色菜；对于追求尊贵体面的宾客，强调筵席配菜的精美造型、特色高档原料的选用和盛装器皿的精致，营造出一种尊贵的氛围。

要做到这一点必须在平时积累客户档案，其来源主要有两个途径：一是调查研究，了解食客的民族、宗教信仰、职业、职务、年龄、嗜好等，对于涉外宾馆还要了解食客的国籍、身份等，研究他们的饮食习惯和口味需求，做到心中有数，灵活组配；二是客户资料积累，主要是对老客户的资料进行及时归档储存，可以通过服务员服务过程中的了解和询问，以及顾客意见表等有关内容得到。当然，作为筵席的组配人员必须能够根据这些资料统筹规划，具有整体协调处理的能力。

2. 因价配菜，满足需求

筵席的价格既要满足食客进餐量的需求，而且还要保证质、价相符，确保满足食客的不同进餐要求，保证食客吃好吃饱。因价配菜即根据筵席规格确定菜肴的数量和质量。

首先，筵席菜肴的数量要足。一桌筵席菜肴最好控制在 12～20 道。每道菜肴的数量可根据道数的多少适当增减。一般以 12 道菜肴一桌来估计每道菜肴的具体用料数量。冷盘每道用料数量在 1000～1500g；热菜每道用料数量在 300～400g；大菜每道用料数量在 750～1250g。总之，要求每个参加筵席的人平均每道菜能享用 500g 左右的净料。

其次，筵席菜肴应按价论质。筵席菜肴的质量要根据筵席规格的高低来决定。在保证菜肴有足够数量的前提下，规格高的筵席应安排名贵菜品和时令菜式，在菜肴中可以只用主料，不用或少用辅料；反之，规格低的筵席可安排质地较为一般的菜品和普通菜式，在菜肴中可以适当减少主料而增加辅料用量。但不论哪种情况，都应做到精料精制、粗料细制，各种菜肴要合理配套。高档筵席应与名菜相配，一般筵席应与大众化菜肴相配。

3. 因时配菜，突出特色

菜肴的生产具有一定的时间局限性，虽然现在反季节蔬菜的供应很普遍，但与正常季节性产品仍有质和味上的区别。特别是动物性原料由于生产季节的不同，其质地差别很大，菜肴组配人员了解市场供应情况，选择时令原料，不但能体现时令特色，还可以降低成本。筵席配菜的季节性可从以下三方面着手：一是在用料上，要根据季节的变化更换菜肴的内容，注意配备各种时令菜，使筵席更加丰富；二是在烹调方法上，要根据季节的变化灵活运用，如冬天应着重于红烧、红扒、沙锅、火锅等色深、味浓的烹调手法，夏天则宜用清蒸、冻、白烧、白扒等色浅、味淡的烹调手法；三要结合季节特征选择筵席菜肴的口味，如春季口味宜偏酸性，夏季口味应该清爽，可适当加入苦味，秋季口味则宜偏向辛辣，冬季口味应该浓重等。

4. 控制筵席菜肴的数量

数量适中的筵席往往使食客既满足了欲望，又心有余念。数量少了，往往使人感到物非所值，没有吃饱的感觉；而数量太多导致过剩，则会使人感到菜肴的质量有了问题，而且也很难保证菜肴做工的精致和菜肴的档次，同样使人感到物非所值。在筵席组配时，应该考虑到每位食客进餐的数量，然后根据价位确定菜肴的品种、档次和数量。

5. 荤素搭配，营养合理

随着人们生活水平的不断提高，人们的饮食理念也在发生着根本的变化。人们对饮食的需求也从填饱肚皮发展到今天的讲究质量、注重卫生和营养、提倡平衡膳食的饮食理念。总的来说，筵席组配时应该注意：筵席菜肴的营养结构要合理，在一份筵席的所有菜肴中，应该具备人体所需的所有营养素，而且它们应该数量充足、比例合理，满足这个要求的唯一办法就是尽量多地使用各种原料，并且按照人体对营养素的需要比例合理选择和搭配，使营养素供给全面、结构合理、比例符合人体需求，作为筵席菜肴的组配人员，必须熟悉各种原料的营养成分和比例，并具备营养学基础知识，才能够合理组配，尽可能地提高整个筵席的营养价值；筵席菜肴的荤素比例要恰当，如前所述，每种原料所含有的营养素及其比例是不同的，尤其是动物性原料大多含有高蛋白质、脂肪、无机盐、脂溶性维生素和少量糖类，植物性原料含有大量的糖类、无机盐、水溶性维生素以及膳食纤维等，所以在进行筵席菜肴组配时不但要考虑优质动物性原料的应用，也应该考虑植物性原料尤其是蔬菜水果的应用；筵席菜肴的酸碱平衡，保证体液的酸碱度，确保人体健康。

6. 注意筵席菜肴色彩的组配

色彩是衡量一份筵席菜肴质量的重要方面，好的色彩组配往往使人产生心旷神怡的感觉，烘托宴会气氛，提高筵席档次，促进食客食欲。筵席菜肴色彩的组配包括菜肴原料之间的组配、菜肴和点缀物之间的组配、菜肴和盛器之间的组配。具体设计过程中应该注意：原料之间的搭配，应该选择与宴会要求相协调的色彩，并尽可能地选用具有天然色彩的原料，力求不使用人工合成色素；以味为主，色彩应该为菜肴服务，菜肴的食用效果是第一位的，而食用效果的体现是味和质，作为筵席菜肴的组配人员必须首先考虑味和整个菜肴的合理性以后才能考虑色彩的运用；色彩搭配要有规律，讲究美学色彩，使整桌菜肴的色彩协调、大方，符合美学原理，提高人们对美的感受和体验，达到促进饮食气氛、提高饮食消费量的效果。

7. 注意菜点的质地多样化

如前所述，菜点的质地是指菜肴和点心的香、酥、脆、嫩、软、老、硬、滑、烂、润、爽等多种口感。应该考虑各种质感原料的选用，并选用适当的方法对其加工烹制；另外，还应该考虑进餐对象的年龄、生理状况、特殊需要等而灵活掌握。

8. 筵席中的菜点要丰富

人与其他动物一样也是杂食动物，应该扩大食物来源，少量多样。这样至少有以下几个好处：可以让食客尽量多地品尝各种美味；可以让食客享受含有各种营养成分的菜肴；让食客有充分的选择余地。

9. 筵席中各菜点的比例要恰当

一份筵席中一般应该包括冷菜、热炒、大菜、汤、点心、水果、主食等内容。在组配时必须根据筵席的档次、季节、食客的要求以及具体的食用对象考虑到它们之间的比例。一般说来，筵席的档次不同，其各类菜点的比例也不同。一般筵席冷盘约占 10％，热炒约占 20％，大菜约占 55％，点心、水果约占 15％；中等筵席冷盘约占 12％，热炒约占 20％，大菜约占 55％，点心、水果约占 13％；高等筵席冷盘约占 15％，热炒约占 20％，大菜约占 50％，点心、水果约占 15％；特级筵席冷盘约占 15％，热炒约占 15％，大菜约占 50％，点心、水果约占 20％。

10. 注意菜肴与餐具的配套

中国餐具品质繁多，主要体现在形状、质地、色泽、用途方面。选择餐具时应该注意的是：根据具体菜点的性质来选择；根据具体菜点的形状来选择；餐具的大小应该与菜点的数量相适应；餐具的色泽应该与菜点的色泽保持一致或协调；餐具的质地应该与筵席的规格相对应。

三、筵席菜肴的组配形式和方法

中式筵席的分类方法很多，通常可以根据地方菜系、菜品数目、头菜名称、主要原料、季节时令、举办筵席的目的、主宾的身份以及进餐场合等来划分。

筵席菜肴一般包括冷菜、热菜、大菜、点心和水果等内容。

1. 冷菜

通常将冷菜称"冷盘"、"冷荤"或"冷拼"。用于筵席上的冷菜，一般可用什锦冷盘或单四碟、四双拼等。档次较高的筵席要配花色冷盘，外带若干围碟，要求质精形美、紧扣主题。

2. 热菜和大菜

热菜通常为2～4道，在冷菜和大菜之间起承上启下的作用。一般采用煎、炒、爆、熘、炸、烩等烹调方法制作。其量不宜过多，以防喧宾夺主。

大菜亦称"主菜"、"正菜"，是筵席的台柱菜，通常为5～8道。大菜包括头菜、荤素大菜、甜食和汤品四项。

(1) 头菜　头菜是各种筵席的主题菜，是筵席中最好的菜品，在质和量上必须超过其他菜肴。档次较高的筵席常以头菜命名，如"燕窝席"、"鱼翅席"、"海参席"、"全羊席"等。

(2) 荤素大菜　荤素大菜一般包括畜肉菜、禽蛋菜、鱼鲜菜和瓜蔬菜，由整只、整条、整块的原料烹制而成，如整鱼、整鸡等。它们紧跟头菜，配合和映衬头菜。

(3) 甜食　甜食通常为1～2道。原料多为果蔬，亦可用菌耳或肉蛋等。一般采用拔丝、挂霜、蜜汁、糖水、煨炖、冷冻等烹调方法制作而成，如拔丝香蕉、百合莲子羹等。甜食主要用来调换口味，解腻醒酒。

(4) 汤品　一般筵席只有1道汤，高级筵席有2道汤。筵席的汤品制作工艺要求甚高，主要以顶汤为主。

3. 点心和水果

(1) 点心　点心的品种包括糕、饼、酥、卷、包、饺、粉、面等，少则1～2道，多则4～8道。档次较高的筵席必须有各种花色点心，以达到点缀、调和口味的作用。

(2) 水果　一般筵席都要上水果，通常多选用时令鲜果和优质果蔬。

思 考 题

1. 请谈谈"切配"在烹饪生产中的地位和意义。
2. 单一菜肴的组配应遵循哪些原则？结合实例说说单一菜肴组配的常见方法。
3. 请选择2～3道传统名菜进行分析，谈谈其组配特点及需要改进的地方。
4. 什么是筵席？筵席菜肴组配的基本原则有哪些？
5. 结合实际谈谈影响筵席菜肴组配的因素有哪些？

项目六　筵席与菜肴的组配工艺

【项目要求】

明确筵席与菜肴组配工艺的意义，掌握单一菜肴组配工艺的方法，能根据实际情况结合单一菜肴组配的要求完成单一菜肴的组配工作；掌握筵席组配的基本原则，能根据筵席的相关信息完成筵席菜肴的组配工作。

【项目重点】

① 单一菜肴组配的方法及基本要求。

② 筵席菜肴组配的方法及基本原则。

【项目难点】

① 对某一菜肴进行组配时，市场原料供应出现问题时，如何顺利完成组配任务。

② 根据单一菜肴组配的原则和基本要求，结合市场实际需求，具备菜肴创新的能力。

③ 能根据筵席的相关信息，科学制定筵席菜单，力求符合现代筵席的基本要求。

【项目实施】

(1) 确定项目内容

① 单一菜肴的组配工艺：分析传统名菜的组配、进行创新菜肴的组配。

② 筵席菜肴的组配：根据筵席信息合理制定筵席菜单。

(2) 项目实施　将班级同学分成两个大组，每个大组完成单一菜肴组配的两项任务和筵席菜肴的组配任务；再将每个大组分成三个小组，每个小组各选择大组选择的三项内容之一，学习领会，协作完成项目任务。

(3) 项目实施步骤　确定实践小组→各小组制订项目实施计划→各小组内部讨论并确定实施计划→各小组将计划提交大组讨论并最终定稿→教师审核，提出修改意见→各大组讨论并提出完善意见→各小组修改完善计划→实施项目计划，完成项目实践→小组自评→大组组内互评→教师点评→完成项目报告。

(4) 整个项目实践过程必须遵循菜肴组配的相关要求和原则，保证菜肴的食用价值和应用价值。

【项目考核】

(1) 其中项目实施方案占20分，项目实施占30分，综合评价（含项目报告）占50分。由小组自评、大组互评、教师测评分别进行评价。

(2) 项目考核总成绩为100分，小组自评成绩占20%，大组互评成绩占30%，教师测评成绩占50%。

第七章 菜点质量指标的调控

菜点质量指标的调控是指运用各种调料和手法，使菜点的滋味、香气、色彩、质地以及菜肴成形等要素达到最佳效果的工艺过程，是烹调工艺的重要内容。通过菜点质量指标的调控不仅使菜点的风味特征如色泽、香气、形态、质地等方面基本得以确定，而且也是菜点创新的重要手段。调控形式和方法的变化，必然会导致菜点风味、形态等方面的改变，促使烹调方法与这种改变相适应。

菜点质量指标的调控，按其主要目的可分为调味工艺、调色工艺、调香工艺、调质工艺、成形工艺等方面，它们之间本是相互联系的，我们之所以把它们分开，是为了更好地学习和研究。

第一节 调味工艺

一、调味工艺的含义

调味工艺是指运用各种调味原料和有效的调制手段，使调味料之间及调味料与主配料之间相互作用、协调配合，从而赋予菜肴一种新的滋味的过程。调味是菜点质量指标调控的中心内容，其成败将直接影响菜肴的风味，是评价菜肴质量的一个重要指标。

二、味觉原理

（一）味觉基本知识

味觉是指舌头与液体或者溶解于液体的物质接触时所产生的感觉。味觉是一种生理感受，包括广义的味觉和狭义的味觉。

1. 广义的味觉

广义的味觉也称为综合味觉，是指食物在口腔中经咀嚼进入消化道后所引起的感觉过程。广义的味觉包括心理味觉、物理味觉、化学味觉三种。

（1）心理味觉　是指人们对菜肴形状、色泽、原料等因素的印象，由人的年龄、健康、情绪、职业以及进餐环境、色彩、音响、光线和饮食习俗而形成的对菜肴的感觉均属于心理味觉。

（2）物理味觉　是指人们对菜肴质度、温度、浓度等性质的印象，菜肴的软硬度、黏性、弹性、凝结性及粉状、粒状、块状、片状、泡沫状等外观形态及菜肴的含水量、油性、脂性等触觉特性均属于物理味觉。

（3）化学味觉　是指人们对菜肴咸味、甜味、酸味等成分的印象，人们感受的菜肴滋味、气味，包括单纯的咸、甜、酸、苦、辛和千变万化的复合味等均属于化学味觉。

2. 狭义的味觉

狭义的味觉是指菜肴中可溶性成分溶于唾液或菜肴的汤汁刺激口腔中的味蕾，经味神经达到大脑味觉中枢，再经大脑分析后所产生的味觉印象。味蕾，接受味觉刺激的感受器，是聚结在口腔黏膜中极微小的结构。正常成年人约有几千个味蕾，主要分布于舌侧缘和舌尖部，多位于舌后部轮廓乳头的沟里、舌前表面菌状乳头的两侧以及舌后侧面褶皱里的叶状乳头上；此外，在会厌、咽后壁、软腭等处黏膜的上皮内也有散在分布。随着年龄增长，舌头上的味蕾约有 2/3 逐渐萎缩，造成角化增加，味觉功能也随之逐渐下降。味蕾有着明确的分工，舌尖部的味蕾主要品尝甜味，舌两边的味蕾主要品尝酸味，舌尖两侧前半部的味蕾主要品尝咸味，舌根部的味蕾主要品尝苦味，而甜味和咸味在舌尖部的感受区域有一定的重叠。

（二）味觉的基本特性

味觉一般都具有灵敏性、适应性、可融性、变异性、关联性等基本性质，这些特性是控制调味标准的依据，是形成调味规律的基础。

1. 味觉的灵敏性

味觉的灵敏性是指味觉的敏感程度，可由感味速度、呈味阈值和味分辨力三个方面综合反映。

（1）感味速度　呈味物质一进入口腔很快就会产生味觉。一般从刺激到感觉仅需 $1.5 \times 10^{-3} \sim 4.0 \times 10^{-3}$ s（秒），比视觉反应还要快，接近神经传导的极限速度。

（2）呈味阈值　是可以引起味觉的最小刺激值，通常用浓度表示，可以反映味觉的敏感度。呈味阈值越小，其敏感度越高。呈味物质的阈值一般较小，并随种类不同有一定差异。

（3）味分辨力　人对味具有很强的分辨力，可以察觉各种味感之间非常细微的差异。据试验证明，通常人的味觉能分辨出 5000 余种不同的味觉信息。味觉的灵敏性非常高，这是我国烹调形成"百菜百味"特色的重要基础。

2. 味觉的适应性

味觉的适应性是指由于某一种味的持续作用而产生对该味的适应。如常吃辣而不觉辣、常吃酸而不觉酸等。味觉的适应有短暂和永久两种形式。

（1）味觉的短暂适应　在较短时间内多次受某一种味刺激，所产生味觉间的瞬时对比现象，是味觉的短暂适应。它只会在一定时间内存在，稍过便会消失，交替品尝不同的味可防止其发生。因此，在配置成套菜肴时要特别注意，尽可能地安排不同味型的菜品或根据味别错开上菜顺序。

（2）味觉的永久适应　是由于长期经受某一种过浓滋味的刺激所引起的，它在相当长的一段时间内都难以消失。在特定水土环境中长期生活的人，由于经常接受某一种过重滋味的刺激，便会养成特定的口味习惯，产生味觉的永久适应。如四川人喜吃超常的麻辣、山西人爱用较重的醋酸等就是如此。受宗教信仰的影响或个人的饮食习惯（包括嗜好、偏爱等）也会引起味觉的永久适应。

3. 味觉的可融性

味觉的可融性是指数种不同的味可以相互融合而形成一种新的味觉。味觉具有可融性，这是菜肴各种复合滋味形成的基础。在对菜肴制作的调味过程中，应该注意味觉可融性的恰当运用。

4. 味觉的变异性

味觉的变异性是指在某种因素的影响下，味觉感度发生变化的性质。所谓味觉感度，就是人们对味的敏感程度。味觉感度的变异有多种形式，分别由生理条件、温度、浓度、季节等因素所引起。此外，味觉感度还随心情、环境等因素的变化而改变。

5. 味觉的关联性

味觉的关联性是指味觉与其他感觉相互作用的特性。人们的各种感觉都必须在大脑中反映，当多种感觉一起产生时，就必然发生关联。与味觉关联的其他感觉主要有嗅觉、触觉等。嗅觉与味觉的关系最密切，通常我们感到的各种滋味都是味觉和嗅觉协同作用的结果。触觉是一种皮肤（口腔皮肤）的感觉，如软硬、粗细、黏爽、老嫩、脆韧等。此外，视觉也与味觉有一定的关联。

（三）影响味觉的因素

1. 温度对味觉的影响

味觉感受的最适温度为 10～40℃，其中，30℃时味觉感受最敏感。在 0～50℃ 范围内，随着温度的升高，甜味、辣味的味道增强；咸味、苦味的味道减弱；酸味不变。咸、甜、酸、鲜等几种味，在接近人的体温时味感最强。一般热菜的温度最好在 60～65℃，炸制菜肴可稍高一些。凉菜温度最好在 10℃左右，如果低于这个温度，各种调味品投放的数量就要适当多一些。

2. 浓度对味觉的影响

对味的刺激产生快感或不快感，受浓度的影响很大。浓度适宜能引起快感，过浓或过淡都能引起不舒服的感受或令人厌恶。一般情况下，食盐在汤菜中的浓度以 0.8％～1.2％为宜，烧、焖、爆、炒等菜肴中以 1.5％～2.0％为宜。低于这个浓度则为口轻，高于这个浓度则为口重。

3. 水溶性对味觉的影响

味觉的感受强度与呈味物质的水溶性和溶解度有关。呈味物质必须有一定的水溶性才可能有一定的味感，完全不溶于水的物质是无味的，溶解度小于阈值的物质也是无味的。呈味物质只有溶于水成为水溶液后，才能刺激味蕾产生味觉。溶解速度越快，产生的味觉也就越快。水溶性大的呈味物质，味感较强；反之，味感较弱。

4. 生理条件对味觉的影响

引起人们味觉感度变化的生理条件主要有年龄、性别及某些特殊生理状态等。一般而言，年龄越小味感越灵敏；随着年龄的增长，味蕾对味的感觉会越来越钝，也就是味感逐渐衰退。但是，这种迟钝不包括咸味。性别不同对味的分辨力也有一定差异，一般女子分辨味的能力除咸味之外都胜过男子；女性与同龄男性相比，多数喜欢吃甜食。人生病时味感略有减退，重体力劳动者味感较重，轻体力劳动者味感较轻。

5. 个人嗜好对味觉的影响

不同的地理环境和饮食习惯会形成不同的嗜好，从而造成人们味觉上的差别，但是可随着生活习惯的变化而改变。如"安徽甜，河北咸，福建、浙江咸又甜；宁夏、河南、陕、甘、青，又辣又甜外加咸；山西醋，山东盐，东北三省咸带酸；黔（贵州）、赣（江西）、两湖（湖南、湖北）辣子蒜，又麻又辣数四川；广东鲜，江苏淡，少数民族不一般。"这一首中国人的口味歌，准确生动地反映了个人嗜好对味觉的影响。

6. 饮食心理对味觉的影响

饮食心理是人们生活中形成的对某些食物的喜好和厌恶，如某些人对某种原料或菜肴颜色及味道的烦感。

此外，还包括不同民族由于宗教信仰和饮食习惯不同造成的味觉差别。

7. 季节变化对味觉的影响

季节的变化也会造成味觉上的差别。一般情况下，在气温较高的盛夏季节，人们多喜欢食用口味清淡的菜肴；而在气温较低的严冬季节，多喜欢口味浓厚的菜肴。

8. 饥饿程度对味觉的影响

民间俗语"饥不择食"，就是说人们过分饥饿时对百味俱敏感，饱食后则对百味皆迟钝。

（四）调味工艺的原理

1. 调味的基本原理

（1）溶解扩散原理　溶解是调味过程中最常见的物理现象，呈味物质或溶于水（包括汤汁）或溶于油，是一切味觉产生的基础，即使完全干燥的膨化食品，它们的滋味也必须等人们咀嚼以后溶于唾液才能被感知。溶解过程的快慢和温度有关，所以加热对呈味物质的溶解是极为有利的。

有了溶解过程就必然有扩散过程，所谓扩散，就是溶解的物质在溶液体系中均匀分布的过程。扩散的方向总是从浓度高的区域朝着浓度低的区域进行，而且扩散进行到整个体系的浓度相同为止。在调味工艺中，码味、浸泡、腌渍及长时间的烹饪加热都涉及扩散作用。调味原料扩散量的大小与其所处环境的浓度差、扩散面积、扩散时间和扩散系数密切相关。

（2）渗透原理　渗透作用的实质与扩散作用颇为相似，只不过扩散现象中，扩散的物质是溶质的分子或微粒；而渗透现象中进行渗透的物质是溶剂分子，即渗透是溶剂分子从低浓度溶液经半透膜向高浓度溶液扩散的过程。在调味过程中，呈味物质通过渗透作用进入原料内部，同时食物原料细胞内部的水分透过细胞膜流出组织表面，这两种作用同时发生，直到平衡为止。加热可以提高呈味物质的扩散作用，机械搅拌或翻动可以增加呈味物质的扩散面积，从而使渗透作用均匀进行，达到口味一致的目的。

　　（3）吸附原理　吸附即某些物质的分子、原子或离子在适当的距离以内附着在另一种固体或液体表面的现象。在调味工艺中，调味料与原料之间的结合有很多情况就是基于吸附作用，如勾芡、浇汁、调拌、粘裹，甚至撒粉、蘸汤、粘屑等，几乎都和吸附作用有一定的关系。当然，在调味工艺中，吸附与扩散、渗透及火候的掌握是密不可分的。

　　（4）分解原理　烹饪原料的某些成分，在加热或生物酶的作用下，能发生分解反应生成具有味感（或味觉质量不同）的新物质。例如，动物性原料中的蛋白质在加热条件下一部分可发生水解，生成氨基酸，能增加菜肴的鲜美滋味；含淀粉丰富的原料在加热条件下一部分发生水解，生成麦芽糖等低聚糖，可产生甜味；某些瓜果蔬菜在腌渍过程中产生有机酸，使它们产生酸味等。另外，在加热和酶的作用下，食物原料中的腥、膻等不良气味或口味成分，有时也会分解，这样在客观上也起了调味作用，改善了菜肴的风味。

　　（5）合成原理　在加热条件下，食物原料中小分子量的醇、醛、酮、酸和氨类化合物之间起合成反应，生成新的呈味物质。这种作用有时也会在原料和调料之间进行，合成时涉及的常见反应有酯化、酰胺化、羰基加成及缩合等，合成产物有的会产生味觉效应，更多的是嗅觉效应。

　　2. 常见的味觉现象

　　调味是将各种呈味物质在一定条件下进行组合，产生新的味道，其过程应遵循以下原理。

　　（1）味觉的增强现象　味的增强又称味的相乘或相加，是将两种以上同一味道的呈味物质混合作用，导致这种味道进一步加强的调味方式。利用这个原理，工业上用95％的谷氨酸钠和5％的肌苷酸钠合成一种新的强力味精，鲜味可达普通味精的几倍。在调味中，味的相乘方式通常在两种情况下使用：一是当需要提高原料中某一主味时，如在有汤汁的动物性菜肴中加入味精，使菜肴的鲜味成倍增长，动物性原料制作的菜肴，在汤汁中含有丰富的呈新物质，这些物质与味精融合使菜肴的鲜味得到加强；熊掌由于自身鲜味不足，烹调时常用鸡、鸭、猪骨同煮、同蒸，使鸡、鸭、猪肉中的呈味物质与熊掌中的呈味物质融合，提高熊掌的香味和鲜味；蜜汁香蕉在调味时为了提高香蕉的甜度，用糖和蜂蜜来增加甜度。二是需要为某些原料补味时使用，如海参、燕窝、鱼肚、鲜笋等原料本身鲜味很弱，甚至没什么味道，调味时要加鲜汤和味精以相乘方式补味，以提高调味效果。

　　（2）味觉的对比现象　味的对比又称味的突出，是指将两种以上不同味道的呈味物质，按悬殊比例混合作用，导致量大的那种呈味物质味道突出的调味方式。在烹调中，用少量的盐将汤中的鲜味对比出来、用少量的盐提高糖浆的甜度、用盐水煮蟹突出其鲜味等都是利用味的对比来突出某一味道。

　　通过上面的实例可以看出，味的对比主要是靠食盐来突出其他呈味物质的味道，因此才有"咸有百味之王"的说法。因此，可以说在调味中咸味的恰当与否是一个不可忽视的问题。食糖与食盐的比例大于10∶1时可以提高糖的甜味，比例小于10∶1时糖的甜度就会降低。制汤时盐与鲜汤的比例过小，也就是口轻时，汤的鲜味便不明显。当盐与鲜汤的比例过大，也就是口重，汤的鲜味又会被咸味所掩盖。有实验表明，当食盐添加量一定时，随着味精添加量的增加，鲜味会逐渐提高，当味精增到一定量时，鲜味反而下降。这个实验告诉我们，对比方式虽然是靠悬殊的比例将量大的呈味物质的味对比出来，但这个悬殊的比例是有限度的，究竟什么比例最合适，这要在实践中自己体会。

（3）味觉的掩盖现象　味的掩盖又称味的消杀，是指将两种以上味道明显不同的呈味物质混合使用，导致各种呈味物质的味均减弱的调味方式。原料中的呈味物质、调味品中的呈味物质融合后，当其味道明显不同时会产生明显的互相掩盖的效果。如辣椒油很辣，在其中加入适量的糖、盐、味精等调味品，不仅可以使辣椒油的味道更丰富，而且可以有效地缓解其辣味。

在烹调中，牛肉、羊肉、水产品、动物脏腑、萝卜等原料往往有较重的涩味和腥膻异味，通过加热只能除去其中的一部分，更有效的办法是通过调味来消除，即在加热的同时选择适当的调味方式来去除原料中的异味。采用调味的办法去除异味有两种途径：一是利用某些调味品中挥发性呈味物质掩盖异味，如生姜中的姜酮、姜酚、姜醇，肉桂中的桂皮醛，葱、蒜中的二硫化物，料酒中的乙醇，食醋中的乙酸等，当这些调味品与原料共热时，其挥发性物质的挥发得到加强，从而冲淡和掩盖了原料中的异味；二是利用某些调味品中的化学元素消杀异味，如鱼体中的氧化三甲胺，本来是鱼类呈鲜的主要物质，但当鱼死后，这种物质在酶和细菌的作用下逐渐还原为具有较强腥臭味的三甲胺，对菜肴味道影响很大。经过分析，三甲胺的两个性质在调味时可以被我们利用：第一，它属碱性，可以通过加醋来中和；第二，它溶于乙醇，可以通过加料酒来溶解。因此，做鱼时加料酒和醋不仅能产生酯化反应形成香气，而且还会消杀鱼中的腥味。

在调味中味的掩盖方式可以有效地消除原料和调味品中不受欢迎的味道。但这种方式同时也可能把其他呈味物质的味掩盖一部分而产生副作用，因此需要随机应变。如在用糖醋汁调味时，为了弥补各种味之间的互相掩盖作用，各种调料的量都要多用一些。

（4）味的派生现象　味的派生又称味的转化，是将多种味道不同的呈味物质混合使用，导致各种呈味物质的本味均发生转变的调味方式。味的转化由两方面原因造成：一方面原料及调味品中的呈味物质混合后产生复杂的化学变化，使原来呈味物质的味发生改变，如四川的怪味，将甜味、咸味、香味、酸味、辣味、鲜味类调味品按相同的比例融合，最后导致似甜非甜、似香非香、似酸非酸、似辣非辣、似鲜非鲜、似咸非咸的味。另一方面是生理上对味的感觉出现暂留印象，如喝完糖水之后再喝清水，会感觉清水也有甜味；吃完辣菜之后再吃其他菜，会感觉这些菜肴都有了辣味。味的转化方式在单个菜调味时可以用来调制复合味，在整桌菜肴味的设计上却要予以防止。一般筵席菜点味道的变化要求"先咸后甜，先鲜后辣，先酸后苦，先清淡后浓郁，点心随着大菜口"，就是为了防止味道较重的呈味物质在生理感觉系统上出现暂留印象，干扰味蕾对味道较轻呈味物质的感觉，从而避免各种菜点在口腔中互相串味。

3. 食品的理化状态对味觉的影响

（1）黏稠度和细腻度对味觉的影响　黏稠度高的食品可延长食品在口腔内的黏着时间，使滋味感觉时间延长。细腻的食品可美化口感，使得更多的呈味粒子与味蕾接触，味感更丰满。因此在汤料中可适当添加增稠剂。

（2）油脂对味觉的影响　大多数风味物质都可部分溶解于脂肪，由于呈味物质的化学结构不同及脂肪酸的链长度差异，使得味道成分在油态和水态彼此分离。溶于水的味首先释放，并很快消散，后释放出来的是溶于脂肪的味，导致连续的味感。因此，低脂肪食物不能具有高脂肪食物浓烈和持续的味觉，同时脂肪本身也提供口感和浓度。

（3）醇厚感对味觉的影响　醇厚是由于食品中的鲜味成分多，以及含有的肽类化合物及芳香类物质所致，使味感均衡协调留下良好的厚味。因此，汤料中缺少水解动物蛋白（HAP）、水解植物蛋白（HVP）等成分是不可能有醇厚感的。

（4）香味和色彩对味觉的影响　对食品增香着色后，由于条件反射，食用时能产生愉快的感受。但增香和着色所增之香味、颜色应与食品相和谐。

三、调味的阶段和方法

（一）调味的阶段

1. 烹前调味

烹前调味就是在原料加热以前进行调味，专业上习惯称为基本调味。其主要目的是使原料在加热前就具有一个基本的滋味（底味），同时改善原料的气味、色泽、硬度及持水性。一般多适用于在加热过程中不宜调味或不能很好入味的烹调方法制作的菜肴，如炸、烤、蒸等。烹前调味一是要准确使用调味手法及入味时间，二是要留有余地。

2. 烹中调味

烹中调味就是在原料加热过程中进行调味，专业上习惯称为正式调味、定性调味或定型调味。其特征是在原料加热的工具中进行，目的是使菜肴的主料、辅料及调味料的味道融合在一起，从而确定菜肴的滋味。烹中调味应注意各种调味品的投放时机，进而达到每种调味品应起的作用，确定菜肴的滋味，保持风味特色。

3. 烹后调味

烹后调味就是在原料加热成熟后进行调味，专业上习惯称为辅助调味、补充调味。其目的是补充前面调味的不足，进一步增加风味，使菜肴的滋味更加完美。

4. 重复调味

重复调味就是在制作同一个菜肴的全过程中，调味分几个阶段进行，以突出菜肴的风味特色。重复调味也称为多次性调味。有一些菜肴的调味在某一个阶段就能彻底完成，被称为一次性调味。

（二）调味的具体方法

根据菜肴制作过程中原料入味方式的不同，调味方法主要有腌渍调味法、分散调味法、热渗调味法、裹浇调味法、黏撒调味法、跟碟调味法等。

1. 腌渍调味法

将调味品与菜肴的主料或辅料融合或将菜肴的主、辅料浸泡在溶有调味品的溶液中，经过一定时间使其入味的调味方法称为腌渍调味法。腌渍有干腌法和湿腌法两种，干腌法多用于不容易破碎的原料；湿腌法一般用于容易破碎的原料。

2. 分散调味法

分散调味法是将调味品溶解后分散于汤汁状等原料，使之入味的调味方法。多用于汤菜和操作速度特别快的菜肴调味。

3. 热渗调味法

在热力的作用下，使调味料中的呈味物质渗透到原料内部的调味方法，称为热渗调味法。烹中调味阶段基本都属于此法，一般规律是加热时间越长原料入味就越充分。慢火长时间加热的烹调方法制作的菜肴，都具有原料味透的特点。

4. 裹浇调味法

将调味品调制成液体状态，黏附于原料表面，使其带味的方法称为裹浇调味法。如勾芡、拔丝、挂霜、软熘等方法制作的菜肴。

5. 黏撒调味法

将固体状态的调味料黏附于原料表面，使其带味的方法称为黏撒调味法。一般是先将菜肴原料装盘后，再撒上颗粒或粉末状调味料。如夹砂蜇头、软烧豆腐、鸡蓉干贝等。

6. 跟碟调味法

将调味料盛装入小蝶或小碗等盛器内，随菜肴一同上席，由食用者蘸而食之的方法称为跟碟调味法。如烤、煮、涮、炸、蒸等方法制作的菜肴，一般都采用此法。跟碟调味法具有较大的灵活性，能同时满足多人的口味要求。

四、调味的原则和要求

（一）调味的原则

1. 突出本味

"本味"一词首见于《吕氏春秋》，其意为原料的自然之味，现在一般指原料本身带有的鲜美滋味。突出原料的本味，主要表现为两个方面：一是处理调料与主、配料的关系时，应以原料鲜美本味为中心，无味者使其有味，有味者使其更美；味淡者使其浓厚，味浓者使其淡薄；味美者使其突出，味异者使其消除。二是在处理菜肴各种主、配料之间的关系时，注意突出、衬托或补充各自鲜美的滋味。《随园食单》中曾指出"凡一物烹成，必需辅佐。要使清者配清，浓者配浓……方有和合之妙。"

2. 注意时序

注意时序是指调和菜肴滋味要合乎时序，注意时令。因为季节气候的变化，人对菜肴的要求也会有改变。在天气炎热的时候，人们往往喜欢口味、颜色清淡的菜肴；在寒冷的季节，则喜欢口味较浓厚、颜色较深一些的菜肴。在调味时，可以在保持风味特色的前提下，根据季节变化灵活掌握。另外，各种原料都有一个最佳的食用时期，其他时期其滋味自然会不如此时。

3. 强调适口

人的口味受诸多因素的影响，如地理环境、饮食习惯、嗜好、宗教信仰、性别差异、年龄大小、生理状态、劳动强度等，可谓千差万别。因此，菜肴的调味要因人施调，以满足不同人的口味要求。但对于某一类人来说，在很多方面是相同的，所以，在调味时采取求大同、存小异的办法，完全可以满足众口所需。

（二）调味工艺的基本要求

1. 调料要优质多样

调料是形成菜肴滋味的物质基础，其品类越多，所调配的复合味就越丰富；其品质越优，所调配的菜肴滋味就越纯正。因此，调味前必须要先备调料，对调料的要求不仅要各味俱全，而且要求每一味调料还应有较多的品种，同时每一品种应选品质最优者。

2. 了解味觉的特性及其相互影响

在调味工艺中，要了解各种基本味的特性。如咸味为"百味之本"，除甜味外，其他所有味都是以咸味为基础，然后再进行调和；甜味是甜味菜肴的基础味，是调整风味、掩蔽异味、增加适口性的重要因素，它对菜肴风味起协调平衡作用，在低浓度时对某些菜肴有增鲜作用。

3. 根据原料的性质调味

不同性质的原料，调味的要求不同。对于新鲜原料，调味不宜太重，以免影响原料本身的鲜美滋味。带有腥膻味的原料，要酌加去腥膻的调味品，以解除腥膻气味。本身无显著滋味的原料，调味时要适当增加滋味，使之成为美味佳肴。

4. 按季节调和菜肴的口味与颜色

气候变化对人们的口味也有一定影响，往往随着气候的变化而变化。如夏季天气炎热，为防暑降温，人们喜爱吃一些口味清爽、颜色雅致、油脂不浓的菜肴；冬季气候寒冷，为增加热量，人们比较喜欢吃一些口味浓厚、油脂较高、颜色较深的菜肴。我国古代也注意根据季节气候调味。《周礼·天官》记载"凡和，春多酸，夏多苦，秋多辛，冬多咸，调以滑干"，也有一定的参考价值。为了增加人们的食欲，要注意随着季节的变化，对菜肴灵活调味，以满足人们的需要。

5. 根据烹调工艺和菜肴的不同要求，按规格调味，保持风味特色

我国的烹调技艺，经过长期的发展，已形成了许多各具风味特色的名菜佳肴，各个菜系也形成了不同的调味特色和相对固定的味型。所谓味型，是指用几种调料调和而成的，具有一定规格特征，相对稳定而约定俗成的菜肴风味类型。它主要由滋味来体现，如鱼香味型、宫保味型、荔枝味型、麻辣味型、家常味型等。在烹调时要按照相应的规格要求调味，保持风味特色。

6. 按就餐者的生活习惯调味

古人云："食无定味，适口者珍。"意思是说调味要随人的口味而定，适口的便是好的味道。一个国家、一个地区随着气候、物产、生活习惯的影响，人们的口味各有其特点，在调味的时候一定要具体情况具体对待。

五、基本味与复合味

味，也称滋味、味道，指菜肴的口味，是某种物质刺激味蕾所引起的感觉。菜肴的味是由调味品和烹调原料（主、辅料）中的呈味物质通过加热、调拌融合而成的。中国菜肴的滋味丰富多彩，但不管菜肴的滋味如何复杂多变，一般都是由基本味变复合味而来。味可以分为基本味和复合味，菜肴的滋味大多数为复合味。

（一）基本味

基本味也称为单一味、母味，是最基本的单位，指只用一种味道的呈味物质调制出的滋味。主要有咸、甜、酸、辣、苦、鲜、香、麻等几种。

1. 咸味

咸味是绝大多数复合味的基础味，是菜肴调味的主味。菜肴中除了纯甜味品种外，几乎都带有咸味。而且咸味调料中的呈味成分氯化钠是人体的必需营养素之一，故常被称为"百味之本、百肴之将"。咸味能去腥解腻，突出原料的鲜香味，调和多种多样的复合味。常用的呈现咸味的调味品主要有食盐及酱油、黄酱、咸菜等以咸味为主的其他调料。

咸味与其他几种单一味的相互作用如下。

（1）咸味与甜味 少量食盐可增强糖的甜味，糖的浓度越高，增强效果越明显。如在10%的蔗糖中添加0.15%氯化钠，会使蔗糖的甜味更加突出。同时，糖对食盐的咸味有减弱作用，如在1%的食盐溶液中添加8%～10%的白糖，可使咸味基本消失。

（2）咸味与酸味 实验证明，在咸味溶液中添加少量（一般0.1%左右）醋酸可使咸味增强，如果添加大量（0.3%以上）醋酸可使咸味减弱。由此看来，少量食盐可增强酸味，大量食盐又会使酸味减弱。

（3）咸味与鲜味 味精可使咸味减弱，而适量的食盐可使鲜味增强，也就是说，在味精中添加氯化钠会使鲜味更加突出。因此，在行业中有"无咸不鲜"之说，仅由咸味和鲜味构成的味可视为清鲜。

（4）咸味与苦味 咸味与苦味之间具有相互拮抗作用，当食盐的浓度超过2%时，则咸味增大。如刚吃过苦味的东西，喝一口水就觉得水是甜的，因此2%的用盐量基本是烹调菜肴的最大用盐量。

2. 甜味

甜味在古代也称甘味，在调料中的作用仅次于咸味。在烹调中，甜味除了调制单一甜味菜肴外，更重要的是调制更多复合味的菜肴。甜味可以增加菜肴的鲜味，并有特殊调和滋味的作用。常用的呈现甜味的调味品主要有蔗糖（白糖、红糖、冰糖等）、蜂蜜、饴糖、果酱、糖精等。

甜味与其他几种单一味的相互作用如下。

（1）甜味与酸味 甜味会因添加少量的醋酸而减弱，并且添加的量越大，减弱的程度越大；反过来，甜味对酸味也有完全相似的影响。菜肴中的酸甜味（糖醋类）以0.1%的醋酸和5%～10%的蔗糖组配最为适宜。

（2）甜味与鲜味　在有咸味存在时，少量的蔗糖可以改变鲜味的质量，使之形成一种浓鲜的味感。

（3）甜味与苦味　甜味与苦味之间可相互减弱，不过苦味对甜味的影响更大一些。如刷过牙后吃酸的东西就有苦味产生。

（4）甜味与咸味　在咸味中已讲，在此不再赘述。

3. 酸味

烹调中用于调味的酸味成分主要是可以电离出氢离子的一些有机酸，如醋酸、柠檬酸、乳酸、苹果酸、酒石酸等。酸味具有使食物中所含有的维生素（维生素 C）在烹调中少受损失的作用，还可以促使食物中钙质的分解，除腥解腻。酸味一般不独立作为菜肴的滋味，都是与其他单一味一起构成复合味。烹调中较常用的调味品主要有食醋、番茄酱、柠檬汁、酸菜等。酸味能使鲜味减弱，少量的苦味或涩味可以使酸味增强，与甜味和咸味相比阈值较低，并且随温度升高而增强。

4. 鲜味

鲜味主要为氨基酸盐、氨基酸、酰胺、肽、核苷酸和其他一些有机酸盐的滋味。通常一般不能独立作为菜肴的滋味，必须与咸味等其他单一味一起构成复合美味。鲜味主要来源于烹调原料本身所含的氨基酸等物质和呈现鲜味的调味料。鲜味可使菜肴鲜美可口，增强食欲。烹调常用的呈鲜调味品主要有味精、鸡精、虾子、蚝油、鱼露及鲜汤等。鲜味与其他单一味相混合时，一般可使其他味感减缓；其他味对鲜味的作用情况，视味的种类不同而异。一般规律是咸可增鲜，酸可减鲜，甜鲜结合则产生一种复杂的味感。烹调中应用最广泛的鲜味调味料是味精，用量一般为所用食盐的 10%～30%，口味清淡的菜肴为 10%左右，口味浓厚的菜肴为20%～30%。另外，味精用量还要随菜肴所用主、辅料中所含鲜味成分的种类和数量而定。但是，应该清楚使用味精的总原则是突出原料本身的鲜美本味。

5. 辣味

辣味是某些化学物质刺激舌面、口腔及鼻腔黏膜所产生的一种痛感，不属于味觉，但却是烹调中常用的刺激性最强的一种单一味。辣味物质可分为在常温下就具有挥发性和在常温下需加热才挥发两种情况，前者习惯称为辛辣，后者称为热辣或火辣。辣味具有去腥解腻、增进食欲、帮助消化等作用。较常用的调味料有辣椒、胡椒、辣酱、蒜、芥末等。

6. 苦味

苦味是一种特殊味，在菜肴中一般不单独呈味，都是辅助其他调味品形成清香、爽口的特殊风味，如杏仁豆腐。烹调中常用的调味品主要有杏仁、柚皮、陈皮、白豆蔻等。

7. 香味

香味属于嗅味，烹调中的香味是复杂、多样的。主要来源于原料本身含有的醇、酯、酚等有机物质和调味品。香味的主要作用是使菜肴具有芳香气味，刺激食欲、去腥解腻等。较常用的调味品主要有脂类、酒类、香精、香料等。

8. 麻味

麻味是川菜中善用的特殊风味，刺激性较强，并有挥发性香味。麻味能促进食欲，食用时有醇香、辛麻而舒适的感觉，还具有去除异味、去腥解腻、增香提鲜、使复合味浓厚的作用，最宜与香辣味配合，如"麻婆豆腐"。运用中要掌握好麻味的程度，以达到菜肴所要求的麻味刺激效果为准。麻味还可与咸、甜等味配合构成复合型的"怪味"，具有浓郁的地方风味特色。麻味的主要调味品有花椒等。

（二）复合味

复合味是指用两种或两种以上呈味物质调制出的具有综合味道的滋味。由两类调味品调制出的具有两种味道的味型，称为双味复合味；三类以上调味品调制出的具有三种以上味道的味型，称为多味复合味。

常见的复合味味型如下。

1. 咸鲜味型

咸鲜味型主要用精盐或酱油等呈现咸味的调味品和味精或鲜汤等呈现鲜味的调味料调制而成。在调制时要注意咸味适度，突出鲜味，咸鲜清香。

2. 甜酸味型

甜酸味型也称糖醋味型，调制时需以适量的咸味为基础，重用糖、醋，以突出甜酸味。

3. 酱香味型

酱香味型以甜面酱、酱油、味精、糖、香油调制而成，特点是酱香浓郁、咸鲜微带甜。

4. 香糟味型

香糟味型主要用香糟汁、精盐、味精、香油、糖等调味料调制，特点是糟香醇厚、咸鲜而回甜。

5. 酸辣味型

酸辣味型一般都是以精盐、醋、胡椒面、味精、辣椒面、香油等调制，特点是酸醇辣香、咸鲜味浓。

6. 麻辣味型

麻辣味型主要用辣椒、花椒、精盐、料酒、红酒、味精等调制，特点是麻辣味厚、鲜咸而香。

7. 家常味型

家常味型以豆瓣酱、精盐、酱油、料酒、味精、辣椒等调制，特点是咸鲜微辣。

8. 鱼香味型

鱼香味型主要用泡红辣椒、精盐、酱油、糖、醋、红油、味精、料酒及葱、姜、蒜等调制而成，特点是咸、甜、酸、辣、鲜、香兼备。

9. 怪味味型

怪味味型主要以精盐、酱油、红油、白糖、花椒面、醋、芝麻酱、热芝麻、香油、味精、料酒及葱、姜、蒜米等调制，调制时要求比例恰当，互不压抑。特点是咸、甜、麻、辣、酸、鲜、香并重。

10. 荔枝味型

荔枝味型主要以精盐、糖、醋、料酒、酱油、味精等调料调制，并佐以葱、姜、蒜的辛香气味而制成。调制时需要有足够的咸味，并在此基础上显出甜味和酸味。注意糖应略少于醋，葱、姜、蒜仅取其辛香味，用量不宜过多。特点是酸甜似荔枝，咸鲜在其中。

另外，还有香咸味型、椒盐味型、五香味型、麻酱味型、烟香味型、陈皮味型、咸甜味型、甜香味型、咸辣味型、蒜泥味型、姜汁味型、芥末味型、红油味型等，在此不一一赘述。

第二节　调色工艺

一、调色工艺的含义

调色工艺就是根据原料的性质、烹调方法和菜肴的味型，运用各种有色调料和调配手段，调配菜肴色彩，增加菜肴光泽，使菜肴色泽美观的过程。调色工艺是菜肴风味调配工艺的关键技术和保证菜肴品质的重要手段。

二、视觉原理

光作用于视觉器官，使其感受细胞兴奋，其信息经视觉神经系统加工后便产生视觉（vision）。通过视觉，人和动物感知外界物体的大小、明暗、颜色、动静，获得对机体生存具有重要意义的各种信息，至少有 80% 以上的外界信息经视觉获得，视觉是人和动物最重要的感觉，形成过程如下：

光线→角膜→瞳孔→晶状体（折射光线）→玻璃体（固定眼球）→视网膜（形成物像）→视神经（传导视觉信息）→大脑视觉中枢（形成视觉）

食品的色泽是人感官评价食品品质的一个重要因素。不同的食品显现不同的颜色，例如，菠菜的绿色、苹果的红色、胡萝卜的橙红色等，这些颜色是食品中原来固有的。不同食品中含有不同的有机物，这些有机物又吸收了不同波长的光。如果有机物吸收的是可见光区域内的某些波长的光，那么这些有机物就会呈现各自的颜色，这种颜色是由未被吸收的波光所反映出来的。如果有机物吸收的光其波长在可见光区域以外，那么这种有机物则是无色的。那么何为可见光区域与非可见光区域呢？一般说来，自然光是由不同波长的光线组成的肉眼能见到的光，其波长在 400～800 纳米之间，在这个波长区域里的光，叫作可见光。而小于 400 纳米和大于 800 纳米区域的光是肉眼看不到的，称为不可见光。在可见光区域内，不同波长的光显示的颜色也不同。食品含有某种色素，色素本身无色，但它能从太阳光线的白色光中进行选择性吸收，余下的则为反射光。故在波长 800 纳米的红色至波长 400 纳米的紫色之间的可见光部分，亦即红、橙、黄、绿、青、蓝、紫中的某一色或某几色的光反射刺激视觉而显示其颜色的基本属性，明度、色调、饱和度是识别每一种色的三个指标。对于判定食品的品质亦可从这三个基本属性全面衡量和比较，这样才能准确地判定和鉴别出食品的质量优劣，以确保购买优质食品。

1. 明度

明度即颜色的明暗程度。物体表面的光反射率越高，人的视觉就越明亮，这就是说它的明度也越高。人们常说的光泽好，也就是说明度较高。新鲜的食品常具有较高的明度，明度的降低往往意味着食品不新鲜。例如因褐变、非酶褐变或其他原因使食品变质时，食品的色泽常发暗甚至变黑。

2. 色调

红、橙、黄、绿等不同的颜色，以及如黄绿、蓝绿等许多中间色，它们是由于食品结构中所含色团对不同波长的光线进行选择性吸收而形成的。当物体表面将可见光谱中所有波长的光全部吸收时，物体表面为黑色，如果全部反射，则表现为白色。当对所有波长的光都能部分吸收时，则表现为不同的灰色。黑白系列也属于颜色的一类，只是因为对光谱中各波长的光吸收和反射是没有选择性的，它们只有明度的差别，而没有色调和饱和度两种特性。色调对于食品的颜色起着决定性的作用，由于人眼的视觉对色调的变化较为敏感，色调的改变对颜色的影响就会很大，有时可以说完全破坏了食品的商品价值和实用价值。色调的改变可以用语言或其他方式恰如其分地表达出来（如食品的退色或变色），这说明颜色在食品的感官鉴别中有重大的意义。

3. 饱和度

饱和度即颜色的深浅、浓淡程度，也就是某种颜色色调的显著程度。当物体对光谱中某一较窄范围波长的光的发射率很低或根本没有发射时，表明它具有很高的选择性，这种颜色的饱和度就越高。愈饱和的颜色和灰色不同，当某波长的光成分愈多时，颜色也就愈不饱和。食品颜色的深浅、浓淡变化对于感官鉴别而言也有很重要的作用。

要使菜肴色佳，最重要的是将色科学地组合，才会给人以视觉美感。

（1）调和色的组合　调和色的组合效果是统一协调，优美柔和，简朴素雅。但由于色彩之间具有更多的共同因素，所以对比较弱，容易产生同化作用。在面积相当的情况下，两色差别较模糊，造成平淡单调、缺乏力量的弱点。在过于调和的色彩组合中，以对比色作为点缀，形成局部小对比，这是增强色彩活力的有效办法；也可以用适当的色线勾出轮廓，以增加对比因素，加以补救。

（2）对比色的组合　如果调和色以柔美统一见长，那么对比色的组合则以矛盾对立为特点，以鲜明的对照、浓郁的气氛、强烈的刺激而获得独特的效果，这是调和色所办不到的。正因为如此，又易因对比强烈而刺激过度，甚至使人感到昏眩、烦躁，这又是它逊于调和色组合之处。

（3）色彩面积不同的组合　调和色的组合，在面积相近时，各色的变化不大，组合的效果仍是调和的。两色彩的面积相差悬殊时，色彩有了变化，结果增加了两色组合的对比因素，使组合效果较佳。例如，采用小间隔的同种色组合时，若以小面积的淡色包围大面积的浓色，效果便较面积相仿时为好。若以小面积的浓色包围大面积的淡色时，效果更佳。

对比色的组合，如互为补色的红与绿，在面积相近时，双方的对立性过强，组合效果对比过强，犹如一位姑娘上穿红色绸衣，下穿绿色裤子，鲜明地表现性格的活跃，与众不同，对于文静性格的姑娘来说，则认为是过分的。但在色彩面积相差悬殊时，由于一色的主导地位大大加强，另一色的抗争能力大为削弱，组合效果便较为调和了，而这种调和又是以强烈对比为基础的，总的效果便显得十分和谐。还是以红配绿这两色为例，中国人有句俗话叫做"红配绿，丑得哭"，这是就面积相当的搭配而言的；但是以大面积的绿色军服上，配上两小块红色的领章，或在补贴口上镶一线红边，穿在一位年轻女兵的身上，则红与绿的对立性格又大为减弱，出现了和谐的效果，表现出军人的庄重。所以，面积对比的作用，能使调和色的组合增强对比，又能使对比色的组合增强调和，有时竟使本为极差的色彩组合变为极好的色彩组合。总之，从色彩组合的效果来看，无论调和色或对比色的组合，都以面积对比的方式为宜，面积对比是装饰色彩处理中重要的手段之一。假如对比效果过强，那么可以对色彩的面积加以变动，即可补救、减弱。

（4）色线对配色的影响　线条对色彩组合的效果也可产生影响。调和色的组合，两色交界处比较模糊，若以线条从中隔开，削弱视觉的合色作用，使双方能较清楚地显示出本身的特点，对比因素便有所增强，沉闷气氛有所打破。再看，两补色组合，本来极为刺激，两色交界处更加对垒，过分紧张，如用线条隔开，则形势可望缓和。

这种方法，在作画中便时常应用，在形状底稿上涂上颜色后，形象不清晰，于是用墨线一色轮廓，色彩和形体便见生动和谐。而黑色是特种色，它是一种与大多数色彩均能构成调和关系的颜色，装饰色彩中常用它来勾轮廓，效果与绘画一样。

（5）多色的组合　墨置于两明色之间，因光度的对比，效果很好。如红与红橙组合，本过于调和，这时如果间以黑色，效果便很和谐。黑置于同种色之中，在光度上与同种色中低光度者调和，与高光度者形成对比，效果较好。黑与青、黑与橙光度上都有距离，组合效果也好。

白与冷色组合效果胜过与暖色组合。白与明暗两色组合，则在光度上与明色调和，与暗色对比，效果也好。

红与青、黄与青、青与橙、红与紫、青与绿、橙与紫、绿与紫等，用白色与它们组合，其效果便较用黑色组合为好。

黑、白、灰三色组合，以灰色在黑白之中时，效果最好。

三、菜肴色彩的来源

菜肴的色泽主要来源于三个方面：原料的自然色泽、加热形成的色泽、调料调配的色泽。

（一）原料的自然色泽

原料的自然色泽，即原料的本色。菜肴原料大都带有比较鲜艳、纯正的色泽，在加工时需要予以保持或者通过调配使其更加鲜亮。

（二）加热形成的色泽

加热形成的色泽，即在烹制过程中原料表面发生色变所呈现的一种新的色泽。加热引起原料色变的主要原因是原料本身所含色素的变化及糖类、蛋白质等的焦糖化作用及羰氨反应等。

（三）调料调配的色泽

调料调配色泽包括两个方面：一是用有色调料调配而成；二是利用调料在受热时的变化来产生。用有色调料直接调配菜肴色泽，在烹制中应用较为广泛。调料与火候的配合也是菜肴调色的重要手段。如烤鸭时在鸭表皮上涂以糖醋，可形成鲜亮的枣红色；炸制畜禽肉及鱼肉前进行码味时放入红醋，所形成的色泽会格外红润。这些都利用了调料在加热时的变化或与原料成分的相互作用。

四、调色的原则和要求

（一）调色的原则

1. 掌握食品和菜肴中所含色素的种类

（1）血红素类化合物　存在于脊椎动物血液和肌肉中的主要色素。

（2）叶绿素类化合物　高等植物中与光合作用有关的绿色色素。其重要的结构特征是卟吩中心的镁原子，凡是叶绿素的变色反应都涉及镁原子的脱落，加热容易引起这种变化。行业中"定绿"是加入适量的碱。

（3）类胡萝卜素化合物　维生素 A、脂溶性物质都具有从红到黄的颜色，如虾、蟹变色。

（4）花色苷类　是植物界分布最广的色素。颜色较多，色彩的稳定性受 pH、湿度和氧气浓度等，以及花色苷降解酶、抗坏血酸、二氧化硫、金属离子和糖等因素的影响。

（5）类黄酮化合物　麻黄中较多，与花色苷类相似，具有抗氧化性，产生苦味。

（6）单宁　为相对分子质量在 $500 \sim 3000$ 之间的水溶性多酚类化合物，颜色从黄色、白色到淡棕色，带有涩味。

（7）甜菜色素类　颜色与花色苷类相似，但它们是含氧的杂环化合物的衍生物，在罐头食品中常用。

（8）焦糖色素　如糖色。

（9）红曲米所含的红曲色素　由微生物红曲霉菌所分泌，性质稳定。

（10）人工合成色素　如苋菜红、胭脂红、柠檬黄、靛蓝等。

2. 合理使用调色工艺的方法

菜肴的调色，严格讲应该叫配色，在整个菜肴中配色是不均匀的，在汤汁和胶冻中又是均匀的。菜肴的调色方法有保色、变色、兑色和润色四种，是根据它们的原理和作用不同来划分的。但在实际烹调时往往是几种方法同时使用，甚至与调味等过程协同进行，才能使菜肴达到应有的色泽要求。

（1）保色法　保色法就是利用有关调色料来保持原料本色和突出原料本色的调

色方法。如保护蔬菜鲜艳的绿色，一般可采用加油、加碱、加盐、水泡等措施保色。红色鲜肉的保色可加入亚硝酸钠等发色剂腌渍，但此类发色剂有一定毒性，目前许多地方已禁止餐饮服务单位及个人购买、储存、使用亚硝酸盐。

（2）变色法　变色法是利用有关调料改变原料本色，使之形成鲜亮色泽的调色方法。此法所使用的调料本来不具有所调配的色彩，而需要在烹制过程中经过一定的变化才能产生相应的颜色。此法多用于烤、炸等干热烹制的一些菜肴。按主要化学反应类型的不同，变色法有焦糖化法和羰氨反应法两种。

（3）兑色法　兑色法就是利用有关调料，以一定浓度或一定比例调配出菜肴色泽的调色方法，多用于水烹菜肴的调色。常用的调料是一些有色调料，如酱油、红醋、糖色、番茄酱、红糟、甜酱、食用色素等。

（4）润色法　润色即增加菜肴色彩的明亮程度，就是在菜肴原料表面涂抹一层薄薄的油脂，使菜肴色泽油润光亮的调色方法。此法的操作过程是和制熟过程同时进行的，主要手法有淋、拌、翻等。

3. 遵循食品安全法的原则

在调色过程中，要以食品安全卫生法为纲要，严禁使用未经允许的食品着色剂，无毒无害的天然色素应首先使用。对于人工合成素色，要严格控制其使用剂量。

4. 遵循营养卫生为先的原则

菜肴的色泽运用还要符合营养需求。菜肴的色彩搭配，通过烹调发生一系列理化反应，营养成分将发生变化。一些传统菜肴色泽虽然艳丽，但不符合营养卫生，不可取，如菠菜烧豆腐极易形成草酸钙，影响胃的消化吸收。

5. 突出菜肴原料本色的原则

调色的主要目的是赋予菜肴色泽，而并不是所有的菜肴都需要赋色。例如，绿叶蔬菜类就应该突出其本色。在大多数情况下，如菜肴原料味淡或有异味的动物性原料，需要使用有色的重味调料达到调而盖之的目的。烹饪菜肴调色应突出其本色，恢复菜肴原料的自然色彩。

6. 以食用为先的原则

随着人们对饮食的不断追求，我们会在一些烹饪比赛或产品展示过程中出现类似于艺术品的"烹饪佳作"。这些色彩艳丽的烹饪作品，让人看上去鲜艳夺目，这些通过添加食用色素而赋予的美好色泽，我们愿意去食用它吗？很显然，在烹饪调色过程中，首先应该考虑以食用为先的原则，否则就真的失去了烹饪真谛。

此外，还要掌握好原料之间的配合、调料配合、不同加热方法的配合对菜肴色彩的影响。

（二）调色的基本要求

人们长期以来形成的饮食习惯决定了菜肴色泽的两大特点：一是特别讲究菜肴原料的本来之色；二是特别讲究菜肴原料的热变之色。原料的本来之色，尤其是蔬菜原料，常代表着新鲜；原料的热变之色，如淡黄、金黄、褐红等，能很好地激起人的食欲。因此，对调色具有如下要求。

1. 尽量保护原料的鲜艳本色

蔬菜的鲜艳本色预示着原料新鲜，并且能很好地刺激人的食欲，调色时，应尽可能予以保护。例如：绿色蔬菜，烹调时要特别注意火候，不要加盖焖煮，还要注意尽量不用掩盖其绿色的深色调料和能改变其绿色的酸性调料。

肉类原料的本来红色在烹调中有时也需保护，可以在加热前先用一定比例的硝酸盐或亚硝酸盐腌渍。

2. 注意辅助原料的不足之色

有些原料的本色作菜肴之色显得不够鲜艳，应加以辅助调色。较为典型的是香菇，烹调时加适量酱油来辅助，其深褐本色就会变得格外鲜艳夺目，否则，菜的色泽便不太理想。有些原料受热变化后的色泽也需要用相应的有色调料辅助，如在干烧、干煎大虾之类的菜肴中加入适量番茄酱也可增色。

3. 注意掩盖原料的不良之色

有些原料制成菜肴后色泽不太美观，如畜肉受热形成的浅灰褐色，需要用一定的调制手段予以掩盖。上浆、挂糊表面刷蛋液，以及高温处理、加深色调料等均起着掩盖原料不良之色的作用。

4. 注意促进原料的热变之色

菜肴原料受高温作用，如炸、煎、烤等，表面发生褐变，可呈现出漂亮的色泽。要使原料的热褐变达到菜肴的色泽要求，除了严格控制火候之外，有时还要加一些适当的调料，以促进其热褐变的发生。例如，烤制菜肴常要在原料表面刷上一层饴糖、蜂蜜、蛋液等；炸制菜肴，有时需在原料码味时加入一些红醋、酱油等（酱油不可多放，否则色泽会过于深暗）。

5. 注意丰富各种菜肴的色彩

很多菜肴的调色不是单纯地考虑原料的本色，而是根据菜肴的色泽要求和色泽与食欲的关系，用有色调料来调配，以使菜肴的色彩变化更为丰富。同一种原料可以调配出多种不同的色调，如肉类菜肴就可以有洁白、淡黄、金黄、褐红等色，这是使菜肴色彩丰富的关键。

6. 注意色泽与香、味间的配合

菜肴的调色必须注意色泽与香气和味道的配合，因为色泽能使人们产生丰富的联想，从而与香气和味道发生一定的联系。一般来说，红色使人感到鲜甜甘美，浓香宜人，还有酸甜之感；黄色使人感到甜美、香酥，鲜淡的柠檬黄还给人以酸甜的印象；绿色使人感到滋味清淡，香气清新；褐色使人感到味感强烈，香气浓郁；白色使人感到滋味清淡而平和，香气清新而纯洁；黑色有煳苦之感（原料的天然色泽除外）；紫色能损害味感（原料的天然色泽除外）；蓝色一般给人以不香之感。黑、紫、蓝三色通常很难激起人的食欲。

7. 注意防止原料呈现变质的颜色

前面提到过，菜肴原料的鲜艳本色会让人感觉到原料特别新鲜，能激起食欲。如果将绿色蔬菜调配成黄色，红色肉类调配成绿色，则会让人感到原料腐败变质，看在眼里没了食欲，吃在嘴里难以咽下。因此，调色时应避免形成原料的腐败变质之色。

8. 正确选料，先调色后调味

根据原料的性质、基本味型和烹调方法正确选用调色原料和调料。添加调色料时，要遵循先调色后调味的基本程序。这是因为绝大多数调色料也是调味料，若先调味再调色，势必使菜肴口味变化不定，难以掌握。

9. 控制好火候，讲究时机

对于采用烹调生色的菜肴，火候的控制很重要。当烹调需要长时间加热时，影响生色的各种成分浓度发生变化，要注意调色的时机。油炸、油煎不要过火，否则色泽过深。酱油等长时间加热时会发生因糖分减少、酸度增加使颜色加深的现象，过早加入酱油，到菜肴成熟时色泽就会过深，应在开始时调至七八成，在出锅前调色，才能获得满意的色泽。

10. 要符合人的生理和安全卫生需要

调色要符合人们的生理需要，因时而异。同一菜肴因季节不同，其色泽深浅要适度调整，一般夏天宜浅，冬季宜深。同时还要注意尽量少用或不用对人体有害的人工合成色素，保证食用的安全性。

第三节　调 香 工 艺

一、调香工艺的含义

调香工艺是指运用各种呈香调料和调制手段，使菜肴获得令人愉快的香气的工艺过程。调香工艺对菜肴风味的影响仅次于调味工艺。通过调香工艺，可以消除和掩盖某些原料的腥膻异味，可配合和突出原料的自然香气。此外，调香工艺还是确定和构成菜肴不同风味特色的因素之一。

调香工艺是菜点质量指标调控中一项十分重要的技术，尽管有时调香与调味、调色或调质交融为一体，但绝不等于调香工艺可由调味、调色或调质工艺来包容和代替，调香工艺有其自己的原理和方法。

二、嗅觉原理

人们能够感知物质气味的感觉器官是嗅觉感受神经元，位于鼻腔中一个相当小的区域（面积约 $2.5cm^2$），称嗅上皮。嗅上皮覆盖着一部分中鼻腔的侧壁，它们有三种主要类型的细胞——嗅觉感受器细胞、支持细胞、基细胞。三者的关系是嗅上皮在感知某种物质气味后，将信号传达给嗅神经的第一中枢嗅球，再由嗅球传达到第二中枢，而第二中枢与支配呼吸、循环、消化吸收功能的植物神经相连，所以气味对呼吸器官、消化器官、循环器官、生殖器官，皮肤都有影响，也就是说不同的气味能使动物发生本能反应，而食物的气味只是这些本能反应的一种，因此香气能诱发食欲，并具有很强的心理选择性。

气和味总是联系在一起。气是一个载体，味是气的一种附着物，气飘到哪里，味跟到哪里。气味是嗅觉所感到的由空气传播的各种各样的味道。

嗅觉是挥发性物质刺激鼻腔，并在中枢神经引起的感觉，它比味感更敏感、更复杂。嗅觉具有以下基本特性。

（一）敏锐性

人的嗅觉相当敏锐，从嗅到气味物到产生感觉，仅需 $0.2\sim0.3s$ 的时间。一些嗅感物质即使在很低的浓度下也会被感觉到，正常人一般能分辨 3000～3500 种不同的气味。

（二）易疲劳、适应和习惯

人们久闻某种气味，易使嗅觉细胞产生疲劳而对该气味处于不灵敏状态，但对其他气味并未疲劳，当嗅体中枢神经由于一种气味的长期刺激而陷入反馈状态时，感觉便会受到抑制而产生适应性。另外，当人的注意力分散时会感觉不到气味，时间长些便会对该气味形成习惯。疲劳、适应和习惯这三种现象会共同发挥作用，很难区别。

（三）个体差异大

不同的人嗅觉差别很大，即使嗅觉敏锐的人也会因气味而异，这是由遗传产生的。有人认为女性的嗅觉比男性敏锐。

（四）阈值会随人体状况变动

当人身体疲劳或营养不良时，会引起嗅觉功能降低，人在生病时会感到食物平淡不香，女性在月经期、妊娠期或更年期可能会发生嗅觉减退或过敏现象等，这都说明人的生理状况对嗅觉有明显影响。

三、调香的方法

（一）调香的时机

菜肴调香的时机也分原料加热前调香、原料加热中调香和原料加热后调香三个阶段。各阶段的调香作用及方法均有所不同，从而使菜肴的香呈现层次感。

1. 原料加热前调香

原料在加热前多采用腌渍的方法来调香，其作用有两个：一是清除原料异味，二是给予原料一定的香气。其中，前者是主要的。

2. 原料加热中调香

这是确定菜肴香型的主要阶段，可根据需要采用加热调香的各种方法。其作用有两个：一是原料受热变化生成香气，二是用调料补充并调和香气。加热过程中的调香，香料的投放时机很重要。一般香气挥发性较强的，如香葱、胡椒粉、花椒面、小磨麻油等，需要在菜肴起锅前放入，才能保证浓香。香气挥发性较差的，如生姜、干辣椒、花椒粒、八角、桂皮等，需要在加热开始就投入，有足够的时间使其香气挥发出来，并渗入到原料之中。此外，还可以根据用途不同灵活掌握。

3. 原料加热后的调香

即在菜肴盛装时或盛装后，淋入小磨香油，或撒一些香葱、香菜、蒜泥、胡椒粉、花椒面等，或将香料置于菜上，继而淋以热油，或跟味碟随菜上桌。此阶段的调香主要是补充菜肴香气之不足或完善菜肴风味。

（二）调香的方法

调香的方法，主要是指利用调料来消除和掩盖原料异味，配合和突出原料香气，调和并形成菜肴风味的操作手段。其种类较多，主要有以下几种。

1. 腌渍调香法

腌渍调香法即在加热前，用食盐、食醋、料酒、生姜、香葱等调料与有异味的原料拌匀后腌渍一段时间，使调料中的有关成分渗透到原料中，与异味成分充分作用，再通过排水、过油或正式烹制，使异味成分得以挥发除去的方法。此法适用范围很广，兼有入味、增香、助色的作用，在调香工艺中经常使用。

2. 加热调香法

加热调香法就是通过加热使调料的香气大量挥发，并与原料的本香、热香相交融，形成浓郁香气的调香方法。广义上，加热调香还应包括原料本身受热变化形成的香气。调料中呈香物质在加热时迅速挥发出来，可溶解在汤汁中，或渗入到原料中，或吸附在原料表面，或直接从菜肴中散发出来，从而使菜肴带有香气。加热调香法的具体操作形式有炝锅助香、加热入香、热力促香、醋化增香等。

3. 封闭调香法

封闭调香法属于加热调香法的一种辅助手段。调香时，呈香物质受热挥发，在烹制过程中大量散失，存留在菜肴中的只是小部分。加热时间越长，香气散失越严重。为了防止香气在烹制过程中严重散失，将原料在封闭条件下加热，临吃时启开，可获得非常浓郁的香气。封闭调香的手段主要有容器密封、泥土密封、纸包密封、面层密封、浆糊密封、原料密封等。

4. 烟熏调香法

烟熏调香法是一种特殊的调香方法，常以樟木屑、花生壳、茶叶、谷草、柏树叶、锅巴屑、食糖等作熏料。把熏料加热至冒浓烟，产生浓烈的烟香气味，使烟香物质与被熏的原料接触，并吸附在原料表面，有一部分还会渗入原料表层之中，使原料带有较浓的烟熏味。

四、调香的原则和要求

（一）调香的原则

1. 充分利用原料中的天然呈香物质

呈香物质都具有一定的挥发性，对那些极易挥发的呈香物质要控制好火候和调香时间，防止它们过早挥发；对那些在常温下不易挥发的呈香物质，可在加热条件下使用，或者碾成粉末助其挥发；对于那些在水中溶解度极低的呈香物质，可通过炝锅、熏制等方法，使它们溶于油中或吸附在原料表面，或制成乳状液、加入肉糜等半成品中，增强其呈香效果。

2. 利用加热过程合成新的呈香物质

在加热过程中，许多呈香物质前体分解为呈香物质，例如焙烤烘炒多种食物原料所产生的吡嗪类呈香物质，都是从 α-氨基酸转化来的；油炸食品的香气一部分来自煎炸油自身的分解；熟肉制品的香气大都由于蛋白质和核酸的受热分解；多种烧炒蔬菜的香气源于含硫氨基酸的分解和转化；至于美拉德反应等更是众所周知。

3. 除腥抑臭

对于烹饪原料中的腥膻等不良气味的除去，通常有四种方法：一是加入易挥发物质，使它们在受热时迅速逃逸；二是利用酸碱中和原理，使不良气味物质分解或转化；三是加入气味浓烈的呈香物质，对不良气味进行掩盖；四是利用焯水、过油等预熟手段，溶解或破坏某些不良气味物质。

（二）调香的要求

1. 了解呈香物质

对于呈香物质而言，必须具备两个条件：一是饱和蒸气压相对较低，在空气中易于发挥，即使在水、油或其他溶剂中存在，其分子也容易扩散逃逸，否则感觉不到；二是呈香物质的分子量都不会太大，常温下为液态的呈香物质容易挥发，固态的容易升华。

许多呈香物质在空气中对人有一定的最适浓度。如 β-甲基吲哚浓度大时有粪便臭味，故称粪臭素；但浓度在小 $10 \sim 6ml/L$（空气）时，则有一股素馨花的香气；如 H_2S 和 NH_3 单独存在都是很难闻的味道，可与若干有机物混合使用，便呈现米饭香气。

2. 掌握菜肴增香技术

人们对菜肴香气的感知也是分层次的，有的菜肴上桌即已香气扑鼻；有的是入口以后，香和味同时感受；有的是经过咀嚼之后，香气、滋味、质地三位一体。常见的增香措施有以下几种。

① 用腌渍、涂抹、黏附等手法。多用抑臭调香法，采用烹前、烹中调香。

② 利用加热的方法，使香料中的香气大量挥发。如炝锅、烹煮、蒸制、煎炸、烧烤、铁板、锅巴等加热过程。

③ 采取密闭加热制熟的方法，阻止呈香物质挥发。如汽锅炖、瓦罐煨、竹筒烤、泥烤等。

④ 用烟熏的方法把熏料中的呈香物质黏附到原料表面。

第四节 调质工艺

一、调质工艺的含义

调质工艺是指在烹调工艺中用一些调质原料来改善菜肴原料质地（即质构）和形态的过程。调质实际上是对菜肴质地的构建和调整。

二、触觉原理

人们对食物口感的认识是指口腔黏膜和牙齿以及相关的神经系统对食物物理状

态的一种感觉，与食物的质构或质地有直接的关系，也叫质感。质感主要有三个方面：一是用手或手指对食品的触摸感；二是目视的外观感觉；三是进入口腔以后的综合感觉，包括咀嚼时的软硬、黏稠、酥脆、滑爽等感觉。

三、菜肴质地的调配及分类

菜肴质地是决定菜肴风味的主要因素，它以口中的触感判断为主，但是广义上也应包括手指以及菜肴在消化道中的触感判断。菜肴的质地是由菜肴的机械特性、几何学特性、触感特性组成的，它与菜肴的温度、大小、形状、各成分的含量，特别是大分子物质的含量和种类等有关。

菜肴质感具体的表述有单一型质感和复合型质感两种。

（1）单一型质感

① 老嫩感，如嫩、筋、韧、老、柴、皮等。

② 软硬感，如柔、绵、软、烂、脆、坚、硬等。

③ 粗细感，如细、沙、粉、粗、渣、毛、糙等。

④ 滞滑感，如润、滑、光、涩、滞、黏等。

⑤ 爽滑感，如爽、利、油、糯、肥、瘦、腻等。

⑥ 松实感，如疏、酥、散、松、泡、暄、弹、实等。

⑦ 稀稠感，如清、薄、稀、稠、浓、厚、湿、糊、燥等。

（2）复合型质感　即是由上述一批汉字组合表述的质感，如滑嫩、软烂、酥脆、肥糯等；更多的是多重组合，如外酥脆里软嫩、脆嫩滑爽、柔软细嫩等。

四、调质的原则和要求

（一）调质的基本原则

1. 充分了解原料的质构特点

前面已经提到，菜肴的质地与原料的质构是密不可分的，原料的质构状况往往影响甚至决定菜肴的质地。要使调质恰到好处，就必须充分了解原料的质构特点，这是前提条件。

2. 合理调控菜肴质地

任何菜肴都应当有特定的质地标准，按照这种标准进行合理调控，是调质的核心原则。因此，应注意三点：一是传统名菜有固定的质地标准，应当将这种标准展现到极致；二是现代新潮菜具有明显的区域文化特点，应使菜肴质地入乡随俗，灵活变通；三是严格控制工艺流程，严格把握调配菜肴质地的原材料比例，不可随心所欲，不可滥用替代品，并严格控制好火候。

3. 注意保存菜肴的营养价值

追求菜肴质感丰富多彩，是中国烹调的一大特色，这其中也渗透着鲜明的养生思想。无论菜肴质地怎样演变和调配，都必须适应养生需要，切忌因一味追求完美质地而导致营养物质损失。否则，调质失去意义，菜肴也没有生命力。

（二）调质的基本要求

1. 了解菜肴质感的形成特征

（1）菜肴质感的规定性 传统菜特别是已被现代厨师继承下来的传统菜，其名称、烹饪方法、味型、质感及其表现该菜特征的一系列工艺流程等等都必须是固定的，不能随意创造或改变，否则，便不能称为传统菜，至少不是正宗的传统菜。新潮菜具有很大的灵活性与随意性，但必须得到食客的认可，其工艺流程和菜肴特征也应当在一定时间、范围和条件下予以固定。显然，作为菜肴属性之一的质感同样也应当具有规定性。

（2）菜肴质感的变异性 是指菜肴受生理条件、温度、浓度、重复刺激等因素的影响引起的质地感觉上的差异与变化。

（3）菜肴质感的多样性和复杂性 由于原料的结构不同、烹调加工的方法不同，以及人对菜肴质感要求不同，使菜肴的质感也多种多样。如有的菜肴可能以"脆"为主，"嫩"为辅；有的菜肴则可能以"嫩"为主，"脆"为辅；有的可能在以某一种或几种质感为主的同时，还带着更多辅助质感。

（4）菜肴质感的灵敏性 质感具有灵敏性这是客观存在的，它来自于菜肴刺激的直接反馈，主要由质感阈值和质感分辨力两个方面来反映。有人通过研究已经确认，"触觉先于味觉，触觉要比味觉敏锐得多"。

（5）菜肴质感的联觉性 菜肴质感与味觉、嗅觉、视觉等都有不可分割的联系，这种联系表现为一种综合效应，从而满足深层次的审美需求。其中，质感与味觉的联系最为密切。质感既可直接与味觉发生联系，也可通过嗅觉的关联与味觉发生关系。例如，本味突出或口味清淡的菜肴，质感或滑嫩、或软嫩、或脆嫩，浓厚味的菜肴多酥烂、软烂等。

2. 合理使用调质方法

根据具体原理和作用不同，调质工艺一般可分为致嫩工艺、膨松工艺、增稠工艺等。

（1）致嫩工艺 致嫩工艺就是在烹饪原料中添加某些化学品或施以适当的机械力作用，使原料原先的生物结构组织疏松，提高原料的持水性，从而导致其质构发生变化，表现出柔嫩特征的工艺过程。致嫩工艺主要针对动物肌肉原料。

（2）膨松工艺 膨松工艺就是采用各种手段和方法，在烹饪原料中引入气体，使其组织膨胀松化成孔洞结构的过程。在烹调工艺中主要是前面讲到的干料涨发中的油发和盐发，以及一些糊的调制。

（3）增稠工艺 增稠工艺是在烹调过程中添加某些物质，以形成菜肴需要的稠度、黏度、黏附力、凝胶形成能力、硬度、脆性、密度、稳定乳化等质构性能，使菜肴形成人们希望的各种形状和硬、软、脆、黏、稠等质构特征的工艺过程。增稠方法主要包括勾芡增稠、琼脂增稠、糖汁增稠、动物胶质增稠、酱汁增稠等。

第五节　成形工艺

一、菜肴成形的意义

菜肴成形指菜肴原料的形状、加工处理后的形状以及加工成熟后的造型。刀工成形包括各种刀口（如丁、片、丝、条、粒等）及相互间的合理搭配成形；装盘造型包括菜肴外表形态的表现方式及点缀围边装饰和器皿衬托。菜肴外表形态的表现方式又包括装盘的式样、菜肴造型的各种方法及手法的表现。我们平时在进餐时都有这种体会，凡是装盘美观的菜肴总是容易引起人们的食欲。由于菜肴讲究"形"，对烹饪技术的发展和提高也起到了推动作用。菜肴讲究"形"，不仅是一种技术，而且更是生活与艺术的相互结合。菜肴优美的"形"，不仅能使人赏心悦目，增加食欲，而且还能提高人们的审美情趣，激励人们对生活的热爱。在对菜肴的要求中，虽然"形"排在色、香、味的后面，但菜肴形状的好坏不仅影响食客的视觉，而且更重要的是，它还影响菜肴的口感、质地和滋味等，所以我们对"形"不能忽视，而应将它与色、香、味等量齐观。

菜肴成形隶属于烹饪美学的范畴，而烹饪美学最大的两个特性便是综合性与食用性。综合性道出了隶属范畴之内的造型方面的广度与深度；食用性则说明了菜肴以食用为本、以味为先的基本原则，任何违背食用性为主的那些过分追求精雕细琢，华而不实，或喧宾夺主，或杂乱无章，搞花架子的菜肴都将受到食用者的蔑视与反对。要创造出一道形式典雅、造型优美、食用性强的菜肴，则有必要了解菜肴造型之种类，造型的法则、规律以及手法，以便有理可依、有章可循，再加上娴熟高超的烹调技术，才能在菜肴之形的创造过程中得心应手，胸有成竹。

（一）菜肴造型的形式法则

1. 单纯一致

即前面所述的单一原料造型，是一种看不到对立因素的形式美，没有粗细、大小、厚薄、长短之分，给人一种纯洁明净、整齐划一、简朴自然的美。如各类冷菜中的单拼，热菜中的单一原料制作的菜肴，如醋熘土豆丝、油爆河虾、红烧肉等。

2. 对称均衡

对称即以盛器的中心部位为基准或以假想为中心，使摆放于盛器中的菜肴的各个部分构成均等关系。此种菜肴造型能使人有一种整齐、平稳、宁静之感，具有圆润饱满、庄重统一的效果，但如果运用不当则会产生呆板、没有活力之感。均衡，又叫平衡，又可分为重力平衡和运动平衡。在造型中重力平衡是指通过色彩和形状的合理分布取得平衡安定的效果；而运动平衡是指形成平衡关系的两极有规律地交替出现，使平衡不断被打破又重新形成，如奔跑的骏马、飞翔的雄鹰、游动的鱼虾等。在造型时往往以瞬间的静止平衡状态来表示活动的开幕，给人一种美感，同时还富有想象的余地。在取运动平衡的瞬间静止状态时，需要选取运动平衡的一刹那，而不能采用打破平衡的形象，否则就会给人以失重的感觉，毫无美感。均衡的造型活泼自由，给人的想象空间较大，给人发挥创作的余地较多，但若处理不当则会产生杂乱无章，失真于自然物象，所以对称和均衡两者宜结合使用，但必须以一种为主，要么对称中求均衡，要么均衡中求对称，这样才能取得良好的造型效果。

3. 尺度比例

菜肴造型是在方寸之盘中进行，犹如中国的造型盆景在尺许的各式盆中要创造出造型各异的花草树木、亭台楼阁、山水人物、飞禽走兽。不掌握好尺度比例，则无法创造出美。菜肴造型要注意器皿的种类，大小要"依器度形、依器度量"，如用腰盘或鱼盆装鱼就不会出现抛头露尾，汤盘装烩菜就不会使汤汁溢出，炖菜宜用沙煲和瓷锅，炸炒菜则要用平盆，只有这样才能突出表现主料，使菜肴与器皿合二为一。尺度比例的另一种含义则是菜肴造型本身之间的比例大小，如造型菜"满载而归"中盘与拱桥、渔夫之间的比例关系，艺术拼盘"松鹤延年"中的仙鹤与松树、山石、太阳之间的比例关系等，只有处理好尺度比例，才能突出重点，有主有次。

4. 调和对比

这是一种对立统一的关系，调和在于求同，对比在于求异，在盘中用两种或两种以上原料造型则会产生调和与对比关系，如颜色中的红与橙、黄与绿、绿与蓝，形中的长方形与正方形、圆形与椭圆形等；对比则是将两种相反或对立的物体并立，使之有较大的反差，如色彩中的红与绿、白与黑，形中的方与圆，体积中的大与小。对比具有活跃、跳动之感，如"鲤鱼跳龙门"中的鲤鱼与龙门的大小对比，芙蓉鱼片中圆形鱼片与用胡萝卜切制的鱼形料花的搭配。调和与对比，只用其一，或无生机，或加大刺激，唯有调和对比后，才能使造型优美。但在运用时同样有侧重点，以调和为主，则获优雅宁静之美；以对比为主，则获得跌宕起伏、多姿多彩的效果。

5. 节奏与韵律

菜肴造型时很多情况下要采用重复或渐次原理来表现节奏和韵律。重复是指一个基本单位有序地重复出现，如什锦拼盘，以一长方片作为基本单位多次重复出现，排列成一个圆形；而渐次则相反，有逐渐变化的意思，如拼摆"南海晨曲"这个冷盘时，海面上的帆船和天空中的海鸟从近到远逐渐变小排列、椰子树杆从粗到细逐渐变化都采用了这种渐次变化，使整个造型富有韵味，生动活泼。

6. 多样统一

多样统一又叫和谐，是菜肴造型形式法则的最高形式。所谓多样，即菜肴造型中各部位的差异；统一是指这种表面看似差异的部位其内在的联系合乎规律性、合乎自然性。如"凤戏牡丹"、"龙凤呈祥"、"孔雀开屏"等，其造型的优美就在于多样性和变化性、统一性的完美结合，符合自然物象之形、之美。

（二）菜肴成型规律

虽然菜肴造型丰富多彩，但其在造型规律上却只有三种：首先是写实象形，即对自然物象如实描绘、刻画，又叫模仿性造型，如菊花鱼、玉米鱼、布袋鸡等。其次是夸张变形，用加强的方法对物象的代表性特征加以夸张，使物象更加具有典型化，如"葵花鸭"中将葵花的果实变形夸大，既抓住了物象的主要特征，又美化了物象；冷盘"孔雀开屏"中，将孔雀的尾巴加以夸张变形处理使其更美观，更突出孔雀的主要特点和部位。再次是简化添加，简化去掉一些烦琐部分，使物象更加集中、单纯、精美；添加与之相反，在一个造型中把不同形象及各种有内在联系的形象有代表性地集中在一起，以丰富形象，增添新意，从而增强整个造型的艺术效果，如拼摆飞禽类的羽毛时采用简化的柳叶片代表复杂的羽毛原形，使之简化、单纯；拼摆蝴蝶时添加上鲜花，拼摆鸳鸯时添加上荷花，拼摆雄鹰时添加上蓝天或广阔的草原，做鲤鱼菜肴配上龙门等，都能使菜肴更富有朝气，更富有诗意。

（三）菜肴成形手法

一道造型成功的菜肴，除需要制作者理解和通晓菜肴造型的法则和规律外，更要了解和掌握菜肴造型的各式手法，才能运用自如。菜肴造型采用的方法有以下几种。

1. 包卷法

包卷法即用各种可以包卷的原料，如腐衣、网油、鱼皮、荷叶等包裹上其他原料制成一定的形状，如荷叶粉蒸鸡、纸包鸡、网油石榴鸭、凤凰腿等。

2. 捆扎法

捆扎法即用具有一定韧性的原料，如茶笋、苔干、海带等将切成丝或条的原料捆扎起来，制成不同的形状，如上汤柴把茶笋、柴把鳜鱼、柴把蕨菜等。

3. 扣制法

扣制法即将原料按一定的顺序整齐地码放在盛器中，上笼蒸制成熟后反扣在另一容器中，如虎皮扣肉、扣三丝、田园四宝等。

4. 蓉塑法

蓉塑法即将质地细嫩、鲜美的动植物原料加工成泥蓉状，然后采用各种手法（如挤、划、贴等）制成各种形状的造型手法，如鱼圆、虾丝、葫芦鸡、琵琶虾等。

5. 裱绘法

裱绘法即将制成泥蓉的原料放在裱袋里裱绘出各种形状的造型手法，如玫瑰鱼、芙蓉玉扇、金鱼虾等。

6. 镶嵌法

镶嵌法即以一种或几种原料制成馅料或蓉状，添加在另一种原料表面或挖空的原料内部，如八宝鸡、酿苦瓜、八宝鳜鱼、各式冬瓜盅等。

7. 叠合排列法

叠合排列法即把不同性质、不同口味的原料按一定的顺序叠合在一起，或排列在一起，如锅贴鸡、火夹鳜鱼、葵花鸭等。

8. 穿制法

穿制法即将一种或几种原料穿过经出骨的原料，如龙穿凤翅、三丝鳗鱼筒等；还有利用蓉胶原料借助于形式各样的模具进行造型的，如寿桃、飞鸟、各种动物等。

中国菜肴的造型方法很多，有的采用单一方法，也有的采用复合法，无论采用何种，都要有较高的艺术修养和技术水平，要利用原料的自然属性设计造型，杜绝过分精雕细琢，搞形式，摆花架；要力戒串味串色，力戒粗糙杂乱；在点缀时要注意生熟分开，点缀饰物要用可食性原料；同时，更为重要的是要注意食品卫生，防止因过分追求造型而使菜肴受污染。凡有碍于菜肴卫生、口味、食用性的各种造型，哪怕其型很美，宁弃之，而不可用之，始终掌握"肴以食为本，以味为先，以养为目的"的制作原则，才能被食用者所接受，受消费者欢迎。

二、菜肴成形的阶段

根据菜肴的制作过程，我们将菜肴成形分为以下几个阶段。

1. 选料

现在制作菜肴的原料品种繁多，烹饪技法多样，调味品丰富，而烹制出的菜肴也千变万化，绚丽多彩。新菜式的产生，同时也是新的菜"形"的形成。制作菜肴的原料大都有自己固定的形状（液体原料除外），例如芹菜秆的粗细，韭菜叶及叶柄的宽窄，整鸡、整鸭、整鱼的大小等。在烹制这些原料时，首先应选择大小粗细较为一致的。如"炒芹菜"一般选用茎秆直径约 0.5cm 的芹菜，若直径过粗，须将芹菜剖成两片或四瓣，这样不仅工序繁杂，而且还破坏了原料本身的自然形状。若芹菜过细，经过烹调前初步熟处理后，成菜就会减少脆嫩感，既破坏了成菜的形，又影响了成菜的质感。制作整鸡、整鱼的菜肴也是这样，比如"扒鸡"选用 1kg 左右的仔鸡较为合适，这样不仅在烹制时容易入味，装盘造型上也显得丰满得体。制作"红烧鱼"，一般选用 0.5～0.75kg 的鱼较为理想，若过大，还需刀工处理，既破坏了鱼的完整形态，又会使鱼肉损失特有的鲜美滋味；若过小，装盘显得凹瘦，失去美感。

2. 刀工

菜肴烹制前须将原料改刀成菜品所需的各种形状，这对菜肴形状起着决定性的作用。因为烹调中式菜肴所需原料甚多，烹制方法多样，所以烹制菜肴时所需的原料形状也较繁杂。但不管烹制哪种菜肴，所需原料常见的外形不外乎丁、条、片、段、块、丝、粒、蓉等几种，只不过因菜品的要求和烹制方法的不同，而形状的大小厚薄有所差异而已。另外，还可将蓉泥制作成丸子、圆饼之类的特殊形状。为了达到菜品的质量要求，厨师必须将原料切配得大小一致、厚薄均匀。这样做不仅能使原料在烹制时受热均匀，容易入味，成熟一致，而且在装盘时整齐划一，形态美观，给人一种美感。在制作凉菜时，刀工尤显重要，因为凉菜与热菜不同，凉菜大多是先烹调后刀工，因此，凉菜对刀工处理和装盘的要求就更加严格，从业者一定要按菜品要求合理切配装盘。

3. 焯水

焯水是将经洗涤、刀工处理后的烹调原料放入沸水锅中，经过焯、烫、煮等初步熟处理过程。凡经焯水的原料基本上是断生即可，千万不能过火。若焯水时间过长，会使原料过于熟烂，而在烹调入味时又继续加热，不仅会使营养严重损失，也会使主料碎烂，继而影响菜肴的成形。

4. 过油

过油是将原料经刀工处理后挂糊或不挂糊，放入不同温度的油锅中滑散至将熟的一道工序。这道工序对菜肴的成形也起着重要作用。如"滑鱼块"，其制作程序是将鱼块挂糊后，放入热油锅内炸至呈金黄色。因为原料外面裹有淀粉糊，遇热后鱼块与鱼块之间极易发生粘连，若捞出后再用手将粘在一起的鱼块掰开，已炸酥的糊极易脱落，而使鱼块裸露，不仅会影响淀粉糊包裹鱼块的整体性，最终还会破坏整个菜肴的形、美。所以，滑鱼块时应逐块下锅，以防止粘连。又如"滑炒里脊"，是将肉片用蛋清浆抓匀，再放入三四成热的油锅中滑散捞出。在滑制肉片时，若蛋清浆过浓，或油温过高，肉片遇热会粘连在一起，甚至成疙瘩状，这就破坏了原料的形状，影响成菜的口感。所以，在制作此菜时应将蛋清浆调制得稀稠适度，滑制时油温不能过高，这样才能保证肉片的形、美和口感的细嫩。

5. 烹调

烹调是将经刀工、预熟处理后的原料再进行加热调味的一道工序。在这道工序中，调味炒制最好以颠锅炒制为好，尽量少用锅铲与勺去推炒，以免破坏原料的单个形状。如制作"红烧刀鱼"时，用铲勺翻炒，就极易破坏鱼块的完整形状，所以烹制此菜一般都采用大翻锅的烹饪技法。

6. 装盘

装盘是烹制菜肴的最后一道工序，也是决定菜肴形状至关重要的一道工序，它具有一定的技术性和艺术性。一般说来，熘炒类菜肴应装拱形，一显得菜肴丰满，二相对保持菜肴的温度；至于盛汤汁较多的菜肴，则应随盛器的变化而变化形状，不能过多地加以修饰。若是要求特殊造型的菜肴，那就需要厨师独具匠心，把自己心中完美的艺术形象在装盘过程中体现出来，如各类花拼，如凤戏牡丹、金鱼戏水等。

三、菜肴成形的原则和要求

1. 菜肴成形的数量控制

菜肴成形要突出表现主体对象（即菜肴的主体部分），让其主与宾、实与虚、密与疏有机地结合在一起，使主题得以充分体现。菜肴中主料要突出，配料则居于陪衬的地位，配料的任务是烘托主料，以充分表达作品（造型菜）的思想内容，造成夺人的艺术气氛。如造型菜"金蟾鳜鱼"（即青蛙鳜鱼）其主料是鳜鱼，在造型、数量、体积上，鳜鱼应占主导，而其他配料和装饰数量少，体积不大，只起陪衬作用。

造型菜的陪衬物切忌过多，否则会遮盖主料或主要造型图案，造成喧宾夺主的局面。将许多不相关的食物堆放在主要造型的旁边，不但起不到装点美化作用，反而使人感到整个盘面杂乱无章，即所谓"满黑艳呆"。所以要尽量舍去那些与主题无关的配料与装饰，要让出空间，才能使主体造型突出，"空淡雅活"才能实现，当然主料也不能过少，毕竟一切都是以食用为目的的。

2. 菜肴成形的卫生控制

营养卫生是菜肴成形最基本的条件。菜肴是供顾客品尝食用的,它必须是卫生的、有营养的。如果把食物长时间加以摆弄,精雕细琢,既不卫生,有时形象过于逼真,还会降低食欲。特别是用艺术手法处理已经制熟的菜点,安全卫生一定要保证。

3. 菜肴成形的盛器选择

菜肴成形的盛器是指烹调过程的最后一道工序装盘所用之盘、碟、碗等器皿。一般来说,菜肴盛器具有双重功能,一是使用功能,二是审美功能。菜肴造型时选择恰当的盛器,不仅能为菜肴的形式锦上添花,而且还可烘托筵席气氛,调节顾客情绪,刺激食欲。

菜肴成形与盛器具体配合时的情况比较复杂,形态有别、色彩各异、图案不同的盛器与同一菜肴组配,会产生迥然不同的视觉效果。反之,同一盛器与色、形不同的多种菜肴相配,也会产生不同的审美印象。不同的质地、形态以及色彩和图案的盛器有着不同的审美效果。

(1) 盛器大小的选择 盛器的大小选择要根据菜点品种、内容、原料的多少和就餐人数来决定。一般大盛器直径可在 50cm 以上,冷餐会用的镜面盆甚至超过了 80cm。小盛器的直径只有 5cm 左右,如调味碟等。大盛器自然盛装的食品多,可表现的内容也较丰富。小盛器盛装的食品自然也少些,表现的内容也有限。一般来说,在表现一个题材和内容丰富的菜点时,应选用 40cm 以上的盛器;在表现厨师精湛的刀工技艺时,可选用小的盛器。筵席、美食节及自助餐采用大盛器象征气势与容量,而小盛器则体现精致与灵巧。因此,在选择盛器大小时,应与餐饮实际情况相结合。

(2) 盛器造型的选择 盛器的造型可分为几何形和象形两大类。几何形盛器一般多为圆形和椭圆形,是饭店、酒家日常使用最多的盛器。另外,还有方形、长方形和扇形,这是近年来使用较多的盛器。象形盛器可分为动物造型、植物造型、器物造型和人物造型。动物造型的有鱼、虾、蟹和贝壳等水生动物,也有鸡、鸭、鹅、鸳鸯等一类动物,还有牛等兽类动物和龟、鳖等爬行动物,亦有蝴蝶等昆虫和龙、凤等吉祥动物。植物造型的有树叶、竹子、蔬菜、水果和花卉。器物造型的有扇子、篮子、坛子、建筑物等。人物造型有福建名菜"佛跳墙"使用的紫砂盛器,在盛器的盖子上塑了一个生动有趣的和尚头像。还有民间传说中的八仙造型,如宜兴的紫砂八仙盅等。盛器造型的创意很多,其主要功能是能点明筵席与菜点主题,以引起顾客的联想,达到渲染筵席气氛的目的,进而增进顾客的食欲。因此,在选择盛器造型时,应根据菜点与筵席主题要求来决定。

盛器造型还能起到分割和集中的作用。如想让一道菜肴给客人多种口味,就要选用多格的调味碟。如"龙虾刺身"、"脆皮银鱼"等,可在多格调味碟中放上芥末、酱油、茄汁、椒盐、辣椒酱等调料供客人选用。我们把一道菜肴制成多种口味,而又不能让它们相互串味,则可选用分格型盛器。如"太极鸳鸯虾仁"盛放在太极造型的双格盆里,这样既防止了串味,又美化了菜肴的造型。有时为了节省空间，则可选用组合型的盛器，如"双龙戏珠"组合型紫砂冷菜盆。这样使分散摆放的冷碟集中起来，既节省了空间，又美化了桌面。

总之，菜点盛器造型的选择是由菜点本身的原料特征、烹饪方法及菜点与筵席的主题等来决定。

（3）盛器材质的选择　盛器材质种类繁多，有华贵靓丽的金器银器，古朴沉稳的铜器铁器，光亮照人的不锈钢；也有散发着乡土气息的竹木藤器；有粗拙豪放的石器和陶器，也有精雕细琢的玉器；有精美的瓷器和古雅的漆器，也有晶莹剔透的玻璃器皿；还有塑料器皿、搪瓷器皿和纸质器皿等。盛器的材质都具有一定的象征意义，金器银器象征荣华与富贵，瓷器象征高雅与华丽，紫砂、漆器象征古典与传统，玻璃器皿、水晶器皿象征浪漫与温馨，铁器、粗陶器象征豪放，竹木藤器、石器象征乡情与古朴，纸质与塑料器皿象征廉价与方便，搪瓷器皿、不锈钢器皿象征清洁与卫生等。

盛器材质的选择要考虑时代背景、地域文化、地方特色，有时还要考虑客人的身份地位和兴趣爱好。此外，盛器材质的选择还要结合餐饮本身的市场定位与经济实力。高层次的餐饮则可选择以金器银器和高档瓷器为主的盛器，中低层次的餐饮可选择以普通陶瓷器为主的盛器，特色风味餐饮则要根据经营内容选择与之相配的特色盛器，烧烤风味餐饮可选用以铸铁与石头为主的盛器，傣家风味食品可选用以竹子为主的盛器等。

（4）盛器颜色与花纹的选择　盛器的颜色对菜点的影响也很重要。一道绿色蔬菜盛放在白色盛器中，给人一种碧绿鲜嫩的感觉；而盛放在绿色盛器中，这样的感觉就平淡得多了。一道金黄色的软炸鱼排或雪白的珍珠鱼米（搭配枸杞子），放在黑色的盛器中，在强烈的色彩对比烘托下，使人感觉到鱼排更加色香诱人，鱼米则更晶莹透亮。有一些盛器饰有各色各样的花边与底纹，如运用得当也能起到烘托菜点的作用。

（5）盛器功能的选择　盛器功能的选择主要是根据宴会与菜点的要求来决定的。在大型宴会中，为了保证热菜的质量，就要选择具有保温功能的盛器。有的菜点需要低温保鲜，则需选择能盛放冰块而不影响菜点盛放的盛器。在冬季为了提高客人的食用兴趣，还要选择安全的能够边煮边吃的盛器等。

当然，除了依照菜肴的造型和色彩选择盛器之外，还应考虑相邻菜肴的色彩、造型和用盘的情况，以及桌布的色彩等具体环境的需要。总之，发挥盛器之美，应处理好盛器与盛器的多样统一、盛器与菜肴的多样统一、盛器与环境气氛的统一、盛器与人的统一。

（6）盛器的多样与统一　盛器的种类很多，从质地上可分为瓷、银器、紫砂陶、漆器、玻璃器皿等；从外形上可分为圆形、椭圆形、多边形、象形形；从色彩上可分为暖色调和冷色调；从盛器装饰图案的表现手法上又可分为具象写实图案和抽象几何图案。不同的质地、形态以及色彩和图案的盛器有着不同的审美效果，关键问题是如何达到"统一"。如果在同一桌筵席中，粗瓷与精瓷混用，石湾彩瓷和景德镇青花杂揉，玻璃器皿和金属器皿交合，寿字竹筷和双喜牙筷并举，围碟的规格大小相参，必然会使人感到整个宴席杂乱无章，凌乱不堪。因此，在使用餐具时，应尽量成套组合，应尽量选用美学风格一致的器具，而且应在组合的布局上力求统一。此外，还要注意餐具与家具、室内装饰等美学风格上的统一。

4. 菜肴成形的温度控制

一道完美的菜肴，除应具有质、味、色、形、器等属性外，菜肴的温度也是不可忽视的重要因素。菜肴一旦失去了它应有的温度，其质感和味感都会大打折扣。一些大奖赛的菜品，制作者挖空心思地追求其形态的完美，把菜做成了"花"，把本应有温度的菜放在"大玻璃"或其他特大器皿上，然后摆弄、装饰、点缀，没等到上菜，已失去了原有的温度，再高级的评委也无法对菜的口感和质感说出评价。经营菜品保证了温度，就等于保住了菜品的质量，因为温度是保证菜品质量的重要标准之一。同一种菜肴，食用的温度不同，口感质量会有明显差别。如蟹黄汤包，热吃汤汁鲜香，冷后则腥而腻口，甚至汤汁凝固；在炸制菜肴时油温一般要达到270℃时才能达到酥、脆的效果，拔丝苹果趁热上桌食用，可拉出万缕千丝，冷后则糖饼一块，更别想拔出丝来。因此，厨师烹调的重点是保证菜品的温度，要处理好温度与菜肴成形之间的关系。

5. 菜肴成形的造型控制

菜肴成形除了要求有好的口味外，还要突出一个"形"字，尤其是造型菜更被称为形象化的菜肴。一盘造型菜，虽然存在时间不长，但它与其他造型艺术一样，在原料动刀之前应经过主题的确定、题材的选择、图案的构思三个过程。

（1）主题的确定　无论什么性质的筵席，其工艺菜肴的主题都要立意吉祥，符合人们的风俗习惯。总之，造型菜要意在做先，胸有全席。造型菜的主题主要靠花、鸟、虫、鱼等这些物象的寓意或谐音来表达，如牡丹表示富贵，荷花表示高洁，玫瑰表示爱情，白鹤表示飘逸，孔雀表示华贵，鸳鸯表示爱侣，龙表示高贵，凤表示吉祥，龟表示长寿等。它既反映出人们的风俗习惯，也表达了人们的思想和愿望。

（2）题材的选择　这实际是与主题的确定同时进行的。题材的选择对主题的表现有着重要的作用，主题是靠题材来表现的，题材则是由主题来决定的。它们既有区别，又有联系。题材的选择首先要注意场合和对象，也就是宴会的目的和食者的习俗。这是一个容易触动人们感情的问题，不可忽视。若错选了题材，而不能顺应食者的习俗，尽管费了很多工夫，制作出了形、色、味俱佳的造型菜，也不会有好效果，甚至会造成不良的影响。例如，中国人喜爱龙、凤、菊、梅、熊猫、孔雀、仙鹤等。

（3）图案的构思　图案构思是造型艺术处理题材的重要手段，在制作造型菜之前，都要事先构思好草图，按图制作。造型菜的构思，就是确定盘面（画面）上菜肴与装饰的组合，让其主与宾、实与虚、密与疏有机地结合在一起，使主题得以充分体现。

要烹制一道成功的造型菜，应该在保证口味的情况下，又具备一定的艺术感染力，为此，还需掌握菜肴造型的主要途径。

① 利用原料的自然形态造型。即利用整鱼、整虾、整鸡、整鸭，甚至整猪（烤乳猪）、整羊（烤全羊）的自然形状，加热后的色泽来造型。这是一种可以体现烹饪原料自然美的造型。

② 通过刀工处理来造型。即利用刀工把原料加工成各种美观的丝、末、粒、丁、条、片、段、块、花刀块，使这些原料具备大小一致、粗细均匀、花刀美观的半成品，为菜肴的造型奠定基础。

③ 通过模具来造型。将原料采取特殊加工方法制成蓉后，将泥蓉打上劲，灌入模具定型，成为具有一定造型菜肴生坯，再加热成菜。

④ 通过手工造型。将原料加工成蓉、片、条、块、球等，再用手工制成"丸子"、"珠子"，挤成"丝"、"蚕"，编成"辫子"、"竹排"，削成"花球"、"花卉"，或将泥蓉、丁粒镶嵌于蘑菇、青椒内，使原料在成菜前就成了小工艺品。

⑤ 通过加热来定型。原料在加热过程中，通过人为的弯曲、压制、拉伸来定型，或加热后用包扎、扣制、加压来定型。经过热处理后，不仅使原料成熟，成为具有一定风味的菜肴，而且使菜肴的形状确定下来。

⑥ 通过拼装来造型。将两种以上的泥蓉状、块状、条状、球状等菜肴经过合理的组合，使菜肴产生衬托美、排列美。

⑦ 通过容器来造型。一是选用漂亮合适的容器来盛装菜肴；二是用面条、土豆丝等来制作盘中盘来盛装菜肴；三是选用瓜果原料，挖掉瓤，并在表皮刻上花纹和文字变成容器如冬瓜盅、南瓜盅来美化菜肴。

⑧ 通过点缀围边来造型。点缀围边是菜肴制作的最后一关，也是最能体现美化效果的一道工序。用蔬菜、瓜果进行各种围边点缀，给人以清新高雅之感。

6. 菜肴成形的色泽控制

色彩是菜肴属性不可缺少的重要组成部分，食品造型色彩的不同安排组合不仅表现在给人以情感上的愉悦，而且它还能使色彩的情感和联想向味觉方向转移，这就造成了冷菜有软硬、酸甜、苦涩、清淡等不同的味觉感受和兴奋、忧郁、活泼、朴素、明暗等色彩情绪。例如，当人们看到红色的时候就联想到香肠、叉烧肉、樱桃的美味可口，看到绿色就感受到绿色菜肴的清淡爽口，这一切都是色彩给人的味觉感受。

菜肴成形的色泽控制主要包括菜肴的色泽、装饰物的颜色、盛器的颜色，还要看菜肴摆放位置的灯光颜色，菜肴的颜色应该在3种以上、5种以下（花拼除外），并且要冷暖色兼具，包括装饰物、盛器的颜色搭配、互补，做到颜色亮丽，使人产生食欲。在菜肴原料本身颜色不足的情况下，装饰物和盛器就显出其作用了，因此装饰物和盛器的选择也至关重要。还有一种就是灯光的照射也会影响菜肴的整体感觉，比如心里美萝卜刻的花在有的灯光下就呈现了黑色，在有的灯光下就显得更红更美，所以灯光也会影响菜肴成形的色泽。

四、菜肴的围边点缀

一盘食物像一幅画，盘子边缘是画框。菜肴的点缀和围边即菜肴的装饰，就是利用菜肴主料以外的原料，通过一定的加工附着于菜肴旁或其表面，对菜肴进行美化装饰的一种技法。通常将装饰料围在主菜四周的这种形式称围边；而一些边花、角花及有些居中、有些偏于一隅的局部装饰一般称为点缀。

（一）菜肴装饰物的选择

1. 装饰物的含义

装饰物是放在盘上或汤碗中附加于主要食物的任何食品。装饰物可以使食物美观，但它并不是重点。

可用于菜肴的装饰物很多，有植物性原料，也有动物性原料，可根据具体情况选择原料。在选择原料时必须注意三个问题：第一，所选的原料必须能直接食用；第二，所选的原料必须符合卫生要求，最好少用或不用人工合成色素；第三，所选的原料颜色必须鲜艳，形状利于造型。

2. 菜肴装饰物的原料及运用

（1）水果类　如糖水橘子、樱桃、苹果、菠萝、柠檬、西瓜、香瓜、香蕉、芒果、猕猴桃等，色彩各异，一般作冷菜、甜菜的装饰原料，既可增色、组合成形，又可调节口味。

（2）蔬菜类　如胡萝卜、白萝卜、洋葱、青椒、黄瓜、绿叶菜、莴笋、海带、卷心菜、四季豆、竹笋、百合、藕、莲子、南瓜、银耳、琼脂、口蘑、草菇、金针菇、蘑菇、粉丝等，可刻成花卉或改刀成形，用于冷菜、热菜的装饰点缀，色、形俱全，效果甚佳。另外，生姜、青蒜、香菜可切成丝或做花叶形状，用于炸制菜的点缀，既有助于色、形的调配，又能起到一定的调味作用。炸粉丝经加工拼成各种花卉形态，也可用于菜肴的点缀。

（3）动物类　如熟牛肉、鸡蛋糕、香肠、炸虾片、海蜇头、猪舌、猪心、肴肉、鲍鱼、蛋松、蛋品、各种蓉胶、各种蛋卷等。

3. 雕刻工艺及成品

雕刻工艺是指运用雕刻技术将烹饪原料或非食用原料制成各种艺术形象，用来美化菜肴、装饰筵席或宴会的一种工艺。艺术欣赏是雕刻的根本目的，所以，从古至今，所有的雕刻制品都是以欣赏为主，尽管极少量的雕刻制品能够食用。

（1）雕刻的主要类型　主要有果蔬雕、黄油雕、糖雕（即糖塑）、冰雕、泡沫雕、琼脂雕、豆腐雕等。由于上述雕刻工艺的应用日益繁多，对雕刻的品质要求越来越高，目前已有专门的公司从事冰雕、泡沫雕、黄油雕、蔬菜雕等对外加工业务，为宾馆酒店、婚庆礼仪公司、婚纱摄影公司及个人精心制作各种雕刻作品，给人以高档次的享受。

（2）雕刻成品的应用　首先用于筵席、宴会展台及桌面的装饰。果蔬雕刻作品常用于盛大宴会气氛的渲染和环境的美化，以及中、小型筵席宴会台面的装饰和菜肴的造型、点缀及盛装，为整个筵宴起着烘云托月、锦上添花的艺术效应，具有独特的魅力。其次用于菜肴的美化。在冷菜中，雕刻作品对冷盘起着点缀美化的作用，在热菜中，能借助食品雕刻提高菜肴的艺术性，在水果拼盘中，可利用西瓜皮简单雕刻成鱼、龙、凤、人物以及吉祥字样等图案，插在水果之中点缀。

（二）菜肴围边点缀的方法

菜肴围边点缀指利用菜肴主、辅料以外的原料，采用拼、摆、镶、塑等造型手段，在菜肴旁对其进行点缀或围边的一类装饰方法，采用辅助装饰能使菜肴的形状、色调发生明显变化，如同众星捧月，可使主菜更加突出、充实、丰富、和谐，弥补了菜肴因数量不足或造型需要而导致的不协调、不丰满等情况。辅助装饰花样繁多，与主体装饰不同的是：有些装饰侧重于美化，有些装饰侧重于食用，且大多在菜肴成熟后装饰（复杂的装饰可超前制作）。常见的形式有点缀和围边。

1. 点缀法

点缀法指用少量的物料通过一定的加工，放在菜肴的某侧，形成对比与呼应，使菜肴重心突出，这类加工简洁、明快、易做。常见的用雕刻制品对菜肴的装饰多属于点缀手法，主要有以下几种。

（1）散点点缀　是在菜肴盛装后，用1～2种色彩鲜艳的饰物（如红樱桃等）进行无规则点缀的方法。多用于菜肴形态一般、色彩不尽完美的情况，强调色的对比和形的配合。其形式活泼，不拘一格，在菜肴之上、盛器边缘及盛器内的空白处均可。此法虽无规律可循，但却有美化作用。

（2）对称点缀　是在单一中求变化的一种方法。先假设盛器中有一条中心线（或一个中心点），然后在其上、下、左、右用同一种饰物对称放置。可以点缀在盛器边缘及其上面的围边饰物上，也可点缀在菜肴之上。恰当的对称点缀能给人以稳中有变的美感。排列点缀，是主要在菜肴之上用饰物以点和线的形式整齐排列的点缀方法。讲究节奏与韵律，同时又注重有条不紊的往返重复，如大海的波涛和小河的水纹一般。此法多用于美化菜肴，也可用于构成菜肴形象，如葵花豆腐等。

（3）构形点缀　是在盛器内菜肴原料旁边的空白处，用与菜肴形态和色彩相称的饰料点缀，以形成完整菜肴形象的装饰方法。多用于工艺热菜的造型，如用蔬菜给焦熘葡萄鱼装上枝叶及藤条。这类菜肴一经点缀便构成了一幅幅完整的画面。如果在菜肴完整形象的某个关键部位（如鱼的眼睛、花的蕊、龙的须等）进行点缀，就会产生画龙点睛的妙用，使整个画面活起来。此法还常称为镶嵌。

常见的点缀形式又可分为以下几种。

（1）局部点缀　指用各种蔬菜、水果加工成一定形状后，点缀在盘子一边或一角，以渲染气氛，烘托菜肴。这种点缀方法的特点是简洁、明快、易做。如用番茄和香菜叶在盘边做成月季花花边；用番茄、柠檬切成兰花片与芹菜拼成菊花形镶边等。

（2）对称点缀　指用装饰料在盘中做出相对称的点缀物。适用于椭圆腰盘盛装菜肴时装饰，其特点是对称、协调，简单易掌握，一般在盘子两端做出同样大小、同样色泽的花形即可。如用黄瓜切成连刀边，隔片卷起，放在盘子两端，每两片缝中嵌入一颗红樱桃，做成对称花边等。

（3）中心点缀　即在盘子中心用装饰料拼成花卉或其他形状，对菜肴进行装饰，它能把散乱的菜肴通过盘中有计划的堆放和盘中拼花的装饰统一起来，使其变得美观。如用玉米笋、荷兰芹、胡萝卜、樱桃等原料在盘中拼成花饰等。

（4）全围点缀　即用装饰原料通过一定的方法加工成形，围在菜肴的四周，较适于圆盘的装饰，围出的菜肴比用其他点缀法更整齐、美观，但刀工要求也较严格。如用煮熟去壳的鹌鹑蛋沿中线用尖刀锯齿状刻开，围在盘子四周；用黄瓜、玉米笋、胡萝卜、樱桃、蛋皮丝等拼成宫灯图案花边等。

（5）半围式点缀　指运用点缀物进行不对称点缀围边，点缀物约占盘的1/3，主要是追求某种主题和意境来美化菜肴。

2. 围边法

围边法也称"镶边"，是盘边装饰的一种方法，通常用颜色比较鲜艳的水果、蔬菜等原料，围在盛器边缘，也有用炸菜、酿菜及点心作菜肴围边材料的。有的单料围，有的多料配色围。围边装饰一般有全围和散围两种方式。全围式可构成多种不同的几何形内空，如正方形、长方形、圆形、椭圆形、三角形、多边形等；也可装饰成具体形象，如折扇形、心形、宫灯形等。内部空白处用于盛装菜肴。散围式通常要求对称排列，有五方对称、四面对称、三位对称、两侧对称等，使盛器中间形成多种虚的几何形内部空白。围边装饰的作用在于打破盛器构形的单调，使菜肴的构形生动活泼，富于变化。菜肴围边切忌喧宾夺主，其色彩应和谐素雅，与菜肴之色形成鲜明对比，以突出菜肴之色。同时还要考虑围边色彩与盛器色彩的协调，以求得围边饰物、菜肴及盛器三者融为一体的整体美。

（1）几何形围边　是利用某些固有形态或经加工成为特定几何形状的物料，按一定顺序方向有规律地排列，组合在一起。其形状一般是多次重复，或连续，或间隔，排列整齐，环形摆布，有一种曲线美和节奏美。如"乌龙戏珠"用鹌鹑蛋围在扒海参周围。还有一种半围花边也属于此类方法，半围法围边时，关键是掌握好被装饰的菜肴与装饰物之间的分量比例、形态比例、色彩比例等，其制作没有固定的模式，可根据需要进行组配。

（2）象形围边　是以大自然物象为刻画对象，用简洁的艺术方法提炼出活泼的艺术形象。这种方式能把零碎散乱而没有秩序的菜肴统一起来，使其整体变得统一美观。常用于丁、丝、末等小型原料制作的菜肴。如"宫灯鱼米"用蛋皮丝、胡萝卜、黄瓜等几种原料制成宫灯外形，炒熟的鱼米盛放在其中。象形围边所用的物象有动物类，如孔雀、蝴蝶等；植物类，如树叶、寿桃等；器物类，如花篮、宫灯、扇子等。

需要指出的是，上述种种菜肴装饰美化形式并不是孤立使用的，有时可以用两种或两种以上的形式进行装饰美化，许多场合下还要根据个人的经验、思维和技巧，加以发挥和创造。

（三）菜肴围边点缀应注意的问题

尽管菜肴装饰美化重要，但它毕竟是菜肴的一种外在美化手段，决定其艺术感染力的还是菜肴本身。因而菜肴的装饰美化要遵循以食用为主、美化为辅的原则，切不可单纯为了装饰而颠倒主从关系，使菜肴成为中看不中吃的花架子。那么对于需要美化的菜肴来说，如何装饰才算是恰到好处呢？根据菜肴的实际需要进行点缀，围边是对菜肴装饰的基本方法，如果菜肴在装盘后在色、形上已经有比较完美的整体效果，就不应再用过多的装饰，否则，会有画蛇添足之感，失去原有的美观。如菜肴在装盘后的色、形尚有不足，需用围边和点缀进行装饰，就应考虑选用何种色、形的原料，如何进行装饰，应从以下几方面综合考虑。

1. 卫生安全

装饰美化是制作美食的一种辅助手段，同时又是传播污染的途径之一。蔬果饰物一定要进行洗涤消毒处理，不得使用人工合成色素。装饰美化菜肴时，每个环节都应重视卫生，无论是个人卫生还是餐具、刀具卫生都不可忽视。

2. 实用为主

菜肴装饰美化的实用性实质上就是装饰物能够食用，方便进餐，而不是摆设。所以，以可食用的小件熟料、菜肴、点心、水果作为装饰物来美化菜肴的方法就值得推广；而采用雕刻制品、琼脂或冻粉、生鲜蔬菜、面塑作为装饰物来美化菜肴的方法就应受到制约。那种唯形造型，因形伤质，从而降低其食用性的做法应杜绝。

此外，以食用为主的装饰物其口味与菜肴滋味应尽可能保持一致，甜肴宜以水果或糖果相衬，煎炸菜宜配爽口原料，绝不能出现串味或翻味的情况。

3. 经济快速

菜肴进入筵席后往往被一扫而空，其装饰物没有长期保存的必要，加之价格、卫生等因素及工具的制约，不可能设计很复杂的构图，也不能过分地雕饰和投放太多的人力、物力和财力，以简洁、明快、生动、价廉为好。此外，装饰物的成本不能大于菜肴主料成本，否则就会影响到整个菜肴的成本。装饰再好终究不是主菜，应遵循少而精的原则，可装饰也可不装饰的菜肴决不装饰，保持自然美，需要装饰的则尽量少装饰，不失其本来面目。高档筵席的装饰强调做工精细、质量好，并不是说装饰物的数量要多。

4. 谐调一致

首先，装饰物与菜肴的色泽、内容、盛器必须谐调一致，从而使整个菜肴在色、香、味、形诸方面趋于完整而形成统一的艺术体。其次，筵席菜肴的美化还要考虑筵席的主题、规格、与宴者的喜好与忌讳等因素。因此，要综合各方面的因素，做到因时因菜而定。

思 考 题

1. 如何理解"味"这一概念？为什么说"味"是中国菜的灵魂？
2. 调味的原理和现象有哪些？
3. 如何理解"口之于味，有同嗜焉"和"物无定味，适口者珍"这两句话？
4. 为什么说菜肴的成形方法贯穿于原料的初加工、切配、半成品加工、烹调和盛装的全过程？
5. 盛器与菜肴成形之间的关系是什么？
6. 菜肴装饰要遵循哪些原则？

项目七　烹调实用技术基础

【项目要求】熟练掌握菜点质量的各项指标内容，能够针对原料和菜品质量的不同要求，科学合理地采取调控措施，最终保证菜点的质量；能根据风味调配的原则和食用者的具体要求，合理完成菜肴的风味调配工作；能根据菜肴的成形要求，合理控制菜肴的成形质量，科学完成菜肴的围边点缀工作。

【项目重点】

① 菜肴的风味调配。

② 菜肴成形技术。

【项目难点】

① 根据原料的性质和菜点的质量要求采用科学合理的调控措施，保证调控后菜点的卫生性、营养性和实用性。

② 熟悉原料性质和菜点质量标准；注重调控效果，强调实用性。

【项目实施】

① 确定项目内容

菜肴的风味调配——菜肴基本味调制程序，掌握复合味型调制的方法（复合味：咸甜味、荔枝味、香辣味、香糟味、糖醋味、麻辣味、家常味、鱼香味、蒜泥味、红油味、五香味、陈皮味、酸辣味、芥末味、怪味等常用味型的调制方法）。

菜肴成形技术——依据盛器形状装盘和围边点缀。

② 项目实施：将班级同学分成两组，任选菜肴的风味调配和菜肴成形技术中的一项，讨论并独立完成项目任务。

③ 项目实施步骤：确定实践对象（几种味型的调制）→制订项目实施计划→小组讨论并提出修改意见后定稿→教师审核，提出修改意见→修改完善计划→实施项目计划，完成项目实践→个人自评→小组内互评→教师点评→完成项目报告。

④ 整个项目实践过程必须遵循菜点质量调控的相关要求和原则，保证调控后菜点质量的实用性效果。

【项目考核】

① 其中项目实施方案占20分，项目方案（围边点缀造型设计）占30分，综合评价（含项目报告）占50分。由学生自评、小组内互评、教师测评分别进行评价。

② 项目考核总成绩为100分，学生自评成绩占20%，小组内互评成绩占30%，教师测评成绩占50%。

第八章　烹饪原料的熟处理

第一节　烹饪原料熟处理的意义

一、烹饪原料熟处理的含义

火的出现，使人类脱离了野蛮、茹毛饮血的生食时代，人类社会走向文明，身体健康得到基本保障。随着时代的进步和社会的发展，人们发现制作熟食的火，只是一种外在的表现形式，使食物成熟的根本因素是热能。而热能的来源相当广泛，太阳可以产生热能，电磁也可以产生热能，另外，物质运动也可以产生热能，热能才是食物成熟的根本因素。

而同时熟的概念也发生了根本性的变化。在早期，人类发现并有意识地使用火对原料施加影响，根本目的是使食物原料达到可食用的标准，例如达到基本的卫生要求、适合的质感要求、可口的味觉要求等。而这些可食用标准，有时候未必一定要依靠火来满足，只要有热能的存在，食物原料也可以达到同样的变化标准。因此，制作熟食的能源得到极大拓宽，从薪木取火到煤的利用，从液化气、沼气、煤油等燃料的使用到现代的电磁炉、微波炉等高效能炊具的出现，人类对烹饪熟处理工艺的推动作用无疑是巨大的。

在长期的生产实践中，人们发现有些原料如黄瓜、萝卜及一些瓜果原料，其本身并不需要任何加热手段，不需要热能的影响，也可以达到食用标准，经常被人类直接食用；有时候为了促进这些原料风味特色的形成，使其口感更加接近人类摄食要求，发明并使用了拌、醉、糟等烹调方法。

由此可见，原料的熟处理具有两层含义。狭义的熟处理，是利用热能的影响，使烹饪原料的质地、口味及内部成分发生一系列变化，最终达到熟食标准的处理方法。这些方法已经成为中式烹饪的主体，是菜肴烹调的主要表现形式。而广义的熟处理，则是通过一定的处理手段，改变原料的卫生状况和使用价值，达到人类进食标准的处理方法。既包括狭义的热熟处理，也包括不加热熟处理，在行业上通常被称为非热熟处理，主要用于冷菜的制作工艺。

因此，烹饪原料熟处理的含义应该界定为：运用适当的加工方式和处理手段来影响原料，使其达到可食性标准，最终可以被直接食用的加工过程。

二、烹饪原料熟处理的烹饪学意义

1. 杀死病原性微生物，确保食物卫生质量熟处理的杀菌作用主要是通过加热使微生物中的蛋白质变性，从而使菌株失去活性，使食物达到安全标准。通过实验证明，在一般情况下82℃的温度环境可以将大部分微生物杀死，但有些微生物如病毒等需要的温度要更高些。在烹饪实践中，为了保持原料的质感或营养价值，常常出现加热不彻底的情况，这是很不科学的。为了食用的安全性，避免食物中毒事件的发生，必须对原料进行深入而彻底的加热，确保杀死病原性微生物，保证进食安全。

在熟处理过程中，往往运用料酒、醋、盐、糖等调味品对烹饪原料施加影响，除了正常的调味作用外，还可以抑制微生物的活性，起到保证食物摄食安全的作用。

2. 促使食物分解，帮助消化吸收，确保摄食安全

构成食物的各种成分是以大分子颗粒状态存在的，这些大分子颗粒又以复杂的化学态结合在一起，很难被人体消化吸收。通过烹饪加热，可以促进食物的分解，将大分子颗粒分解为小分子颗粒，甚至分解为可以直接被人体消化吸收的状态。例如蛋白质分解成能被人体吸收的氨基酸，脂肪经过酯化分解为可以被人体吸收的脂肪酸等。另外，受热分解的分子颗粒更容易被人体消化酶分解，有效地促进食物的消化吸收。

同时，加热还可以转化或破坏对人体有毒和不利于人体消化吸收的物质，如金针菜中的秋水仙碱、毛蚶中的囊蚴及大豆中的抗胰蛋白酶和凝血酶等，确保摄食安全。

3. 促进味的融合，形成菜肴的风味特色

我们知道，加热能够促进物质分子颗粒的运动速度。烹饪原料在熟处理时，原料本身分子颗粒的加速运动过程，有助于调味品分子颗粒的渗入；同时，调味品受热以后，本身的分子运动速度也加快，有利于和原料分子颗粒的相互交融，使两者之味得到更好地融合。于是原料本身固有的滋味、调味品赋予菜肴的滋味和加热过程中变化产生的滋味混合，形成了菜肴的最终口味。另外，在加热过程中，由于主料、配料和调料本身受到热的作用，其中有些成分开始分解，产生醛、酮、酯、醇、酸等，形成菜肴的呈香效果。加热以后，构成菜肴的各种物质的温度都有升高，加上着衣、勾芡、明油等因素的影响，形成了菜肴的温度并延长菜肴的保温时间，达到热菜的最佳品味效果。

4. 确定原料形状与色泽，增进菜肴美感

确定菜肴形状的主要因素有两个方面：一是原料本身在烹调过程中的形状变化，如蛋白质的变性凝固、淀粉的糊化定型；二是原料的刀工处理，尤其是刀工美化的作用。无论是蛋白质的变性、淀粉的糊化，还是原料刀工美化后的卷曲成形，都需要加热处理。另外，由于加热的影响，原料的色泽也会发生变化，如鲜活虾蟹呈青色，蒸煮受热后变红；土豆本身的白色炸制受热后变成金黄色等。只要采用合适的烹饪手段加以控制，原料烹制成菜后就会形成理想的色泽。可见，通过加热手段可以有效地增进菜肴的美感。

第二节　烹饪原料熟处理的热学原理

一、热菜制作的三要素

影响热菜制作质量的因素主要有三个方面，那就是烹饪原料、热源和传热介质。

1. 烹饪原料

烹饪原料是热菜制作的主体，由主料、配料和调料组成。

2. 热源

热源是热菜的基本要件，是热菜获得热能的来源。常见的热源有：固态燃料，如薪木、木炭、煤炭等；气态燃料，如液化石油气、天然气等；液态燃料，如煤油、柴油等；以及现代烹饪运用比较普遍的电、微波、远红外线、太阳能等。经历了由低级到高级、由原生态到节能环保的发展历程。

3. 传热介质

作为烹饪使用的传热介质必须同时具备三个特征：必须是热的良导体；必须具有可食性；必须对人体无毒无害。在实际烹饪应用中，烹饪传热介质主要有水、油脂、水蒸气、盐四种。

（1）水　水是最古老的传热介质，是水烹技法的起源。水是烹调过程中最常见的传热介质之一，其优点是价格低廉、取用方便，无色、无味、无毒、无害，一般不会发生变质现象；密度小，传热快，具备传热介质应具备的基本属性；渗透力好，溶解力强，可以促进食物成熟和提高调味效果；化学性质稳定，在烹饪过程中不会发生变质或产生对人体有害的成分；在烹饪过程中，还可以补充原料中水分含量的不足，同时补充原料在烹调过程中失去的水分。但其缺点是沸点低，常压下最高温度只能达到 100℃，不利于食物的高温加热，无法形成外酥里嫩的口感。

在烹饪应用中，通常根据用途的不同，将水温划分为冷水、温水、温热水和热水四种类型（见表 8-1）。

表 8-1　水温的划分与应用

种类	温度/℃	适用的烹调方法	主要用途
冷水	1～30	无	植物性原料的清洗；适合冷水涨发原料的涨发；干货涨发后的原料保存等
温水	31～50	无	适合冷水涨发原料的快速涨发；碱发原料的除碱；原料解冻加工；动物性原料的清洗等
温热水	51～80	水浸、氽等	油发后原料的碱水泡发；煮鸡蛋的最佳温度；油浊的清洗等
热水	>80	水爆、煮、烧、烩、扒、炖、焖、煨、卤、酱等	杀菌消毒；焯水处理；质地干硬原料的涨发加工；禽类原料的燡毛处理；动物性原料的泡烫加工；原料的烹制成熟等

（2）油脂　油脂也是烹调中最常见的传热介质之一，由动物性油脂和植物性油脂组成，是油烹技法的起源。油脂的口感好、风味佳，有利于形成菜肴良好的风味特征；比热容比水小，而且蕴热量比较大，更有利于保持较长时间的菜肴温度；油脂的燃点高，温域宽，有利于对油温的控制和高温加热；导热性能良好，有利于对食物原料的均匀传热；同时油脂中含有人体必需的脂肪酸和脂溶性维生素，可以补充食物中其含量的不足，提高菜肴的营养价值。但其缺点是高温加热常常导致操作者灼伤；高温烹调可以导致某些营养素如维生素 C 的损失；另外，反复高温使用的油脂还容易产生对人体有害的 3,4-苯并芘，具有很强的致癌作用。

在烹饪应用中，根据烹制用途的不同，油温的划分应用见表 8-2。

表 8-2　油温的划分和应用

种类	温度/℃	状态	适用范围	主要用途
常温	1～60	呈静止状态	无	用于冷菜调配；制作脆皮糊；用于上浆润滑作用；防止加热粘连而在表面刷油等
超低温	61～90	呈静止状态	焐油	可用于原料升温,利于短时间烹调时内外温度保持一致
低油温	91～110	有气泡,油面由外向里翻动	滑炒、油浸、余等	干货油发的温油焐发;初步熟处理的滑油;芙蓉类菜肴的油余,油浸等菜肴的制作等
热油温	119～180	油面气泡量多,翻动明显,有辐射热	定型炸、干炸、熘、煎、贴等	干货油发的热油炸发;初步熟处理的走油、走红;炸、熘、煎、贴类菜肴的制作等
高热油温	181～230	气泡逐渐消失,油面恢复平静,产生青烟,有较强辐射热	挂糊炸、纸包炸、油爆等	高温复炸;挂糊炸、纸包炸、油爆等菜肴的制作
极高油温	231～250	气泡消失,油面平静,有浓烟,辐射热强	酥炸、油淋等	超高温复炸;香酥鸭等酥炸类菜肴的复炸
油温禁区	＞250	有强浓烟,辐射热极强	无	容易发生安全事故,且易产生对人体有害的成分,不予应用

中式烹饪习惯用"十成"油温来区别烹饪过程中油温的高低，但很难准确界定其对应的油温范围，尤其是不同的油脂品种，在相同的"成"度下油温也不一样。扬州大学的徐传骏老师通过自己设计并制作的以敏感电偶为测温元件的自动测温炒锅，与 X-Y 函数长图自动记录仪联动，经过研究实验，找到了"十成"油温温标和摄氏温标之间的关系（见表 8-3）。

在中餐烹饪很少习惯使用温度计的情况下，用这个换算表来鉴别油温是很有意义的，可惜有两点不足之处：一是未能肯定名厨观察的标准油面物象；二是测温点贴近锅底，故而所记数据可能偏高。

表 8-3　常见油脂十成油温温标与摄氏温标换算表（按平均室温 20℃计）　　　　单位：℃

油温成数	猪脂（一般）	猪脂（精制）	菜子油（粗制）	菜子油（精制）	豆油（压榨粗制）	豆油（萃取粗制）	豆油（萃取精制）	椰子油	橄榄油
一成	39.5	42.2	44.5	48.5	47.5	49.7	50.6	39.6	50.1
二成	59.0	62.4	69.0	77.0	75.2	79.4	81.2	59.2	80.2
三成	78.5	86.6	93.5	105.5	102.8	109.1	111.8	78.8	110.3
四成	98.0	108.8	119.8	134.0	130.4	138.8	142.4	98.4	140.0
五成	117.5	131.0	142.5	162.5	158.0	168.5	173.0	118.0	170.5
六成	137.0	153.2	167.0	191.0	185.6	198.2	203.6	137.6	200.6
七成	156.5	175.5	191.5	219.5	213.2	227.9	234.2	157.2	230.7
八成	176.0	197.6	216.0	248.0	240.8	257.6	264.8	176.8	260.8
九成	195.5	219.8	240.5	276.5	264.8	287.3	295.4	196.4	290.9
十成	215.0	244.0	256.0	305.0	296.0	317.0	326.0	216.0	321.0
闪点	215.0	244.0	256.0	305.0	296.0	317.0	326.0	216.0	321.0

（3）水蒸气　水蒸气是水达到沸点时汽化生成的，是蒸制菜肴使用的传热介质。水蒸气的优点是无色无味，在烹调过程中不会产生对人体有害的成分；水蒸气的饱和温度可达到120℃以上，有利于对原料的快速加热，并减少原料中水分及其他营养素的损失；传热方式温和，传热效果好，有利于保持原料的外形完成，并保持原料本身固有的风味特色。但以水蒸气为传热介质的致命缺点是只适合蒸制类菜肴，适用范围太窄。

（4）盐　除了盐焗法之外，很少有人关注盐的传热作用，可实际上，盐在烹调中的传热作用是客观存在的。在我国北方一些地区，有用盐炝锅的习惯，油盐混溶形成高温，有利于对蔬菜类原料的爆炒，可以有效减少水分、维生素等营养物质的丢失。只不过由于易造成碘缺乏，所以这种炝锅技法不被提倡使用。

以盐作为传热介质的最大好处是达到传热与调味的协调统一，在完成热传递的同时，盐对菜肴也起到了调味的作用；同时盐在加热的过程中产生的香气可以形成菜肴良好的风味特点。

二、热传递的方式与烹饪运用

我们知道，温差是热传递产生的原因。如果没有温差，就不会发生传热现象，因为热能总是从温度高的区域向温度低的区域转移。在热能传递过程中，由于受到某些物质或因素的影响导致速度变慢甚至发生热能损耗现象，这就是热阻。热阻是传热过程中由于热的不良导体而产生的阻力。为了减少热能传递的阻力，我们才使用传热介质，加快传热速度，避免热能损耗和浪费。

热传递的主要方式有三种：热传导、热对流和热辐射。

1. 热传导

物理学认为，热传导是热能从一个物体转移到另一个物体，或是从物体的一个部位转移到另一个部位，而导热物体本身各部位没有相对位移的传热方式。其主要原理是通过物体内电子、分子或原子的运动进行热能的传导。1822 年，法国物理学家傅里叶（Joseph Fourier）总结了稳定状态下固体导热的定律，为热传导提供了理论依据。

热传导在烹饪中主要用于固体物质的传热。由于金属的传热性能良好，传热速度比较快，因此烹饪上常用金属来制作炊具，如铁锅、铁铲等；陶瓷的传热比较稳定，具有持久传热的特点，因此陶罐、沙锅等也被广泛运用。

2. 热对流

通过流质性的液体或气体的流动，将热能从温度高的区域转移到温度低的区域，就是热对流。其主要原理是利用气体、液体的自然流动或温度差引起的涡流来带动热能的转移，可见，对流传热是液体热源和气体热源所特有的热传递方式。

在烹饪中，利用流质性的传热介质进行的传热过程大都是对流传热，如利用油脂、水、水蒸气等作为传热介质的传热方式。在实际运用中，为了加快对流传热的速度，通常采用加快气体或液体流动的方法，例如用鼓风机来加快空气流动、用手勺搅动锅中的汤液等，都可以达到这样的目的。

3. 热辐射

由于温差的存在，利用热空气或电磁波将热能从温度高的区域向温度低的区域转移，进行热能传递的方式，叫热辐射。辐射传热主要发生在物体将自身热能向外发散辐射的过程，可以通过热空气进行传热，如炉膛中的热能向四周辐射；也可以在真空状态下进行热能的传递，依靠电磁波来完成，如太阳将热能传递到地球表面。

在长期实践中得知，黑色的物质接受热辐射的能力最强，其他深颜色的物质次之，淡色或无色的物质最弱。例如，同样在阳光下，黑色衣服对太阳能量的吸收能力最强，也正是因为如此，人们在冬天的时候多选黑色或深颜色的衣服，就是为了更好地吸收太阳能量来取暖；夏天的时候多选白色或浅色的衣服，就是为了减少太阳能的辐射。基于上述原因，我们通常将烤盘做成黑色，以便更好地吸收烤箱的辐射热；将太阳能接收管也做成黑色，以便更好地接收太能热能等。

三、热容量的含义及烹饪应用

1. 温度与热量

温度是表示物体冷热程度的物理量，仅表示分子热运动的强烈程度，代表的是物体的感温效果。温度必须在温差存在的情况下才能被感知，热能必须在温差存在的情况下才能被转移，温差越大，热能转移得越快。用来度量物体温度数值的标尺叫温标，它规定了温度的读数起点（零点）和测量温度的基本单位。目前国际上用得较多的温标有华氏温标（℉）、摄氏温标（℃）、热力学温标（K）和国际实用温标，中式烹饪上常引用摄氏温标来表征温度。摄氏温标是 1740 年瑞典人 Anders Celsius（1701～1744）发明，将水的结冰点定义为 0℃，沸点定义为 100℃，根据水这两个固定温度点对玻璃水银温度计进行分度。两点间作 100 等份，每一份称为

1摄氏度。记作1℃。

热量，是由于温差的存在而导致的能量转化过程中所转移的能量，是度量物体能量改变的物理量，可以升高，也可以降低。也就是说，只有在发生热传递的时候才会涉及热量。热量的单位为焦耳，是菜肴热熟处理必须获得的能量。

一般来说，使不同物体升高相同的温度，所需要的能量是不同的。物体升高一定的温度所需要能量的多少与两方面有关：一是与物体的质量有关，质量越大，所需要的热量就越多；或者说，与物体的数量有关，数量越多，所需要的热量也越多。二是与物体本身的性质有关。一般情况下，相同质量的动物性原料和植物性原料升高相同的温度，动物性原料需要的热量会更多些。

2. 物体的热容量

为了表征物体吸热和放热的能力，物理学上引入了"热容量"的概念。使物体温度升高1℃时所需要的热量，叫物体的热容量。表达式为：

$$Q = Cm(T_2 - T_1)$$

式中　C——在物质量是摩尔的条件下称热容，在物质量是千克的条件下称比热容，一般分恒压比热容和恒容比热容两种，热容和比热容可以从相关表格中查询；

　T_1，T_2——表示热力学温度，一般说来 $T_2 - T_1$ 的温差与摄氏温度 $t_2 - t_1$ 的温差间隔相等，即 $(t_2 - t_1) = (T_2 - T_1)$，因此，可以相互替换，可以通过测温装置检测得知；

　m——物质的量，对气体物质来说多使用摩尔作单位，有时又可用 n 表示；对固体物质来说多使用千克作单位，可以通过量具称量。

3. 热容量的烹饪应用

食物的热容量可以表征食物由生变熟所需吸收的基本热量，它是食物成熟所需要热量的一种度量方法。如果能确定食物成熟所应达到的温度，就可以通过计算得知应让食物吸收多少热量。从理论上来说，只要根据计算出来的数据提供给食物所需要的热量，食物就应该成熟了。但实际上，加热设备在产生热能后，由于热阻等因素的存在，有一部分热能会损耗。因此热源输出热能的总量应大于所计算出来的食物成熟所需要的热能值，才能真正将食物加热成熟。

在实际生活中，人们总是希望食物成熟实际损耗的热能总量与所计算出来的食物成熟所需要的热能值无限接近。为了达到这个目的，对加热设备（如各种炉具、炊具等）在节能环保方面进行改良研究是必需的，目前主要体现在提高燃料燃烧效率、促进完全燃烧和热能保护等方面。

第三节　火候及其应用

一、火候的定义

传统上，我们把火候简单地定义为火力的大小和加热时间的长短。所谓火力，是指燃料燃烧的烈度，可以用单位时间内燃料燃烧释放热能的多少来表示。

如前所述，发展到现代，热能的来源已经不再局限于燃料燃烧，太阳、电、微波等都可以产生热能。因此，已经突破了传统火力大小的定义局限，现在行业上所说的火力的大小准确地说应该是提供热能的多少。

因此，现代意义上的火候应该是根据原料的具体情况，按照不同的烹制要求，对热源的强弱和加热时间的长短进行有效控制，以获得菜肴成熟所需要的热能。

火候的运用从古到今一直是厨师所重视的基本功之一。从 2000 多年前的《吕氏春秋》到清代袁枚的《随园食单》再到现代的烹饪理论著作，无不对火候重视和研究，不惜笔墨进行交流和归纳总结。当然，大多数厨师都是根据经验积累得到火候知识，作为现代厨师，必须把其上升到理论高度，进行归纳总结，最后才能更科学、准确地利用火候。

二、火力与烹饪运用

烹饪中对热能的运用经历了漫长的历史阶段，传统上对火力的鉴别主要鉴于明火的识别和运用；而随着现代电、磁、太阳能和微波的广泛运用，对火力的定义也发生了变化。表 8-4 中列举了传统火力识别和现代火力的定义。

表 8-4　火力与烹饪运用

火力分类	别　名	传统识别	现代定义	烹饪运用
大火	武火,旺火,猛火,烈火,爆火	火焰高且稳定,火光耀眼明亮,呈黄白色,辐射热强,热气逼人	电磁炉功率在 1800～2000W 之间;微波炉功率在 1200W 左右	适合旺火短时间速成类烹调方法,如爆、炒、炸、烹等
中火	文武火	火焰较旺,呈红色且不稳定,辐射热较强	电磁炉功率在 1200～1500W 之间;微波炉功率在 900W 左右	适用于烧、贴、煮、扒、烩等烹调方法
小火	文火	火焰细小,时有起落,光亮度较暗,呈青绿色,辐射热较弱	电磁炉功率在 900W 左右;微波炉功率在 600W 左右	适用于煨、焖、炖、煎等烹调方法
微火	温火,余火,慢火	火焰细小甚至无火焰,呈暗红色,供热微弱	保温效果功率一般都控制在 300W 左右	适用于菜点的保温

三、加热时间与菜肴质量

1. 加热时间与菜肴的色

加热时间的长短与菜肴色彩关系密切，比如对绿色蔬菜焯水时，时间最好控制在 10min 以内，如果时间太长，蔬菜的色泽会变得暗淡，甚至出现烂糊现象。再如，油走红时，原料表面涂抹上糖水、蜂蜜、酱油、甜面酱等着色，主要是通过羰氨反应，同时也伴有少量焦糖化反应，在对肘子、鸡、鸭等原料进行油走红时，油温应保持在 170～200℃，时间应掌握在 1～3min，着色效果最好。在用红曲卤鸡时，红曲米在 100℃卤汁中加热 1h，或 120℃加热 10min 的加热条件下，色泽都比较稳定，着色均匀，美观大方；若时间太长，色素受损较大，着色后色泽不美观，影响菜肴的色泽美。

2. 加热时间与菜肴的气

由于烹饪原料中的呈香物质多以大分子合成态存在，一般情况下，恰当的加热时间有助于原料中呈香物质的分解生成；但由于呈香物质多具挥发性，容易在空气中稀释消散，故应控制加热时间予以保护。例如蔬菜、水果等植物性原料呈现香气的主要成分是醛、酮、醇、有机酸、萜类化合物等，其香气清淡，容易挥发导致香味消失，因此加热时间应短些，时间应控制在 2~3min。动物性原料的呈香成分主要是醛、醇、酯、呋喃、胺、含硫化合物等，一般多以化合态存在，因此加热时间应长些，时间应控制在 20~40min，以便呈香成分充分分解游离出来，达到最佳的呈香效果。

3. 加热时间与菜肴的味

加热使调味品分子颗粒渗透到原料中的速度加快，同时有利于菜肴味觉分子颗粒的混溶，促进菜肴味的形成。因此，恰当的加热时间有助于菜肴最佳滋味的形成。加热时间太短，味觉分子颗粒未能很好地混溶，无法形成最佳的呈味效果；但如果加热时间太长，会导致呈味效果变异，尤其是味精、精盐等调味品加热的时间过长，还会导致化学性质发生变化，产生不良的味道；且味精高温长时间加热产生对人体有害的焦谷氨酸钠，而精盐高温长时间加热也会导致碘的损失。

4. 加热时间与菜肴的形

菜肴形状除了与烹调师的刀工、装盘技巧等因素有密切关系外，主要与蛋白质的变性和淀粉的糊化有关。如松炸类菜肴（挂蛋泡糊）要求成品蓬松饱满，炸制时要求油温控制在 130℃左右，炸制时间在 1~3min 为宜，这时传到蛋泡糊深处的温度达到 75~85℃，蛋白质适度变性，菜肴色白如雪，膨胀性最好。如果加热时间短，则达不到成熟的标准，菜肴也未能定型；反之，如果加热时间过长，则会导致色泽变黄，形状干瘪，质地老硬。

5. 加热时间与菜肴的质

影响菜肴质感的因素是多方面的，如原料本身的质地、多种原料组配后形成的复合质感及经过烹调加工后变化生成的质感特征等，其中影响最大、最为复杂的就是在烹调过程中质感特征的变化。例如，清蒸鱼（硬骨鱼类，750~1000g）在常压下蒸制 10min 左右，鱼肉质地细嫩有弹性，口感好；随着加热时间的延长，鱼肉失水严重，蛋白质硬化严重，质感变得粗硬，弹性降低，口感变差。再如青菜炒制时间控制在 2min 左右，质地脆嫩口感好，随着时间的延长，青菜的质地会变得软烂不堪，质感极差。

6. 加热时间与菜肴的营养价值

菜肴的营养价值主要体现在含有六大营养素的品种、数量及相互比例，而这些营养素在烹制过程中会发生变化或被破坏。其中，充足的加热时间有利于蛋白质的分解，生成能被人体直接吸收的氨基酸；充足的加热时间还有利于脂肪的酯化，生成易被吸收的脂肪酸，可以提高菜肴中营养素的利用效率。而更多的维生素和无机盐等营养素则不适合长时间加热，以避免被破坏导致营养素损失。因此，富含脂肪和蛋白质的动物性原料适合较长时间的烹调方法来促使营养物质的分解，利于消化吸收；而富含维生素和无机盐的植物性原料更适宜旺火短时间速成的烹调方法，以有效保护营养素，保证原料的食用价值。

四、火候的烹饪学运用

1. 根据原料的物性来判断火候

原料的物性简单地讲就是原料的物理性质，包括原料的形态、大小、质地、颜色、气味等多个方面。在加热成熟中，原料的物性不同就应该采用不同的火候，以充分发挥原料自身的长处，达到应有的品质要求。在实际运用中应该遵循以下原则：体积小而薄的，多用高温短时间加热；体积大而厚的，多用低温长时间加热；质老的原料适宜低温长时间加热；质嫩的原料适宜高温短时间加热。

很多时候为了更好地适应火候对原料的影响，总是将烹饪原料经刀工处理成为各种不同的形状，如将肉类加工成丝、片、块等，不仅有助于入味和增进形态美观，方便食用，更可以增加受热面积，利于热能的渗入，从而适应旺火短时间速成类烹调方法。

2. 根据传热介质来判断火候

选用的传热介质不同，形成菜肴的质感也不一样，烹饪过程中应根据菜肴质感类型选用合适的火候。

以油为传热介质应该遵循的原则是：要制作外酥里嫩型质感的菜肴，运用火候时应注意中温定型，低温浸熟，高温一次性复炸。中温定型和高温复炸的时间要短，火力要猛，低温浸熟的时间要长些，采用中火加热最佳。要制作外酥脆型质感的菜肴，运用火候时应注意中温反复多次复炸。要制作软嫩型质感的菜肴，运用火候时应注意用低温短时间加热。

以水作为传热介质应该遵循的原则是：要制作鲜嫩型质感的菜肴，运用火候时多以沸腾的水短时间加热；要制作软烂型质感的菜肴，运用火候时多以微沸的水长时间加热。

以蒸汽为传热介质应该遵循的原则是：要制作鲜嫩型质感的菜肴，运用火候时用足气速蒸；要制作软烂型质感的菜肴，运用火候时用足气缓蒸；要制作极嫩质感的菜肴，运用火候时用放气速蒸。

3. 根据烹调方法来判断火候

目前我们熟悉的烹调方法中，主要包括两大类：一类是旺火短时间速成的菜肴烹调方法，如炸、烹、熘、爆、炒等，多适用于形小质嫩的原料；另一类是中小火长时间加热的菜肴烹调方法，如炖、焖、煨、烧、煮、扒等，多适用于形大质老的原料。在具体运用过程中，必须根据烹调方法的要求，灵活掌握火候，才能使菜肴达到预定的烹制效果。不同的烹调方法适用于不同的原料，同时还注重工艺环节和要点等，其中，选用合适的火候是烹调成功的基本保障。

4. 根据食物在加热中的现象判断火候

中式烹饪中，厨师较多地通过原料的外观、颜色、质地的变化来判断火候，是通过现象来确定加热的程度和效果。科学证明，根据食物在加热中的现象，可以通过科学的方法进行控制，从而更精确地把握食物的成熟度。通常可以通过原料在加热过程中色、形、质的变化来判断火候（见表 8-5）。

表 8-5　部分原料在加热过程中物象变化与火候关系

原料	本身物象	加热成熟时出现的物象	加热过度时出现的物象	火 候 特 征
莴笋片	质地脆嫩,呈浅绿色	质地脆嫩,呈碧绿色,有光泽	质地软烂,色泽暗淡,无光泽	适合旺火短时间速成类烹调方法,如炒
里脊片	质软,呈鲜红色	质地鲜嫩、饱满,呈灰白色	质地老硬,表面粗糙不光滑,色泽暗淡	适合旺火短时间速成类烹调方法,如炸、熘、爆、炒等
蹄髈	质软,精肉部分呈鲜红色,脂肪部分呈白色	质地软烂,着色均匀,形态完整	质地过于软烂,色深无光泽,表面熰焦或外形散碎	适合中小火长时间加热类烹调方法,如烧、扒、煮等
整鱼	质软有弹性,形态完整,有光泽	质硬无弹性,鱼鳍变硬上翘,外形完整	质地软烂,外形不完整	适合中火较长时间的烹调方法,如烧、煨等

第四节　预熟处理工艺

一、预熟处理的意义

预熟处理，也就是饮食行业常说的初步熟处理。而所谓的初步熟处理，指根据成菜的需要，把初加工后的原料用油、水或蒸汽进行初步加热，使之成为半熟或刚熟状态的半成品，是为正式烹调做好准备的工艺操作过程。预熟处理与正式加热手段是一样的，都需要用介质来加热，预熟处理的结果可以是半熟品、刚熟品和久熟品，唯一不同之处是预熟处理的原料大多不调味，为的是正式熟处理时再进行进一步的加工，完全是一种辅助加工。

我们已经知道，预熟处理是通过传热介质的传热来制熟的，目前这种介质有水、油、蒸汽等几种，所以分类上多以水预热、油预热、蒸汽预热为主；另外，预熟处理中还有一类特殊的方法，既可以用水作为传热介质，也可以用油作为传热介质，最终目的是为了使原料获得美丽色泽，这就是走红。尽管在目前的预熟处理中有些介质并未用到，如热空气、固体介质等，但从口感的需要和菜肴的发展来看，不排除以后烹饪运用的可能性。应该看到，这些被忽略的工艺内容，将能很好地拓展预熟处理的发展空间。

烹饪原料预熟处理的目的主要表现在以下几方面。

1. 除去原料中的不良气味

我们知道，许多原料都带有一定的腥、膻、臊以及涩、酸等不良气味，严重影响成菜质地，同时影响人们的进食效果。因此，需要在正式烹调前采用一定的预熟手段将其去除，以有效改善成菜的风味特色。

2. 增加原料的色彩或给原料定型

初步熟处理可以使原料的色泽得到有效改善，这不仅体现在植物性原料尤其是绿叶蔬菜，在一些动物性原料中也得到充分体现。例如植物性原料经过焯水以后，可以使其颜色更加鲜艳美观，我们已经知道这是原料中的一些色素分解变化或氧化的结果；而有些动物性原料的肌肉组织在经过预熟处理以后也会发生色泽变化，如肉质的变白或变红，这样可以很好地改善菜肴的成菜色泽。当然，烹饪中色彩的调配往往并非像美术中的调色那么容易，多数需要加热手段来完成，这恰恰体现了预熟处理的烹饪学意义。

而同时有些烹饪原料预熟处理后可以改变其形状，有利于菜肴的最终成形。当然，这里需要说明的是，有些原料经过预熟处理后只是有利于成形，有利于整个菜肴的美化；而有些原料是在经过预熟处理后，其形状得到基本确定，在正式烹调过程中不再改变外形，形成菜肴的雏形。例如动物性原料的肌肉组织受热以后变硬、植物性原料焯水后变软，达到了成形的目的，都是预熟处理的结果。

3. 缩短正式烹调时间，调整原料间的成熟速度

前面我们已经知道，不同的原料具有不同的热容量，即使同一种原料，由于质量大小不一，其所需的热容量也不一样。而经过正式烹调的原料一般都是同时出锅，所以就必须考虑到既满足原料的热容量需要，又要使原料的质地得到保证。而原料的初步熟处理，恰恰可以满足原料的预加热需要，既满足了其热容量的需要，又可以有效地控制烹调时间。在正式烹调前已经满足了原料的一部分热容量供给，那么在正式烹调过程中理所当然就减少了热容量需求，缩短了正式烹调时间，同时也使原料的成熟速度趋于一致。

4. 满足现代快餐发展需要，缩短待餐时间

随着社会的进步、科技的发展，人们的生活节奏也越来越快，对于时间的要求也越高，那么人们也要求待餐的时间得到有效控制，既要吃得好，而且速度要快。而原料的预熟处理就是在食客到来之前就对食物进行加热，这样客人来了以后就可以直接进行正式熟处理，满足短时间快速就餐的需要。

二、以水为传热介质的预熟处理

在行业中称焯水或走水锅，按照以前的中等职业教材，制汤属于初步熟处理，其实严格地说是错误的，这是因为所有的预熟法都注重原料，是对原料的预熟，而制汤注重的是汤，其方法就是炖和煨，是一种衍生的烹调方法。

1. 水加热预熟法的分类

(1) 冷水预熟法　是将原料投入冷水锅中，使原料和水同步受热，通过加热使水沸腾，使原料最终同步成熟。适用于腥、膻、臊等异味较重、血污较多的原料，如牛肉、羊肉、肠子、肚、心脏等，还适用于笋、萝卜等原料，可消除异味和血污，同时促进食物的消化吸收。其操作要领首先要求水能淹没原料，在焯水过程中不时翻动原料，使原料各部分均匀受热；同时掌握焯水的时间和原料的成熟度。

（2）沸水预熟法 是指先将锅中的水加热至沸腾，再将原料投入快速加热至一定程度。其主要目的是护色或保持嫩度。主要适用于需要保持鲜艳色泽、味美鲜嫩的原料如绿叶蔬菜等，目的是破坏酶的活性，抑制酶促反应。例如，绿叶蔬菜之所以焯水后色泽碧绿有光泽，是沸水加热使细胞中的空气快速排空，显示透明感，再加上水中滴加少许油脂（水油焯）的缘故。但如果加热时间过长，热量的积累会加快镁离子脱去，叶黄素显现，出现发黄现象。另外，还可使肉类原料排出血污，除去异味，并保持原料的鲜嫩。操作要领是沸水下锅，水量充足，火要旺，焯水的时间要短，同时注重及时用冷水浸凉。

2. 焯水的原则

（1）根据原料的性质，掌握好水温和时间 各种原料均有大小、粗细、厚薄之分，有老嫩、软硬之别，在焯水时应该区别对待，分别控制好水温和时间。体积厚大、质地老硬的原料焯水时间可长一些；体积细小、薄嫩的原料焯水时间要短一些。

（2）掌握好焯水的先后次序，有异味的分锅焯水 有些原料如牛肉、羊肉及肠肚等，腥膻气味很重，不应该与一般无特殊气味的原料同时、同锅焯水，否则会使一般原料因扩散、吸附和渗透也沾染异味。另外，深色原料与浅色原料通过焯水也会使无色或浅色的原料被沾染，影响美观。

（3）选择合适的焯水方法，注重保持原料的质地 应该根据原料的性质选择水锅，同时注意焯水的温度和时间，确保原料的质地不受影响。

三、以油为传热介质的预熟处理

行业上又称为"油锅"，是以油为传热介质，将已经加工成形的原料，在油锅内加热至熟或炸制成半成品的熟处理方法。这种方法在烹饪中运用十分普遍，是一项非常重要的基本功。根据熟处理过程中使用的油温不同，可以分为低温预熟处理法和高温预熟处理法两种。

1. 低温预熟处理法

主要是利用低油温对原料进行处理，通常我们把其称为熰油，也就是用油脂的热传导性，将积蓄的热量传递给原料，使原料达到初步熟处理的目的。在饮食中常用的是滑油，又称划油、拉油等，是指用中油量、温油锅将原料滑散成半成品的一种熟处理技法。多数原料都要上浆，以保护原料的水分及营养不受损失，保持原料饱满圆润的外形、细嫩柔软的质感。适用于各类动物性原料的肌肉组织和脏器烹调，一般料形较小，大多是旺火短时间速成类菜肴。操作关键首先要注意油脂选择，注重油脂的色泽、质地对原料的影响；其次上浆的原料应分散下锅，不上浆的原料应抖散下锅；再次是油量要适中，控制好油温；最后还应经常对油脂进行过滤和加热处理，以防止过多的沉淀及油脂变质。

在日常烹饪过程中，低温预熟处理法还多用于原料的熰油，其适用原料大多是干果、干货类原料，如花生、腰果、鱼肚等，前者是为了直接成熟食用，后者是为了进一步涨发使用。一般的操作步骤为：冷油下锅→温油熰熟→热油炸酥。熟处理过程中应注意控制好油温，不宜太高；同时还应控制好加热时间，加热时间不足则原料未成熟，水分含量太高，导致不酥；加热时间过长则原料干硬，甚至出现糊焦碳化现象。

2. 高温预熟处理法

饮食业常见的是"走油"，也称跑油、过油等，是指用大油量、高油温将原料炸制成半成品的一种熟处理方法。我们知道，一般高温处理可以使蛋白质发生变性，如果有糖类物质参与，还会发生美拉德反应，生成各种理想的颜色，并产生香味物质。本法适用范围很广，一般走油前大多需要挂糊，形状多较大，适用于中小火长时间烹调方法。操作关键：一是油量要多、油温要高；二是有些菜肴要求对原料进行重油、复炸；三是有皮的原料在下锅时应该皮朝下；四是要注意操作安全；五是要掌握原料的成熟度；六是走油后的原料不宜久放。

四、以气为传热介质的预熟处理

行业上通常叫做汽蒸，又称气锅、蒸锅，是以蒸汽为传热介质，将已经加工整理的原料入笼，采用不同火力蒸制成半成品的初步熟处理方法。其作用主要体现在：一是能保持原料形状完整、酥软滋润；二是能有效地保持原料的营养素和原汁原味；三是可以缩短正式烹调时间。根据蒸汽的饱和程度和加热时间的长短可以分为速蒸熟处理法和久蒸熟处理法两种。

1. 速蒸熟处理法

猛汽速蒸，可以避免水分的过分流失，使原料保持一定的嫩度。本法在烹饪中运用较少，一般适用于体小、质嫩的原料，如蛋制品、蓉泥制品、果蔬原料的菜肴等。在实际操作中又有两种方法：一是放汽速蒸，如蛋黄糕、蛋白糕等的蒸制，为防止起孔而影响成品质地，应放汽速蒸；另一种是足汽速蒸，是为了使食物短时间成熟，利用饱和蒸汽对原料进行预熟处理的一种方法，当然，这里所说的速蒸只是相对于久蒸而言。

速蒸的操作要领如下。

① 待锅中水沸腾、产生蒸汽以后再蒸，以防原料干瘪。

② 控制好蒸制的时间。

③ 最好使用保鲜纸封住表面，以防水蒸气进入原料影响质地。

2. 久蒸熟处理法

久蒸熟处理法是利用蒸汽长时间加热，使原料达到酥烂的口感，以备进一步烹调之用。久蒸是相对于速蒸而言，具体的加热时间应根据具体的原料灵活确定。久蒸过程中应注意蒸锅中水要加足，防止水分烧干导致焦糊或燃烧；如果中途蒸锅需要加水，应加入滚开水，以保证蒸汽持续、充足。

久蒸的操作要领如下。

① 蒸汽要足，火力要猛。尤其是蒸制造型面点，一定要猛火保持饱和的蒸汽，避免瘫软变性，保持形态美观。

② 根据具体品种控制好加热时间。原料的品种不同，蒸制时间也不一样。对

于那些体积大的原料如鸡、鸭、蹄髈等，蒸制的时间最久，通常要蒸半小时以上；对于面点制品如包子、馒头等，通常蒸制时间应控制在 10～20min；而对于那些体型中等、质地较嫩的原料如鱼、鱼翅、燕窝等，蒸制的时间相对较短，一般蒸8～15min。

③ 几种原料同笼蒸时应避免串味。每种原料或菜肴都有各自的色、香、味，在对这些菜肴同笼蒸制时应注意有色、香、味的放上屉，无色、香、味的放下屉，对其他原料或菜肴色、香、味影响不大的放中屉，色、香、味独特且对其他原料或菜肴影响特别大的最好分笼蒸制。

④ 注意保持原料水分，避免干瘪变形。如果原料不浸在水中加热，长时间的加热会使食物中的水分子克服其他水分子的吸引而脱离出来，形成水蒸气而损耗掉，长时间下去就会使原料脱水而干瘪变形。保持原料水分的最好方法是带水蒸，或采用容器封闭蒸，避免水分损失，保持原料鲜嫩质感。

⑤ 久蒸制品宜一次性蒸熟，中途不得揭盖。久蒸类制品正因为蒸制的时间比较长，无法观察到蒸笼中的变化，有些从业者就会中途揭开笼盖察看，结果导致民间所说的"蒸游气"，使成品很难达到既定的质感特征，甚至出现烟黄和萎缩干硬的现象。因此，应根据原料的性质特点和产品的质量要求，积累丰富的经验，确定蒸制时间，一气呵成，中途不得揭盖。

五、调色预熟处理——走红

走红是调色预熟处理的典型代表，是为了赋予原料或菜肴美好的色泽而采用的一种预熟处理方法。这里所说的"红"，不仅仅单指红色，而是赋予原料或菜肴本身没有的颜色，当然这种颜色首先必须美观，要符合人们的审美观点；其次这种颜色必须显眼，相对来说色泽度要比较深，最好具有鲜艳的效果；最后这种颜色必须健康、可食，不得采用人工合成色素或亚硝酸盐等着色剂，确保卫生标准。

走红是指将原料投入各种有色调味汁中加热，或将其表面涂上某些调味品后经油炸使原料达到着色效果、增加色泽美的一种初步熟处理方法。走红的主要作用是赋予原料或菜肴色泽，使菜肴具备色泽美；在走红过程中，还能达到增香味、除异味的作用，对菜肴良好的香与味的形成起到一定作用；另外，走红还可以确定菜肴的形状和质地，有助于缩短正式烹调时间，是烹饪生产过程中常用到的一种预熟处理方法。

在实际烹饪运用过程中，根据传热介质的不同，又可以分为水锅走红（卤汁走红）和油锅走红两种方法。

1. 水锅走红

水锅走红又称为卤汁走红，是将经过焯水或走油后的原料放入水锅中，加入有色调味品或调色原料，用小火加热至原料达到菜肴应具备色泽的过程。这里所说的有色调味品包括本身就具有色泽的酱油、老抽、红油等；也包括本身没有色泽，但能赋予原料色泽的糖。调色原料主要指糖色、红曲、藏红花等具有着色作用的一类原料。应该注意的是，调色预熟处理与正式烹调中调色工艺有所区别，后者调色的对象是整个菜肴，经过调色后菜肴的颜色最终确定，并被直接食用；而前者的调色只是对原料的初步着色，可能是菜肴成品的主体色泽，也可能最终成菜的色泽还会发生一些变化，因此调色预熟处理必须考虑到正式熟处理时菜肴整体的色泽要求，必须与正式熟处理协调一致。

卤汁走红一般适用于整形动物性原料如鸡、鸭、蹄髈、带皮肉等原料的着色，也可以用于小型原料，用来制作蒸、卤、烧、酱等烹调方法的菜肴，如樱桃肉、皱皮肘子、酱牛肉、德州五香脱骨扒鸡、豆渣全鸭等。操作时应注意以下几点。

① 控制颜色深浅，适应菜肴调色要求。要明确菜肴的色泽要求，卤汁走红要为菜肴成品色泽美服务，因此应注意卤汁走红时色泽要淡一些，如果走红的色泽已经达到菜肴的色泽要求，正式烹调成菜后色泽就显得深了。

② 应注意控制火候。卤汁走红应先用旺火烧沸，再改用小火继续加热，使调色原料缓慢与原料结合。

③ 防止粘锅。可以用竹垫或原料的骨头等垫底，避免原料与锅直接接触。

2. 油锅走红

油锅走红也叫过油走红，是在原料表面抹上一层着色原料，经大油锅、高油温炸制，使原料具备理想色泽的一种预熟处理方法。油锅走红常用的着色原料有蜂蜜、饴糖、酱油等，主要原理是美拉德反应和焦糖化反应，这两种反应的中间过程相当复杂，尤其是最终产物中褐色的"类黑色素"的结构至今尚未完全搞清楚，所以对油锅走红的控制，更多的仍然是依靠经验。另外，经过油锅走红的半成品原料，除了具有金黄、褐红等诱人的色泽外，还生成了许多呈香物质，构成了菜肴良好的风味特色。

油锅走红更适合于大型或整形的动物性原料如整鸡、整鸭、蹄髈、带皮肉等，用来制作烧、卤、扒、烤等烹调方法的菜肴，如龙眼甜烧白、过油肘子、虎皮肉、卤虎皮蛋等。操作时应注意以下几点。

① 应根据具体的菜肴品种选择合适的着色原料，并注意调色原料的使用数量和浓度。着色原料之间可以相互替代，但应根据含糖浓度不同确定涂抹数量，保证最佳色泽的形成。

② 着色原料涂抹前应先拭干整形原料表面的水分，涂抹后应及时晾干；有时候为了形成良好的着色效果，可以反复多次涂抹着色原料，但每次涂抹前都必须等待上次涂抹的着色原料风干后再进行。涂抹应均匀全面，保证走油后成色均匀一致。

③ 控制好走油的火候与油温。走油时油温不宜太高，否则会导致糖分焦化，变成深褐色甚至黑色；但油温也不能过低，否则原料难以成形，色泽也无法形成。一般使用六成油温最佳，但要注意控制火力，保证原料下锅后油温能迅速上升。

④ 注重油锅走红的原料形态完整美观。通常情况下，先将原料整理成形后再涂抹着色原料，也可以先均匀涂抹上着色原料后再整理成形。下油锅时要注意不要破坏原料外形，保证走红的原料形态完整美观。

思 考 题

1. 请举例说明菜肴成熟过程中影响热能传递的因素有哪些？

2. 举例说明物体热容量的烹饪学意义是什么？

3. 举例说明如何在烹饪过程中合理地控制火候。并结合实例说说火候对菜肴质量形成的影响。

4. 什么是烹饪原料的预熟处理？与正式熟处理有什么区别？

5. 结合实例说说以水为传热介质的预熟处理的分类及运用。并说说焯水的原则有哪些？

6. 试分析滑油时脱浆和黏结的原因，并提出解决方案。

项目八　烹饪原料的预熟处理

【项目要求】明确预熟处理的定义及相关影响因素，熟悉预熟处理的种类并能够熟练运用。能针对具体的原料品种和实际烹调需要，选用合适的预熟处理方法。掌握预熟处理的方法和工艺关键，能正确运用火候，确保预熟处理质量。

【项目重点】

① 常用的焯水方法及工艺关键。

② 常用的走油方法及工艺关键。

③ 常用的走红方法及工艺关键。

【项目难点】

① 根据原料的性质和烹饪用途采用科学合理的预熟处理方法，保证预熟处理后原料的成熟度、卫生性、营养性和实用性。

② 正确运用火候，灵活控制油温，熟悉各种预熟处理方法的工艺关键，熟练完成各种原料的预熟处理。

③ 能灵活掌握预熟处理方法的烹饪运用，有效控制预熟处理过程，确保预熟处理质量标准。

【项目实施】

（1）确定项目内容

① 焯水处理：冷水焯、沸水焯。

② 走油处理：滑油、走油。

③ 走红处理：水锅走红、油锅走红。

（2）项目实施　将班级同学分成两大组，在焯水处理、走油处理和走红处理三种预熟处理方法中各选一种；将每个大组分成三个小组，每个小组各选择大组选择的内容之一，学习领会，协作完成项目任务。

（3）项目实施步骤　确定实践小组→各小组制订项目实施计划→各小组内部讨论并确定实施计划→各小组将计划提交大组讨论并最终定稿→教师审核，提出修改意见→各大组讨论并提出完善意见→各小组修改完善计划→实施项目计划，完成项目实践→小组自评→大组组内互评→教师点评→完成项目报告。

（4）整个项目实践过程必须遵循烹饪原料预熟处理的相关要求和原则，保证原料的成熟效果。

【项目考核】

① 其中项目实施方案占 20 分，项目实施（原料预熟处理过程）占 30 分，综合评价（含项目报告）占 50 分。由小组自评、大组互评、教师测评分别进行评价。

② 项目考核总成绩为 100 分，小组自评成绩占 20%，大组互评成绩占 30%，教师测评成绩占 50%。

第九章　热菜烹调工艺

第一节　热菜烹调工艺基础

一、烹调方法的含义和界定

原料经过初步熟处理之后，要想使之正式成菜，就必须经过正式的熟处理。在行业中，正式熟处理又叫"烹调方法"，就是把经过初步加工的烹调原料，采用相应的辅助措施，通过加热和调味，制成菜肴的操作方法。由于烹调原料的性能、质地、形态各有不同，各种风味的菜肴在色、香、味、形、质等诸多质量要素方面的要求也各有不同，因而在菜肴制作过程中加热方式、途径、糊浆处理和火候运用等方面也不尽相同。烹调方法的运用，是整个烹调工艺流程的关键，直接关系到菜肴的成品质量。烹调方法运用的目的，在于利用烹调原料在烹调过程中产生的物理变化与化学变化，使之形成既符合饮食养生要求，又美味可口的风味菜肴。

热菜最基本的特点就是对食用温度的要求。一般情况下，热菜的最佳食用温度是 45～60℃，具体菜肴的品种不同，最佳食用温度也不一样。例如，红烧鱼的最佳食用温度相对较低，一般是 45℃左右甚至更低些；滑炒鱼片、爆炒腰花等菜肴最佳食用温度相对较高，一般应达到 55℃甚至更高些；而软兜长鱼、平桥豆腐等菜肴的最佳食用温度更高，一般都达到 60℃以上。

各种烹调方法是人们在长期的生产实践中将菜肴烹制成菜的各种方法总结、概括，并用最简洁的文字加以表述的结果。但由于地域、语言、习惯和认识的不同，给烹调方法的分类和界定工作带来了很大的难度。在行业上经常出现同一种菜肴，不同的菜系、不同的从业者界定的烹调方法也不一样。为了较为准确地、统一地表达菜肴的烹调方法，将制作菜肴的最后一个熟处理工艺过程称为该菜肴的烹调方法。这样一来，就可以打破对菜肴烹调方法界定的纠纷，形成较为一致的观点。例如两淮的红酥长鱼，采用蒸→炸→烧三种熟处理方法将菜肴制作完成，最终界定该菜肴的烹调方法为烧，前面经历的蒸和炸等加热熟处理的方法，统统都纳入预熟处理的范畴。

二、勺工基础知识

勺工是中式烹调中特有的一项操作技能，是从业者施行热菜烹调方法最主要的途径。在很多地方，勺工也被称作瓢工，就是根据烹调的实际需要，采用各种不同的操作手法，使原料在勺内完成成熟所需要的各种工艺环节，完成临灶的全过程。

勺工是热菜烹制的重要环节，可分为入勺、翻勺和出勺三个阶段。

（一）勺工的基本要求

1. 根据实际需要选择合适的勺具

常见的勺具有带柄炒勺、单耳炒勺、双耳炒勺和无柄炒勺四种。具体操作时应根据操作习惯、菜肴数量、烹调方法和操作者实际需要进行选择，确保勺具作用和勺工的体现。

2. 了解勺具的特点和使用方法

针对具体的勺具分析其结构特点，掌握其使用方法，确保能够灵活掌握和熟练运用。

3. 掌握勺工的技术要点，确保操作顺利

入勺要轻巧、准确，将原料沿锅边滑入锅内，避免原料散落锅外或导致锅内液体溅出；翻勺应熟练、利落，充分利用手腕和臂力完成翻勺环节，避免将原料翻出勺外；出勺要快捷、科学，根据具体的菜肴品种选用合适的出勺方法，注重成菜造型和卫生要求。

4. 具有良好的身体素质和扎实的基本功

勺工要求操作者具有充足的体能和熟练的技巧才能完成一系列动作，平时要注意锻炼身体，加强体力和耐力训练，注重手腕灵活性训练。只有具有良好的身体素质和扎实的基本功，才能练就良好的勺工。

5. 严格操作规程，注重操作安全

临灶者应熟悉勺工的操作规程，按照程序要求规范化操作；要专注、仔细，认真完成每个动作要领；防火、防烫，确保操作安全。

（二）勺工姿势

1. 握勺姿势

握勺姿势正确与否，是检验临灶者基本能力的重要方面。科学、正确的握勺姿势，可以避免烫伤，还可以有效节省操作者的体能，提高操作效率。

（1）握带柄炒勺 左手握住勺柄，手心朝右上方，拇指在勺柄上方，其他四指弓起收拢握住勺柄，指尖朝向上方，手掌与水平面约成140°，合理握住勺柄。翻炒时，食指和掌根是两个主要的着力点，前者用力向上托，后者用力向下压。

（2）握单耳、双耳炒勺 左手拇指紧扣锅耳的左上角，其他四指微弓朝下、呈辐射状托住锅底，并用抹布垫手，以防金属锅身烫手；并增大手与锅的摩擦力，防止打滑。这样的握勺姿势，勺的重量可以均匀地分摊在四个手指面上，稳定性好，是重量比较大的耳锅的最佳握勺姿势。

（3）握手勺 用右手的中指、无名指、拇指与手掌合力握住勺柄，主要目的是在操作过程中起到勾拉、搅拌的作用。具体的方法是：食指对准勺碗背部方向前伸，指肚紧贴勺柄；拇指甚至与食指、中指合力握住手勺柄后端，勺柄末端顶住手心。总体要求是握牢而不握死，施力、变向均要做到灵活自如。

2. 翻勺姿势

翻勺姿势与操作者个头高矮、身材胖瘦以及灶台高低有着直接的关系。灶台高度应在 85~100cm，灶高人矮，手腕要向上提起，就会加大手臂及手腕的负荷，劳动强度增加，容易导致疲劳；灶矮人高，操作者势必要弯腰屈臂，加大腰腹的负荷，时间长了就会感觉腰酸背痛，同样导致疲劳。翻勺时正确姿势如下。

（1）面向灶台站立　人体正面应与灶台边缘保持 5~25cm 的距离，既保证操作者工作服卫生，又避免辐射热的影响，防止灼伤事故的发生。

（2）站立姿势要正确　两腿自然分开，两脚尖距离与肩同宽；上身挺直，身体略向前倾，目光注视勺中变化；不可弯腰曲背，防止职业病。

（3）左手握炒勺，右手握手勺，左右两手协调配合。

（三）勺工的三个环节

1. 入勺

入勺是指原料从外部投入勺中的过程，行业上通常又称为"投料"。入勺时勺内可能是空的，也可能有水或油，内部是否有水或油，水或油有多少，直接影响到入勺的手法。

常见的入勺方法有空勺投料、炝锅投料、大水锅投料和大油锅投料四种。

（1）空勺投料　是指勺中空无他物，将原料投入烹饪的过程。可以分为注水、淋油和投料三种情况。注水时应注意勺壁对水的反冲力，尽可能缩短注水点与勺壁的距离，速度要轻缓、均匀；淋油的特点就是油脂入勺时要徐徐加入，避免淋洒到勺外而导致浪费、污染甚至带来安全隐患；投料分为分散入勺、抖散入勺两种，分别适合于没有黏性的原料和黏性较大的原料入勺。

（2）炝锅投料　炝锅是指勺内留少许底油，将原料投入炸出香味的过程。一般原料应准确投入勺内油脂中，动作宜轻、宜快，行业上可以用手投料，也可以用刀铲料入勺。

（3）大水锅投料　大水锅的特点是水量多、水温高，因此投料时应将原料紧贴水面投入，避免原料与水产生冲击力使水溅出。

（4）大油锅投料　大油锅的特点是油量多，油温高，因此尤其要重视安全问题。投料时应将原料紧贴勺壁轻轻放入，手迅速缩回，让原料沿勺壁缓缓滑入勺内油脂中，避免热油溅出导致灼伤事故。

2. 翻勺

翻勺是指原料入勺烹制过程中为了使其均匀受热而采用的基本技法，包括晃、颠、翻三种技能。因为翻勺技法使用最普遍、技法要求最严格、对成菜的影响最大，因此行业上习惯性将这种技法统称为翻勺。

（1）晃勺　晃勺也叫晃锅、旋锅，是指将原料在勺内进行晃动、旋转而使原料与勺壁部分均匀接触受热的一种方法。晃勺的作用是防止粘锅，使原料与勺壁均匀接触受热，保持原料受热均匀，使原料成熟时间保持一致。晃勺既适于固态菜肴如蛋皮、面皮等的均匀受热，也适于液体菜肴如烧菜、熘菜等的淋芡处理，目的是让原料与炒勺一起转动。晃勺的方法是左手端起炒勺，通过手腕的旋转用力，带动炒勺做顺时针或逆时针转动，使原料在锅内旋转；待勺中的原料转动起来后再做小幅度晃动，保持勺内原料继续旋转。

晃勺的技术要领：一是通过手腕的转动及小臂的摆动带动手勺晃动，加大炒勺内原料的旋转幅度。力量要大小适中，力量过大，原料易旋出勺外；力量太小，原料旋转不起来，或者旋转不充分，导致受热不均。二是勺中原料的数量必须合适。如果原料过多，在勺内移动的范围太小，无法达到最佳的旋锅效果；原料太少，无法形成原料运动惯性，原料旋转不起来。

（2）颠勺　是靠手勺的上下抖动使原料与勺底脱离，避免粘锅现象。颠勺的作用除了防止粘锅外，还可以将原料抖散，避免粘连。例如，烧鱼、红烧肉等烧类菜肴，为了防止粘锅而在烧制中途多次抖动炒勺；再如原料滑油时为了防止原料粘连而使手勺上下晃动等。颠勺的方法是左手端起炒勺，不要使勺底离灶台太高，通过手腕上下抖动，勺底与灶台轻微碰撞，使原料产生振动，达到颠勺目的。

颠勺时一定要注意力度，力度太大，原料易被颠散、颠碎，影响菜肴成形效果；力度太小，又不能使原料与勺底分离，无法避免粘锅现象的发生。注意勺底与灶台的碰撞力度要轻微，避免损坏手勺与灶台。

（3）翻勺　是利用力的作用，使原料部分或整体翻转，达到均匀受热的目的。在家庭烹饪中主要是通过锅铲对原料的翻动来完成。翻勺是勺工最主要的表现形式，是勺工的重要内容，已经被列为烹饪基本功之一。

翻勺的手法很多，根据用力方向和原料翻动的走向不同，可以分为前翻、后翻、左翻、右翻；根据用力的幅度和翻勺的效果不同，可以分为大翻和小翻。

① 前翻：也叫正翻、顺翻等，是将原料由炒勺的前端向勺柄方向翻动，有拉勺翻和旋勺翻两种方法。

② 后翻：也叫反翻、倒翻等，与前翻正好相反，是将原料由勺柄方向向炒勺的前端翻转，可以防止汤汁和热油溅在操作者身上引起灼伤。

③ 左翻和右翻：也叫侧翻。左翻是将炒勺端离火口后向左运动，勺口向右，手腕肘臂用力向左上方一扭一抛扬，原料翻转入勺的方法；右翻正好与左翻相反。

④ 大翻：是翻勺的重要基本功，是煎、贴、扒类菜肴烹调过程中重要的基本功之一，是将炒勺内的原料一次性、完整地做180°翻转，因翻勺的动作、幅度和原料在勺内翻转的幅度都比较大，故此得名。大翻的方法多种多样，讲究上下翻飞，左右开弓；勺工好的厨师可以完成很好的翻勺表演，手法技巧令人叹为观止。

⑤ 小翻：又叫颠翻和叠翻，就是将炒勺连续翻动，使勺内菜肴松动移位，避免粘锅，使原料受热均匀，便于入味。最大的特点是翻动幅度较小，翻动速度很快，勺中原料不颠出勺口，故名"小翻勺"。

翻勺是利用手腕和手臂的协调用力来完成的，因此左手和左手臂的力量必须加强锻炼，既保证充足的体能，又拥有高超的技巧，才能完成翻勺；另外，应注意翻勺时必须炒勺和手勺配合、左手与右手配合，做到手勺为炒勺服务，手勺不离炒勺，这样也可避免手勺上的汤汁滴落在炒勺外面造成浪费和污染。

3. 出勺

出勺，也叫出菜、装盘，就是运用合适的方法和技巧，将烹制好的菜肴从炒勺转移到餐具中，完成盛装造型的过程。出勺通常与菜肴造型、围边点缀联合在一起，是影响菜肴质量的又一重要因素，是重要的烹调基本功之一。出勺技术的优劣，不仅影响菜肴的形状是否美观，还会影响菜肴的卫生。

（1）出勺的基本要求　一是注重清洁，讲究卫生。菜肴出勺前必须保证盛器的清洁卫生；手指及其他污染源不得直接接触已经成熟的菜肴；菜肴出勺时不得用手勺敲打炒勺（很多从业者都有这个习惯，感觉动作潇洒惬意，其实这样做会使炒勺上的灰尘等脏物洒落而玷污菜肴）；炒勺与餐具保持一定的距离；装盘时要保持餐具的整洁卫生，避免菜肴对餐具造成二次污染；菜肴装盘后不得用抹布揩擦盘边等。二是要求适合菜肴的质量要求，突出主料，注重造型。三是菜肴分装必须均匀，并能一次性完成。

（2）出勺的常用方法　包括一次性倒入法、分主次倒入法、左右交叉轮拉法、拨入法、覆盖法、拖入法、盛入法、铲入法等。

① 一次性倒入法：一般用于单一原料、不分主辅料或主辅料无显著差别，质嫩勾薄芡的菜肴。出勺前先小翻勺，倒出时速度很快，炒勺离餐具很近，炒勺迅速向左移动，用手勺辅助将菜肴均匀地倒入盘中。如醋熘白菜、糟熘鱼片等。

② 分主次倒入法：一般用于主辅料差别比较显著的勾芡类菜肴。出勺时先用手勺将主料较多部分的菜肴盛起，将锅中剩下的辅料较多的菜肴一次性倒入餐具中，最后将勺中主料多的菜肴倒在上面。这种方法可以有效地突出主料，如滑炒里脊丝、酱爆鸡丁等。

③ 左右交叉轮拉法：一般用于形态较小的不勾芡或勾薄芡，主料大小不等的菜肴。装盘前先颠锅，使形大的翻在上面，形小的翻在下面，然后用手勺将菜肴拉入盘中，形小的在下面垫底，形大的在上面盖面，拉入时可左右开弓，将原料斜着拉入。这种方法要有一定的颠勺技巧，有助于突出优质的原料，如清炒虾仁、油爆大虾等。

④ 拨入法：适用于小形无汁的炸菜。菜肴成熟后先用漏勺捞起、沥油，然后用筷子或手勺将其慢慢拨入餐具。装盘后如发现菜肴堆积或排列不够美观，可用筷子略加调整，完成造型。这种方法有助于装盘造型，并且有利于后期调整，如梁溪脆鳝、干炸里脊等。

⑤ 覆盖法：一般适用于少汁或无汁、勾芡的爆菜。出勺前先小翻几次，使勺中菜肴堆积在一起，在最后一次翻勺时用手勺趁势将一部分菜肴接入勺内；先将炒勺中剩余的菜肴倒入餐具，再将手勺中的菜肴覆盖在上面。这种方法有利于突出主料，成菜造型饱满，如油爆双脆、爆鱿鱼卷等。

⑥ 拖入法：适用于烧、焖、扒等烹调方法制作的整形原料的菜肴，有助于保护菜肴完整的外形。出勺时先调整好角度，将炒勺倾斜，并趁势将手勺置于菜肴下方，手勺靠近盘边后将菜肴连倒带拖地出勺装盘。这种方法尤其适合整鱼类菜肴的出勺，有时候还可以借助洁净的小盘，保证拖入时原料外形完整，如红烧鱼、干烧鱼等。

⑦ 盛入法：适用范围最广，尤其适合中小型原料制成的菜肴和汤菜等。直接

用手勺将炒勺中的菜肴盛入餐具即可，需要注意的是尽量先将质量差的盛入餐具，后将质量好的盛入餐具盖在上面。如红烧鸡块、烧三鲜等。

⑧ 铲入法：适用于整只原料制作的菜肴，或成菜外形大且完整的菜肴。用小平盘或锅铲将菜肴从炒勺中铲起，再放入餐具中造型。这种方法简单方便，尤其适合家庭烹饪，如炒鸡蛋、红烧鱼等。

三、炝锅

炝锅是将含有挥发性呈香物质的烹饪原料在正式烹调一开始投入到小油锅中加热，使挥发性呈香物质溶解于油脂，在进一步烹调过程中与其他烹饪原料充分混合，以达到去除腥膻异味和增加成菜香味的目的。

炝锅是为了补充烹饪原料本身香味的不足，或者是为了消除烹饪原料本身具有的腥膻异味，利用某些原料含有的挥发性呈香物质来对菜肴进行调香工艺的过程。因此，那些本身新鲜柔嫩、滋味鲜美、清香纯正的原料在烹制过程中无须采用炝锅工艺；某些烹调方法如水浸、煮、扒、炸、油浸、氽、煎、贴等和一些特殊的烹调方法如蒸、烤、挂霜、拔丝、蜜汁等也无须炝锅；另外，对于某些味型如酸甜味、酱香味等菜肴烹制时也不用炝锅，以免对成菜味型产生影响，起到画蛇添足的作用。

（一）炝锅的烹饪学意义

1. 炝锅对成菜形与色的影响

菜肴的形状和色泽主要通过视觉来感受，通常食客首先体验的就是菜肴的形与色，未尝其菜先睹其形与色，因此可形成对菜肴先入为主的印象。而炝锅所使用的主要原料如葱、姜、干红辣椒、花椒等，既关系到成菜的形状，更影响成菜的整体色泽，烹调过程中必须首先考虑这些原料对菜肴色和形的影响。例如软兜长鱼中使用的蒜头，通常选用江苏中部产的颗蒜，一般8～10瓣，每瓣如小指大小，大小均匀一致，用温油焐至色泽嫩黄后与鳝鱼同烹，既是调料又是配料，突出了成菜形状美和色泽美；再如炝锅用的葱，涨蛋多选小葱绿叶并切成粗末，炒鱼片多用葱白切成细末，瓜姜鱼丝则选用葱白切成粗丝，以充分利用其色与其形；而用于炝锅的姜，更可以根据成菜形状要求改刀成桂花碎、金菊丝、城墙垛和象眼片等。

2. 炝锅对成菜风味特色的影响

由于用来炝锅的原料大多富含挥发性呈香物质，如葱的辣素、大蒜的精油、姜的挥发油和姜辣素以及辣椒的辣椒碱等。而炝锅的主要目的是去除异味和增加香味，正是利用这些挥发性呈香物质来消除或掩盖烹饪原料的腥膻异味，同时赋予菜肴香味。然而由于某些人群会对炝锅所选用原料的风味不喜欢，如有人怕辣，有人则不喜欢生姜的味感，更有人不习惯花椒的麻感，因此在炝锅过程中应该合理控制使用数量，并选择合适的成形方法，最大限度地减少不良影响，如可以减少辣椒和花椒的使用数量，将生姜切成细末状甚至取姜汁入馔等。

3. 炝锅对成菜营养成分的影响

几种常见炝锅原料营养成分比较见表9-1。

表 9-1 几种常见炝锅原料营养成分比较（每 100g 标准炝锅原料中相关营养素含量）

种类	蛋白质/g	脂肪/g	碳水化合物/g	维生素 A/μg	胡萝卜素/μg	视黄醇/μg	硫胺素/mg	维生素 C/mg	钾/mg	钠/mg	铁/mg	锌/mg	磷/mg	硒/mg	钙/mg
葱	1.6	0.4	3.5	140	0.4	92.7	0.05	21	143	10.4	1.3	0.35	26	1.06	72
姜	0.85	0.7	3.4	0	0.6	115.2	0	2.4	195	2.3	0.98	0.21	13	0.12	11
蒜	5.3	0.24	31.2	5.9	1.3	78.4	0.05	8.2	355	23	1.4	1.04	138	3.64	46
辣椒	17	13.6	12.5	0	6.5	16.6	0.6		1233	4.6	6.8	9.33	339	0	14
花椒	6.7	8.9	37.8	23	69	11	0.12	0	2.4	47.4	8.4	1.9	69	1.96	639

由表 9-1 中可见，经常用于炝锅的几种原料不仅可以增加菜肴的香味，还含有人体所必需的营养素，可以增加成菜的营养成分，提高菜肴的营养价值。

4. 炝锅对成菜养生保健作用的影响

据医书记载，葱、姜、蒜性温，味辛、平，归肺、胃、脾经，具有发汗解表、散寒除瘀、消积解毒的功效。另外，葱还有防癌和提升人体免疫力的作用。经常（尤其是春冬季节）用这些原料炝锅，可以增强体质、防病抗病，具有很好的养生保健作用。

（二）炝锅的基本要求

1. 烹调方法对炝锅的要求

烹调方法对炝锅的要求首先表现在炝锅原料的形状上。通常旺火短时间速成类的烹调方法如炒、爆、烹等多将炝锅原料加工成末、粒、丝等形状，有时甚至使用其汁液，以避免影响成菜的外观和色泽；而中小火长时间加热的烹调方法如炖、焖、煨、烧等多将炝锅原料简单拍松或改成片、块、结等形状，有时甚至使用整料炝锅，既保证炝锅原料挥发性呈香物质的逸出，还可增加成菜数量和整菜美观效果。

其次表现在炝锅原料的选择上。例如，一般性的滑炒类菜肴只选择葱、姜作为炝锅原料；干烧、辣烧类菜肴多选择干红辣椒、辣椒酱和花椒作为炝锅原料；而酱爆、芫爆类菜肴则多用甜面酱、香菜、豆瓣酱等来作为炝锅原料等。

最后还表现在炝锅技法上。通常中小火短时间加热成菜的烹调方法如烩、汆等多选择油量比较多、油温比较高，将炝锅原料迅速放入油炸至焦黄后用漏勺捞出，再进行下一步烹调处理；那些中小火长时间成菜的烹调方法如炖、焖、煨等多选择油量比较多、油温比较低，将炝锅原料放入油锅内慢慢加热至挥发性呈香物质充分渗入到油脂中后再进行下一步烹调处理；而旺火短时间速成类菜肴的烹调方法如爆、炒等多选择油量比较少、油温适中，将炝锅原料入锅迅速炸出香味后投料进行下一步烹调处理。

2. 菜肴主要原料对炝锅的要求

就菜肴的主要原料而言，植物性原料炝锅时多选择葱油和蒜香味来提香，而很少利用辣椒、花椒和生姜炝锅；海鲜和虾蟹类原料炝锅时则选择生姜、香菜等原料，以解腥祛寒增香；畜禽类原料炝锅原料的选择则非常广泛，可以根据具体菜肴的要求和成菜的风味特征进行选择使用。

（三）炝锅的选料范围

1. 炝锅的常用原料——"调味三剑客"

葱、姜、蒜三种原料在日常烹调过程中已经成为不可或缺的调味原料，其主要作用是去腥增香，而主要的烹饪手段就是炝锅处理。在家庭烹饪中往往被主妇们视为"厨房三宝"；而在烹饪产业化生产中，更被烹饪大师们形象地称之为"调味三剑客"。在烹饪生产过程中，"调味三剑客"已经成为非常重要的调料，被人们广泛应用于菜肴生产中。

2. 炝锅的一般原料——辣椒、花椒

在北方农村以及一些由于地理和文化原因嗜辣的四川、湖南等地区，干红辣椒和花椒已经成为炝锅的一般原料，其使用频率仅次于葱、姜、蒜，甚至使用数量已超过葱、姜、蒜。麻辣鲜香的风味特征已经成为这类菜肴的重要标志，而辣椒中辣椒素的御寒、刺激食欲和杀菌防腐作用，花椒中挥发油的温中止痛、除湿和杀虫止痒作用越来越受到人们的重视和青睐。

3. 炝锅的特殊原料——香菜、豆瓣酱、洋葱、药芹、盐

在某些特殊的烹调方法中，使用一些特殊的炝锅原料如香菜、豆瓣酱、洋葱、药芹、盐等。例如芫爆是用香菜作为炝锅原料，使成菜具有香菜特有的香味；酱爆是用甜面酱作为炝锅原料，使成菜具有浓郁的酱香；铁板烤是用洋葱和药芹作为炝锅原料，以增加牛、羊肉的香味。当然，在用这些原料炝锅时还要考虑到成菜的风味特色，保证成菜的味型不受影响。在山东和江苏北部的一些地区人们还喜欢用盐来炝锅，尤其是烹制一些蔬菜类原料的时候，在锅中的油脂烧热后先放入盐炝锅，这样成菜香味更浓郁，且避免了蔬菜中汁液的渗出。但以盐作为炝锅原料也有很大的缺点，那就是现在普遍使用的都是加碘盐，高油温可以使碘挥发损失，对预防甲状腺疾病不利。

（四）炝锅的典型方法

1. 小油锅对炝锅的作用

饮食业所指的小油锅指油量较少、油温相对较低，是为加快热能传递而使用少量油脂作为传热介质，以利于烹饪原料在尽量短的时间内吸收其成熟所需的热容量。不能忽视小油锅对炝锅的重要作用，因为炝锅原料所含有的挥发性呈香物质大多能够溶解于脂肪，有利于这些挥发性呈香物质与烹饪原料的充分混合，达到去腥增香的目的。

2. 低油温炝锅技法

主要是利用低油温将炝锅原料中的挥发性呈香物质萃取出来，充分溶解于油脂中，以便和其他烹饪原料充分混合，达到去腥增香的目的。一般低油温炝锅技法使用的时间都比较长，呈香物质大多被以芡汁的形式包裹在菜肴内部，主要以入口之香来表现。因此其呈香时间更久，对菜肴的主要原料影响更大，回味也更悠久。工艺特点是炝锅原料冷油下锅，随着油温的缓慢升高，采用"焐油"的方法较长时间地加热，直到炝锅原料变色后挥发性呈香物质充分溶解到油脂中，再添加汤液或烹饪原料进行下一步烹调处理。

3. 中油温炝锅技法

主要是利用中油温将炝锅原料中的挥发性呈香物质萃取出来，以气态的形式逸出，悬浮在空气中。未见其菜，先闻其香，使人很远就能感受到浓郁的香气。可惜这种呈香效果虽好，但呈香时间较短，而且很容易造成嗅觉适应性，对食客失去诱惑力。工艺特点是先将锅中油脂加热到一定温度（通常以 120℃ 左右的油温为佳，这样有利于炝锅原料中的水分以蒸汽的形式夹带着呈香物质的分子颗粒逸出）后投入炝锅原料炸出香味后立即投入烹饪原料进行进一步的烹调处理。

（五）炝锅的误区和注意事项

1. 炝锅工艺存在的必要性

很多人都认为炝锅可有可无，如身边有顺手的炝锅原料，不管是否需要都随手取来炝锅；没有顺手的炝锅原料则省略这个工艺环节。而通过以上论述我们可以看出，炝锅是为了去异味增香味，是为了形成菜肴某些既定味型，更是为了调配出人们喜欢的呈香效果而采用的一种工艺手段。是否需要炝锅除了要考虑构成菜肴的原料是否具有令人不愉快的成分外，还要考虑这些原料的性质、用途，以及所要烹制菜肴的烹调方法和成菜味型等。既不能因为忽略了炝锅工艺而降低了成菜的风味特点，使菜肴的质量规格得不到保证，更不能因为随意乱用炝锅工艺而改变原料本来很好的风味特点，失去食物本身固有的食性。

2. 炝锅原料的定性和定量

炝锅的另一个误区就是原料选择和使用数量的多少。很多人是根据身边的原料条件或顺手与否随便使用炝锅原料，不知道根据具体的条件进行有选择地取料，更不知道炝锅原料与菜肴主要原料的比例。

炝锅原料的定性方法首先是根据烹调方法来选择。通常情况下，葱爆和葱烧类菜肴使用葱来炝锅，酱爆类菜肴使用甜面酱来炝锅，芫爆类菜肴使用香菜来炝锅，滑炒类菜肴使用葱姜来炝锅，熟炒类菜肴使用四川泡椒和豆瓣酱来炝锅，生炒类菜肴使用蒜来炝锅，辣烧类菜肴使用辣椒酱或干红辣椒来炝锅。其次是根据烹制菜肴的主要原料来选择。一般烹制新鲜蔬菜类原料多用蒜来炝锅，烹制海鲜和腥味较重的水产品多用姜来炝锅，烹制腥臭异味比较重的动物内脏多用辣椒和花椒来炝锅，烹制家禽家畜类原料多用葱姜来炝锅。最后是根据饮食习惯来选择。例如，江苏两淮地区有名的鳝鱼类菜肴烹制时必须以蒜炝锅，沿海地区烹制海鲜则多用姜来炝锅，很多地方烹制茄子多用蒜炝锅等。

影响炝锅原料定量的因素：一是菜肴的分量，通常炝锅原料的数量与菜肴的分量成正比；二是原料本身的呈味和呈香情况，一般腥膻异味比较重的炝锅原料使用得比较多，原料本身特别清淡或根本没有滋味的炝锅原料使用得也较多，而本身呈味和呈香效果比较好、能给人愉悦感受的原料一般使用炝锅原料比较少，甚至不炝锅；三是与地区习惯有关系，如北方喜欢重葱炝锅，四川喜欢重辣炝锅，一些沿海地区由于受西餐影响较大，则喜欢用洋葱炝锅等，都是长期形成的习惯使然。

3. 充分考虑炝锅对菜肴风味特色和成菜效果的影响

炝锅不但影响菜肴的食性、营养结构和比例，还对菜肴风味特色和成菜效果产生了深远的影响，而很多烹饪工作者忽视了这些。由于炝锅的作用而形成的葱香、蒜香、辣香、酱香等成为菜肴主要呈香方式，而这些正是调香工艺所要深入研究的课题；葱绿和葱白、姜黄和辣椒红等因素对菜肴色泽的影响也直接体现了成菜效果，这些恰恰是调色和调质工艺要研究的范畴。

4. 炝锅时火力与油温的控制

大多数人一提到炝锅就想到大火力高油温短时间炝锅方法，而通过对炝锅方法的研究表明，炝锅时要充分考虑到具体菜肴的要求，选择合适的火力和油温，严格控制炝锅时间。尤其是微波炉、电磁炉、太阳能灶等烹饪炉具和各种炊具的更新，从业者更要深入研究炝锅时火候的控制。

5. 炝锅时投料的方法和安全性要求

很多人炝锅投料时类似高空抛物法，孰不知这样很容易造成热油飞溅，可能会造成人员灼伤，更可能因为油脂的溅出引起火灾。因此，科学的做法是将炝锅原料贴近油面放入或沿着锅边滑入，并用手勺轻轻地推动来扩大炝锅原料与油脂的接触面积，利于挥发性呈香物质的逸出。

四、明油

进行热菜烹调，有时需要根据成菜的具体情况，在菜肴成熟后即将出锅时根据成菜的具体情况淋入一定数量的油脂，烹饪界常称之为"明油"，也称"尾油"。烹饪中可用于明油的油脂种类很多，除了普通的油脂如色拉油、猪清油、花生油、麻油、鸡油等以外，有的还使用葱油、豆瓣油、花椒油、红油等，在菜肴中所起的作用和效果也各不相同。合理、有效地使用明油，往往可以提高菜肴的档次，保证菜肴的质量。

（一）明油的烹饪学意义

1. 对菜肴具有增香、调味作用

一方面由于油脂自身的理化性质，脂肪受热后分解成具有一定香气的酯类，从而使菜肴的香味增加；同时，有的油脂本身就带有一定的香气，如麻油、猪清油等，也可以使菜肴吸附油脂的香气。另一方面由于有些用于明油的油脂除了本身具备的香气外，还加入了其他调味品经浸炸而成，这样就具有了复合味道，如花椒油、红油、葱油等，除了具有油脂本身的香味，还具有麻味、辣味、葱香味等，在赋予菜肴香味之外，还具有补充调味的效果。例如"葱烧海参"在出锅前淋入一定量的葱油，使成品葱香四溢；而"鱼香肉丝"出锅前淋入红油和花椒油，使菜肴具有麻辣香鲜的味觉效果。

2. 增加菜肴的光泽度

主要是爆炒类的菜肴，在勾芡后适时淋入适量的明油，部分油脂由于在高温的作用下发生乳化，与芡汁融合在一起，会增加芡汁的透明度，减少芡汁对光线的吸收；另外，大部分油脂会吸附在芡汁和菜肴的表面，形成一层薄薄的油脂层，犹如

"镜面"一样可以把照射在菜肴表面的光线反射出去，使菜肴的光泽度增加，亮度增强，这就是所谓的"明油亮芡"，可以使菜肴光亮剔透，增强进餐者的食欲。例如爆炒腰花、炒猪肝等菜肴，都是通过明油来达到明油亮芡的目的，提高菜肴的光泽度。

3. 保持菜肴温度，提升菜肴的品味效果

由于油脂的燃点较高，蕴热量大，散热速度慢，温度较为稳定，因此可以有效地保持菜点的温度。明油过程中，油脂本身蕴含的温度可以使菜肴的温度保持比较长的时间，另外，由于菜肴外面包裹着一层油脂，就像给菜点穿了一层保暖衣使菜肴的热量不容易散发，从而保持菜肴的温度。人类对于菜肴的品尝有着最佳的品味温度，一般热菜的最佳品味温度是 50～80℃。明油可保持菜肴温度，无疑可以提升人们的品味效果。例如滑炒鱼片、宫保鸡丁等菜肴经明油后可以在一定时间内保持菜肴的温度，在品尝时就可以得到最佳的品味感受。

4. 增加菜肴的润滑度

由于油脂本身性质的影响，明油后的菜肴质地润滑度明显提高。提高菜肴的润滑度主要有两点好处：一是减少菜肴和锅壁的摩擦，避免粘锅现象，使晃锅和翻锅更容易，从而有效保持菜肴形状的完美；二是提高菜肴的润滑度，改善菜肴质感，更利于人们食用。

（二）明油的适用范围

就中国热菜烹调的传统习惯来说，明油主要适用于那些需要勾芡的菜肴，尤其是爆炒类菜肴，主要起到"亮芡"的作用。实际上，对于热菜的烹调，除非原料本身可以产生大量的油脂，一般情况下都可以适量明油来保证菜肴的光泽度和食用温度。尤其是脂肪含量相对较少的原料如植物性原料等，则可适当增加明油数量，以补充菜肴中脂肪含量的不足，对平衡营养也具有重要作用。

（三）明油的常用方法

1. 四周淋入法

是在菜肴成熟并勾芡后，在出锅前将油脂沿四周锅壁淋入，然后迅速颠匀翻锅，使油脂均匀地黏附在菜肴和芡汁的表面。如爆炒腰花、软兜长鱼、醋熘变蛋等菜肴，经明油后达到"明油亮芡"的效果。这也是明油在烹饪中使用最多的地方。

2. 均匀撒浇法

是为了补充菜肴油脂含量的不足，用手勺将适量的油脂均匀地撒浇在菜肴的表面，以增加菜肴的光泽度。主要适用于那些特别讲究整体造型美观的煎、贴、扒类菜肴，如蟹黄扒素翅、锅塌豆腐等，经明油后菜肴的光泽度增加，并显得油润滑爽。

3. 适量泼入法

是为了保持卤汁的温度、增加其油润的质感并增加菜肴的光亮度而在调制芡汁时泼入相对多量油脂的方法。主要适用于那些需要另外调制卤汁的菜肴，例如金毛狮子鱼、熘素鳝等，调制好芡汁后一次性相对多量地加入热油，然后用手勺迅速搅拌，使油脂和芡汁混合均匀，投入原料翻拌均匀或均匀淋在菜肴的表面。

4. 少量滴入法

少量滴入法是指一些汤、羹类菜肴在成菜装盆后，为了点缀色泽或补充调味，滴加几滴油脂的方法。例如，江苏北方农村在烧制一些汤、羹类菜肴或一些烩制的菜肴时，在成菜上滴上一些麻油或鸡油，起到增香提鲜的作用；在肚肺汤上滴加一些红油，以去腥增香。

（四）明油的注意事项

1. 根据菜肴要求选择不同的油脂

在选择油脂时应注意三点：一是根据菜肴芡汁的颜色和口味选用不同的油脂，一般白汁或黄汁的菜肴可选用色泽浅淡透明的油脂如鸡油、熟猪油等，对其他色泽的菜肴，应以不掩盖菜肴本身的汁色为原则选择油脂；二是必须符合菜肴口味的调味要求，如口味清淡的菜肴往往要突出菜肴的本味，应选用色浅味淡的油脂，而对口味较浓的菜肴应选用呈味较重的油脂如红油、花椒油等；三是注重菜肴营养平衡，也就是说对动物性原料应使用植物性油脂，反之对植物性原料应使用动物性油脂，从而达到营养和质地、口味的互补。

2. 掌握好明油的时机

明油一定要在菜肴成熟并勾芡以后进行，如过早，在菜肴没有成熟时使用明油，会使油脂渗透到原料内部，增加菜肴的油腻性，同时由于菜肴表面的油脂有润滑作用，不利于芡汁的黏附，会发生懈芡现象；过迟，则淀粉已经糊化粘锅，同时菜肴的质地也会受到影响，失去了明油的意义。使用明油后，菜肴不宜过多搅拌，并应迅速起锅，否则容易造成脱芡或糊芡现象，特别是烹制要求光亮的菜肴更应该注意。

3. 掌握明油数量

明油数量太多通常会使菜肴显得油腻，在生活水平高速发展的今天，人们更注重膳食营养和科学饮食，喜欢选择一些清新爽口的菜肴；而有些菜肴如果明油数量太少，则无法达到理想的明油效果，无法达到保温、润滑和增香调味的效果。因此掌握好明油的数量对菜肴的质量具有很大的影响。

五、烹调方法的分类

饮食行业中烹调方法分类很多，有的是以火候进行分类，有的是以调味特点进行分类，本书以传热介质不同对烹调方法进行分类。

（一）液态介质传热法

（1）水传热法　包括汆、烩、焖、扒、燺、酱、卤等烹调方法。

（2）油传热法　包括汆、油浸、炸、煎、烹、熘、贴、塌、炒等。

（二）气态介质传热法

（1）热空气传热法　包括烤（明炉烤——炙、暗炉烤——烘、焙）、熏两种。

（2）热蒸汽传热法　指蒸。

（三）固态介质传热法

（1）金属传热法　常用的是烙。

（2）盐砂传热法　包括盐焗、砂焗、泥烤等。

第二节　以水为传热介质的烹调方法

一、汆

汆，是最注重用汤的以水为传热介质的烹调方法之一，餐饮业通常又称为汆汤。是将原料沸水下锅，一滚即成的烹调方法，通常时间比较短，大多选择质地新鲜细嫩、富含蛋白质和风味物质的原料，要求无血污、异味，以动物性原料的肌肉组织和鱼虾贝类等水产原料为主。汆汤原料大都是小型料或经过刀工处理成片、丝、条等形状，有的采用制缔工艺加工成丸子、云吞等。汆法在我国南北均有运用，尤其以江苏为最；苏式汆汤以食用汤汁为主，兼食原料。

（一）汆的工艺流程

选料→初步加工→刀工处理→预熟处理→入水锅加热制熟→调味→装盆成菜

（二）汆的工艺特点

1. 时间短，速度快

汆法是将鲜嫩的原料投入大量热汤中，一烫即可，变色即熟。有人认为汆法在以水为传热介质的烹调方法中所需时间最短，通常是指清汆，是用清汤或毛汤汆制，成菜通常汤清见底，一般适用于蓉缔类制品如鱼圆、豆花等，以及其他新鲜细嫩的动物性原料如里脊肉、猪肝、虾仁等。

2. 讲究汤质，注重吊汤

苏式烹饪对汤质的要求很高，要清者至清，浓者至浓；清者如玉液，浓者如奶汁。蓉缔类原料汆汤如清汤鱼圆、鸡蓉豆花汤等一般多采用清汤汆制，温度相对较低，通常达到微沸即可，以防蓉缔类制品被冲散；其他新鲜细嫩的动物性原料汆汤如榨菜肉丝汤、腰片汤等多采用毛汤汆制，要求成汤清澈的多要进行吊汤，也就是利用鸡蓉等吸附作用去除汤液中的渣质，以使汤质变得澄清。江苏菜注重原汁原味、清淡爽洁，而用汤之法最为讲究，吊汤之法就是烹饪技法中的典范。另外，更有浓汆之法，如奶汤鲫鱼、大汤黄鱼等则要求汤汁奶白而稠浓，多利用油脂和原料中含有的蛋白质、脂肪及风味物质等溶解于汤液之中，以使汤汁中溶质浓度增加，成汤浓稠鲜美，因此要求大火力较短时间成菜。

3. 注重调味顺序，讲究咸鲜味美

苏式汆汤尤其注重调味品的投放时间和顺序，一般葱姜、料酒等要先放，随着蒸汽的蒸发去除异味，达到去腥增鲜的效果；在带骨原料入锅时可适当滴加几滴醋，有利于钙的分解和溶出；而盐等高渗性调味品通常要等到制汤完成即将出锅前投入调味，以利于原料中蛋白质、脂肪及风味物质尽量多地溶入到汤液中，保证汤液的浓稠鲜香。

（三）汆的成品特点

苏式汆汤成品要么清澈晶莹，如清汤白鱼圆，要么奶白浓醇，如奶汤鲫鱼。汤液咸鲜味美，营养丰富；汤料细嫩鲜滑，清新可口。根据制汤原料的不同适用于不同的人群，可起到养生补益作用。

二、煮

煮，是以水作为传热介质，将初步加工处理的烹饪原料放入大水锅（水量多、火力猛、保持沸水烹调）中加热至断生，调味后出锅装盆或直接上桌后由食客自助调味食用的方法。

（一）煮的工艺流程

选料→初步加工→整理加工→预熟处理→入水锅加热、调味成菜→出锅→改刀装盘

（二）煮的起源与发展

水煮技法出现在陶器烹饪时代，是仅迟于石烹的最古老的烹调方法之一。陶器储水性、耐高温及保温性能好的特点，使水煮技法得以发展并繁荣；以水作为传热介质，能更大限度地保持并提高原料的持水量，从而赋予菜肴鲜嫩滑爽的质感特点；而陶器本身的质地特点，更有利于长时间的加热处理，并能很好地保持内储原料的温度，达到热菜烹调的基本要求，同时其良好的保温性能使菜肴在停止加热后的很长一段时间内仍然保持一定的温度，满足了人类对热菜的最佳食用温度的要求。

根据考古资料显示，我国的陶器出现于新石器时代，是人类文明发展到一定阶段的产物。石烹时代，人类掘地为炉、覆石为灶，在掘出的坑中添加一些易燃的草本植物和木本植物燃烧，将热能传递给上面覆盖的石板，石板再将热能传递给原料，从而使原料成熟。久而久之，泥坑四周泥土受高温长时间加热而焦化定型（当然，这也要达到陶器制作土质的根本要求，例如泥土的性质必须是黏性黄泥），直到受到雨水冲击整块坍塌而显现，启发了原始人类的思维，开始有意识地烧制陶器。陶器的出现无疑使人类文明前进一大步，开始为水烹奠定物质条件，使烹饪得到跨越式发展，更使人类饮食文明开始迅速发展。

陶器的起源与发展经历了一个漫长的历史时期，其质量也从劣到优，形状更趋科学、美观，质地也从粗糙走向细腻，这些都为水烹的出现和发展奠定了物质基础。而原始的水烹技法也仅仅是作为传热介质的水将陶器传递来的热能把食物煮至成熟而已，人们还很难想到复杂多变的调味手段和味型变化，我们可以将其称之为最原始、最朴素、最简单的水煮雏形。

（三）水烹技法的现状

随着人类文明的不断进步、社会经济的高速发展，烹饪的发展也日新月异。直到今天，水煮技法仍然备受人们的青睐，仍然是深受人们欢迎的一种烹调方法。当然，今天的水煮技法无论是在炊具的选择、原材料的选择和利用还是烹调手段的变化，都有了长足的发展与创新。

综观现代的水煮技法，不但对主料的选择更加严谨、讲究，对调料的选择和利用也更加重视；甚至对于不同的选料、不同的菜肴要求、不同的食用习惯，对调味

品的投放数量和投放顺序都十分讲究。"治大国若烹小鲜"，鼎中之变的掌握和控制充分体现了现代烹饪者的智慧与文明。

1. 炊具与热源的选择上，范围更加广泛，选择更加讲究

煮起源于陶器的出现和烹饪运用，但绝不仅仅局限于陶器烹饪。随着科技的发展，烹饪炊具的发展也很迅速，目前可用于煮的炊具质地包括陶器、瓷器等陶瓷炊具，铁器、不锈钢等金属炊具；从热源来看，除了明火传热外，现代运用更多的是电、磁、太阳能等节能环保热源。总之，用于水煮技法的炊具和热能选择范围更加广泛。

2. 原料选备上，不但注重质地，更加注重食效

远古时代的烹饪原料相当匮乏，人们对饮食的需求仅满足于果腹充饥，因此对于水煮原料也无法讲究，更无法注重食效；现代烹饪已经从基本生理需要提高到精神需求，注重营养、美味、美观的美食要素。水煮原料不仅要求新鲜无异味，更加注重其营养素的含量与比例，注重食效。

3. 调味方式上，求新求变，且重科学

"调味起源于盐的利用"，从山林迁徙到沿海居住的人们发现并开始有意识地使用食盐进行调味，使调味得以开始和发展。当然，起源于陶器时代的人们制作水煮菜肴时还没办法注重调味效果，只是简单地将食物和水混合放入陶器中加盐进行煮制；而现代水煮技法更加注重调味方式的变化，对调味品投放的时间、次序、数量等都有严格的考究，从原始的以咸鲜为主的调味方式发展到今天的集麻辣、怪味、咖喱、糖醋、酸辣等众多风味之大全的多变风格。

4. 成菜特点上，注重安全，追求美食

水煮技法的成菜方式多样，或连同炊具原锅上桌，或讲究造型装盘上桌；或大盆上桌尽显豪迈，或小盘上桌彰显细致。但无论是哪种成菜方式，在原料的搭配、烹饪的过程、食用方式、菜肴的食效等方面都注重安全，追求美食。

5. 食用方式上，灵活多变，形式多样

水煮菜肴的食用方式主要有两种：一是原料煮熟后连汤带菜一起食用，如大煮干丝、水煮牛肉、沸腾鱼等；二是原料煮熟后捞出，根据食客自己的需要选择合适的调味料蘸食，如白煮仔鸡、卤肫肝、酱牛肉等。

（四）煮的分类

水煮技法从新石器时代发展到今天，期间工艺从简单到复杂，成菜从仅仅满足生理填充需要到现代美食的综合需要，食用方式上的手抓豪嚼到今天的饮食文明，完成了漫长的发展历程。这也使水煮技法更加多变，既有古老的简易水煮烹调，也有现代多变、讲究的水煮技法。

1. 白煮

白煮是继石烹之后出现的最古老、最原始的烹调技法。白煮的特点是原料不经过着衣工艺，整理清洗后直接投入水中加热制熟；不使用有色调味品，保持成菜原色原味的特征。

早期的白煮是将原料整理清洗后加水放入陶器中，大火烧开保持沸腾至原料成

熟，调味后直接上桌食用。陶器在早期的白煮技法中既是炊具又是餐具，既食料又喝汤。那时候由于客观条件的限制，人们对选料无法讲究，仅仅是达到熟食目的；现代，这种水煮技法有了长足的发展，不但开始注重原料的选择，讲究调味的方式及调味品的投入时机和数量，更注重营养素的搭配和保护，讲究食用效果。现在颇为流行的广式煲菜就是典型，其他如扬州的大煮干丝、淮安的白煮淮鲚、沙锅鱼头等都属于这个类型。

发展到铁器烹饪时代，水煮技法在原有的基础上又有了拓展，将整理清洗后的原料投入开水锅中加热至成熟后捞出沥干水分，改刀后装盘，带作料上桌食用。这种方法多采用自由调味的方式，带调味碟上桌，由客人根据自己的喜好自由选择。典型的代表菜有白斩鸡、手撕蹄爪、白煮肉等。

2. 红煮

红煮是相对于白煮而言的水煮技法，主要特点是在调味过程中使用有色调味品，使菜肴的色彩更丰富，成菜风味更广泛。

红煮是后来发展起来的对调味工艺具有更高要求的水煮技法，以四川水煮菜肴为典型，包括水煮牛肉、沸腾鱼、川江鱼等。

3. 卤

卤是煮法的发展，大多用于冷菜烹调。卤同样有红卤和白卤之分，两者的工艺与口味相近，只是白卤的卤汤不能加糖及其他有色调味品。

卤是将原料经过加工处理后，投入到卤汤（根据味型和香型的不同运用各种调味品调制出来的，经反复使用后随着香料的析出和原料中风味物质的融出，其风味更佳）中煮制成熟后捞出，冷却后改刀装盘。典型的卤菜有镇江的水晶肴肉、五香牛肉、兰花干子、卤肫肝等等。

卤，特别要强调的是老卤的保存，应注意防止老卤被污染；经常对老卤进行加热保存；老卤用完后要过滤并撇去浮油；定期添加香料，并注意密封保存。

（五）煮的关键

1. 选料的要求

水煮技法发展到今天，对选料的要求越来越高，一方面注重原料的新鲜程度，最好选用鲜活无异味的原料入炊，保证成菜的鲜美；另一方面注重原料的质地，强调鲜美优质，以富含蛋白质及风味物质的动物性原料为佳，可以沸水煮，需要先加盐，以食料为主；也可以冷水煮，待临出锅前加盐调味，既喝汤又食料。

2. 有血腥异味的原料必须预先处理

为了凸显水煮菜肴风味浓郁的成菜特点，选择的原料大多以动物性原料为主，其中也包括其他一些适宜水煮的植物性原料如豆腐干、萝卜等，大都带有腥膻异味和血污等，在正式烹调前应采用初步熟处理如焯水、煎炸、走油等方法去除血腥异味。

3. 正确添汤，保证调味

水煮菜肴包括两大类，一类是只食料不喝汤，对加水数量一般不做要求，以浸没原料为宜；另一类是既食料又喝汤，则应注重加水量与原料的比例，为了降低原料中风味物质的萃余率，使汤液保持醇香浓厚，应尽可能多加水，可水加多了风味物质（溶质）的浓度又相对降低，难以达到汤液浓度，因此应根据原料数量与成菜的要求严格控制加水量。

另外，在调味过程中还应考虑调味料的投放时间、顺序和数量，例如加碘盐的使用方法与盐的渗透性对成菜质量的影响，明确哪些调味品应该早加，哪些调味品必须等菜肴成熟即将出锅前才能加入，既保证调味效果，又不影响菜肴的营养要求和成品质量。

4. 灵活掌握和控制火候

火候对水煮菜肴的影响很大，不同类型的水煮菜肴对火候的要求也不一样。那些只食料不喝汤的水煮菜如白斩鸡、五香牛肉等一般应沸水下料，大火猛煮，强调成菜的鲜嫩爽滑；那些既食料又喝汤的水煮菜肴如大煮干丝、白煮淮鲊等则应冷水下料，大火烧沸，中小火长时间加热，使原料中的风味物质充分溶入汤液中以提高汤液的质量。

5. 强调炊具的选择和使用

水煮菜肴的类型不同，对炊具的选择也不一样。只食料不喝汤的菜肴对炊具的选择一般没有特殊要求，行业上普遍使用铁锅烹制；而对既食料又喝汤的菜肴则注重炊具选择，行业上大多选用陶瓷器具烹制，在使用过程中注意对其预热处理，可以用沸水浇淋浸泡，防止局部突然受热导致爆裂。

（六）煮的市场展望

随着人们对饮食要求的不断提高，养生观念也在逐渐增强，这样就使原生态的水煮技法越来越受欢迎。水煮技法至少具有以下几个优势：一是工艺相对简单，降低了劳动成本，适应当前崇尚俭约节能的生活理念；二是水煮菜肴大多清新淡雅，符合健康饮食理念；三是调味方式灵活多变，自主调味的方式满足了人们个人口味喜好；四是炊具富有特色，陶瓷器具既作炊具又作餐具，还能较长时间地有效保持菜肴温度，符合热菜最佳食用温度要求。可以想见，在未来的社会发展进程中，原生态的水煮技法将备受人们青睐，在中式烹饪中占据重要的位置。

三、炖

炖，是将初步熟处理的原料加入汤水及调味品，先用旺火烧沸，然后转成中小火长时间加热，使原料成熟、酥软入味的烹调方法。炖法属于火功菜技法的典范，注重火力的运用和加热时间的控制。

经过长时间炖制的原料，成菜大多汤色清纯，口味浓醇，质感软烂；汤汁较多，料形大，以食料为主，汤汁为辅；在行业上多以大菜的形式出现，是佐酒和下饭的绝好配伍。

（一）炖的工艺流程

选料→初步加工→刀工处理→预熟处理→入水锅加热调味→装盘成菜

（二）炖的分类及代表菜肴

炖法工艺复杂，根据其成菜汤液澄清与否，可以分为清炖和侉炖两种；根据原料是否与水接触，又可以分为不隔水炖和隔水炖两种。

1. 清炖

清炖是将精选的原料经过初加工后，再进行初步熟处理，去除血污和异味，冲洗干净后再放入汤液中加调味品大火烧开，改中小火缓慢加热至原料酥烂的方法。清炖类菜肴注重用汤，讲究炊、餐用具的选择，成菜多注重质地和营养保健作用。清炖技法是炖的代表，在行业上运用相当普及，典型的代表菜有扬州的清炖蟹粉狮子头、清炖文武鸭、三套鸭等，两淮的人参炖乌鸡、清炖甲鱼等。

2. 侉炖

侉炖也叫乱炖，是将原料经初加工、改刀成形后经挂糊，下油锅炸制，然后加入汤水和调味品，大火烧开再改成中小火长时间加热至原料酥烂的方法。侉炖技法在山东乡村中使用较为普遍，其选料广泛，成菜汤液浑厚浓醇，味美香酥，是佐酒下饭的佳品。典型的侉炖类菜肴有侉炖豆腐鱼、侉炖小黄鱼等。

3. 不隔水炖

不隔水炖就是将精选的原料经初加工、成形处理后焯水，直接放入铁锅或特制的炊具中加足汤水和调味品，加盖后大火烧开，撇去浮沫后改小火加热至原料酥烂的一种方法。不隔水炖的火候至关重要，烧沸撇去浮沫后一定要改用小火缓慢加热，不能使汤液沸腾导致浑浊而失去清汤的特色。不隔水炖在我国南北各地均有应用，除了江苏地区的各种炖菜外，以东北的小野鸡炖蘑菇和广州的野山菌炖鸡汤最为出名。

4. 隔水炖

隔水炖是将原料焯水后冲洗，放入瓷制、陶制的钵内，加葱、姜、酒等调味品与汤汁，封口后将钵放入水锅内（锅内的水需低于钵口，以滚沸水不浸入为度）盖紧锅盖旺火烧沸，使锅内的水不断滚沸，加热至原料成熟酥烂的一种方法。这种炖法可使原料的鲜香味不易散失，制成的菜肴香鲜味足，汤汁清澄，但需要烹制的时间较长。典型的代表菜有鸡炖大鲍翅、北京炖大白菜等。

还有一种隔水炖法，是将鲜嫩的原料调味后放入陶瓷容器内，放入开水锅或蒸笼中加热至原料成熟的方法，例如银鱼炖蛋等，需要烹制的时间相对较短。

（三）炖的工艺要点

1. 选料讲究，注重用汤

不隔水炖大多选用富含胶原蛋白和风味物质，适合长时间加热的大块或整形的鲜活动物性原料，如鸡、鸭、猪肉、牛肉等；隔水炖大多选择质地鲜嫩无异味、易于成熟的原料，如鸡蛋、鱼翅及动物脑髓等组织。炖菜注重用汤，一是注重汤的种类选择，一般多选择清汤入馔原料的档次越高，对汤的质量要求也越高；二是注重汤的添加比例，一般应是原料的1~5倍，实际添加汤液数量的多少应根据具体菜肴的要求确定，一般原料质地老韧、采用不隔水炖的菜肴添加的汤液数量要多，质地鲜嫩易熟、采用隔水炖的菜肴添加的汤液数量要少。

2. 合理选择炊、餐用具，特色鲜明

炖类菜肴的烹制除少数使用铁锅作为炊具外，一般多选择陶瓷炊具，但成菜后

一般都选择陶器类餐具上桌食用。炖菜选用陶瓷器具的原因主要有四点：一是陶瓷类炊、餐具具有保温性能良好的特点，利于保持炖菜的最佳食用温度；二是陶瓷类炊、餐具口径小，利于密封，可以有效保持菜肴的香味和风味物质不受损失，保证成菜特点；三是传热均匀持久，有利于菜肴的长时间加热和保温；四是饮食习惯的沿袭，形成鲜明的用具特色，还可以烘托进餐氛围。

3. 重视预熟处理，去除血腥异味

炖类菜肴一般多采用焯水、滑油等预熟处理工艺对原料进行先期加工，以去除原料的血腥异味，保证成菜滋味的浓醇鲜美和汤汁的澄清。一般经过焯水后的原料要用清水冲洗来去除血污，避免在后期烹调过程中出现大量的浮沫，影响汤汁澄清度而降低菜肴质量。这里需要注意的是，预熟处理时原料表面断生即可，长时间加热会导致原料风味物质在后期烹调中无法逸出而影响成菜汤液的鲜美；同时长时间的预熟处理还会导致原料中营养素和风味物质的流失，降低食用价值。

4. 强调火候运用，保证成菜质地

炖菜的火候要求很高，要根据不同的炖法采用合适的火候。清炖类菜肴要大火烧开，中小火保持微沸长时间加热，既保证原料的成熟酥烂，又保证汤液的澄清鲜美；隔水炖的菜肴要求持续大火保持水的沸腾，将热能源源不断地传递给容器内的原料，使其成熟并保持质地酥烂。炖类菜肴具备以水作为传热介质的烹调方法的一个重要特点，就是要用足、用好火候，"火候足时它自美"，保证成菜汤色清纯、质感软烂的特点。

5. 调味简洁清淡，突出原料本味

炖类菜肴调味方式很简洁，一般只经历主体调味阶段，只要在正式熟处理之初根据实际需要一次性添加足量的葱姜和盐、胡椒粉等调味品即可，很少使用烹前调味和补充调味。成菜多以清淡为主，突出原料的本味，尤其适合身体虚弱的患者和年老体弱者。

6. 强调食用时效，汤菜并重

所有热菜都具有现做现吃、注重最佳品味温度的要求，炖类菜肴尤重于此。炖类菜肴烹制成熟后要立即盛装上桌，有时候就使用烹调炊具直接上桌（如用于烹饪的陶瓷炊具，同时也是作为餐具的最佳选择），由客人自由选食或由服务人员分餐，注重食用时效。炖类菜肴既食料又喝汤，汤菜并重，这就要求具备较高的品味温度，陶瓷器具良好的保温效果可以满足这个特殊的食用要求，当然及时进食更是必要的。

（四）炖的未来展望

深入探究炖的工艺特点后不难发现，其至少具有以下优点：一是工艺简单，易于从业者学习和实践运用，这无疑有利于工艺的传播和企业的生产供应；二是成菜质地酥烂香醇，很多菜肴适合添加一些保健效果显著的人参、枸杞子、红枣等，容易被人体消化吸收，具有良好的营养和保健作用，有益于身体健康，适用人群也更加广泛，有利于企业的销售推广；三是口味以清淡为主，突出本味，这与现代的养生理念不谋而合，更容易被食客认同并接受。鉴于此，作为烹饪从业者应该重视并深入学习、推广炖法，挖掘并创新出更多的炖菜品种，为中式烹饪的发展贡献一份力量。

四、焖

将初步加工并成形处理的原料，经初步熟处理后放入锅中加适量的汤水和调料盖紧锅盖烧开，改用中火进行较长时间的加热，待原料酥软入味后，再稠汁成菜的烹调方法，就是焖。将原料加入汤汁烧开后改用小火保持密封状态继续加热，可以促进其成熟，同时可以避免呈香物质分子颗粒的飘散，保持成菜香味浓郁的特点。

焖的工艺除应用于菜肴的烹制之外，还常用于主食如米饭、面条等的制作过程中。将米饭煮熟以后通常要继续焖上一段时间，面条入开水锅后盖严焖煮一会儿，都可以保证成熟效果，增进良好的质感。

（一）焖的工艺流程

选料→初步加工→刀工处理→着衣处理→预熟处理→入水锅调味→盖严锅盖加热→调味→装盘成菜

（二）焖的历史与发展

焖，是继水煮技法之后发展起来的一种重要的烹调方法，早在陶器烹饪时代，人类在制作水煮菜肴的时候就发现密封烹调的优点是可以聚汽，有利于菜肴成熟并形成独特的特点。铁器烹饪时代，人类就已经开始有意识地利用木质板盖（热的不良导体，可以减少热量的散发，避免热能浪费）来进行密封水煮。在长期的烹饪实践中，人们发现在水煮过程中由于火力太猛和水煮时间太长导致菜肴汤汁浓缩，形成了与水煮菜肴不一样的质感特征，从此开始有意识地使用焖法烹制菜肴。

唐朝时期，焖法在宫廷就受到欢迎和推广，"贵妃鸡翅"就已经成为当时皇宫御宴菜品。到了宋元时期，陶瓷生产达到鼎盛时期，焖法也得到了快速的发展，开始根据焖制菜肴的色泽和口味特点分成不同的种类。到了近代，焖法更到了全新的发展阶段，人们将作为传统传热介质的水换成油脂，创新出油焖技法，极大地繁荣了餐饮文化，丰富了市民餐桌。

（三）焖的分类及代表菜肴

（1）根据成菜色泽来划分，有红焖和黄焖。红焖是将加工处理好的原料经初步熟处理，炝锅后入锅，添加有色调味品，密封加热至成熟酥烂的烹调方法。成菜色泽金红，汁浓味醇，质地酥烂。典型的代表菜肴有红焖鸡块、红焖牛肉等。黄焖的制作方法与红焖基本相同，只是使用的有色调味料数量较少，成菜色泽以浅黄色为主。典型的代表菜肴有贵妃鸡翅、黄焖鸭块等。

（2）根据原料是否经历初步熟处理来划分，有生焖和熟焖。生焖的原料不经过任何初步熟处理，在初加工后直接入沙锅进行焖制成菜；多加入各种香料，成菜味香浓、汁液浓稠。典型的代表菜是生焖狗肉。熟焖的原料必须经历焯水、过油等初步熟处理技法，再添加汤汁调味焖制成菜的烹调方法。焖类菜肴大多采用熟焖技法，如炸焖鸡腿、醋焖河鲤等。

（3）根据传热介质的不同来划分，有水焖、酒焖和油焖。以水作为传热介质的代表菜有焖河鳗、焖熊掌等；以酒作为传热介质的代表菜有绍酒焖肉、黄焖鸡翅等；以油作为传热介质的代表菜有油焖茄子、油焖大虾等。

（4）根据收汁的手段来划分，有干焖和芡焖。干焖是利用动物性原料胶原蛋白和糖的性质进行收汁成菜的焖法，如干焖鸡腿、干焖鱼翅等；芡焖是利用淀粉的糊化性质进行收汁成菜的焖法，如油焖茄子、生焖带鱼等。

（四）焖的工艺要点

1. 选料要求

除油焖类菜肴外，焖类菜肴多选用韧性较强、富含胶原蛋白的原料，如鸡、鸭、牛肉、羊肉、熊掌等；有时也选用一些水产品如肉质细密的鱼类、河鳗、鳝鱼等。总体以含风味物质丰富的动物性原料为佳，利于形成菜肴独特的风味特点。

2. 炊具选择要求

焖，除部分菜肴直接选用铁锅加盖进行烹调外，大多选用沙锅作为炊具。沙锅传热均匀持久，密封性能比铁锅要好，还容易形成菜肴独特的风味特点；在餐饮业，许多企业专门订购了适合沙锅加热的煲仔灶，成立了沙锅烹调岗位。沙锅既可以作为烹饪炊具，还被直接作为餐具上桌，在具备良好保温效果的同时也烘托了筵席的气氛。但使用沙锅前应该注意进行预热处理，防止烹调时局部突然受热导致爆裂。

3. 烹调过程中密闭性要求

封盖密闭烹调是焖最主要的特点。原料经整理加工并初步熟处理后入锅，汤水调料要一次性加足；密封加热烹调过程中要尽量避免揭锅盖，保证菜肴的色、香、味不受影响。正因为烹调过程中采用密闭封盖加热，炊具内部的微妙变化无法及时发现和控制，因此要求操作者必须熟悉所要烹制菜肴的基本要求和原料的质地情况，具备熟练的操作经验，才能胜任此项工作。

4. 火候要求

焖法对火候的选择大多是旺火烧沸后再改用中小火长时间加热使原料成熟酥烂入味。但旺火烧沸后采用火力的大小及加热时间的长短应根据原料的性质、数量和所添加的汤水多少来灵活控制。一般形小质嫩、容易成熟，所添加汤水较少的菜肴可采用中火较短时间加热成菜；而那些形大质老、不容易成熟，所添加汤水较多的菜肴宜改用小火长时间缓慢加热，既保证原料酥烂入味，还保证收汁效果。

5. 成菜特色要求

中式菜肴百菜百味，一菜一格；每道菜肴都有自身固有的成菜特色，焖类菜肴尤其如此。不同的焖制方法对成菜的色泽、质地和风味等方面的要求都不一样，必须根据具体的菜肴规格要求，在烹饪进程中进行有效控制，才能保证成菜质量。

（五）焖的烹饪关键

1. 原料大多进行初步熟处理

除了生焖技法外，焖制工艺都要经历初步熟处理过程。行业上多采用焯水、走油或走红的预熟处理技法对原料进行先期加工，可以有效减少正式烹调时浮沫太多的现象，确定原料的色泽，保证成菜效果。

2. 准确控制汤水数量

应根据具体的菜肴品种和实际烹饪要求一次性添足汤水和调料。汤水添加数量不宜太多，否则影响收汁效果；但也不宜太少，否则原料尚未成熟酥烂汤液已经干枯，导致失饪现象。调味品应一次性加足，但不宜过；口味稍有不足在成菜后还可以补充调味，但过了就很难补救。

3. 掌握收汁技巧，合理控制汤料比例

行业上采用的收汁方法主要有两种：一种是物理收汁，是利用高温蒸发减少水分含量进而提高汤液浓度，主要靠火候的控制来达到收汁效果。另一种是化学收汁，又分为三种情况：一是利用原料本身含有的胶原蛋白融入汤液形成自来芡，二是利用糖的化学性质达到收汁效果，三是利用淀粉的糊化性质勾芡收汁。焖类菜肴对汤料比例要求较高，必须根据具体菜肴品种确定汤料比例，掌握好收汁技巧。

（六）焖的市场展望

由于焖类菜肴品种丰富，口味多变，成菜大气，特色鲜明，佐酒下饭皆宜，适合不同人群食用，因此具有很大的推广空间和实际生产价值。但由于焖类菜肴大多原料单一，营养不够均衡，因此从业者在烹饪生产的同时应注意改良研究，以促进营养结构合理，达到膳食平衡的目的。随着电磁炉等新型能源设备的普及利用，可以更有效地控制菜肴烹制的火候，对焖法的学习和生产会有很好的推动作用。

五、煨

"煨，盆中火也"，是《说文解字》中对煨的早期解释，后来被引申为用文火烧熟或加热。煨，作为烹调方法的出现，将火功菜的发展引至极致。煨的出现相对较早，经历漫长的发展阶段，其内涵已经发生了根本性的变化。解读和研究煨的工艺特色，分析工艺要点，对烹饪从业者提出了较高的要求。

煨，是将加工处理的原料经过初步熟处理后，放入锅内加足量的汤水和调料，用旺火烧沸，再用小火或微火长时间加热，直至汤汁黏稠，原料松软酥烂成菜的烹调技法。在中式烹饪中，煨是加热时间最长的烹调方法之一，是火功菜的代表。

早期的煨是用木本植物燃烧的余火或直接利用草本、木本植物燃烧的灰烬余温对烹饪原料进行加热处理，通常是将原料埋入灰烬中进行长时间加热，使原料成熟的工艺方法。直到今天，一些地方还采用这种工艺对原料制熟处理，如煨土豆、煨红薯等，只是很多地方已经将这种工艺纳入烤。不过显然这种工艺与烤又有着明显的不同，需要从业者考证和辨别。

发展到现代，煨已经成为中小火长时间加热的代表烹调方法之一，注重的不仅是原料的酥烂脱骨，更注重汤液的鲜美浓稠。由固态传热介质向液态传热介质的转变，由简单食用干性原料到汤菜并重、注重用汤，煨制工艺经历了漫长的历史进程，见证了中式烹饪的发展，更见证了人类文明的进步。

（一）煨的工艺流程

选料→初步加工→刀工成形→预熟处理→入炊具加热成熟→调味→直接成菜上桌

（二）煨的分类及代表菜肴

从历史沿革来看，煨可以分为干煨和湿煨两种，只不过干煨现在已经淡出人们的视线，因此不在本文的研究范围。目前行业上是根据成菜的色泽不同来进行划分，可以分为白煨和红煨两种工艺。

1.白煨

白煨是指烹饪原料经初加工并刀工处理后，配以葱姜和料酒入水锅煮沸后改中火保持微沸加热，待汤汁呈乳白色时再进行调味成菜的方法。白煨技法强调成菜汤汁乳白浓醇，半汤半菜，汤菜并重。典型的代表菜有淮安的白煨脐门、广东的家乡煨大鸭等。

2.红煨

红煨的工艺与白煨基本相同，只不过在烹调过程中添加了有色调味品如酱油、糖色、红油等，成菜色泽红润，质地软烂口味香醇。典型的代表菜有山东的烧煨面筋条、红煨牛肉等。

（三）煨的工艺要点

1.选料要求

煨菜对原料的要求较严格，通常应具备三个特点：一是多选用质地老韧、耐火的动物性原料，富含胶原蛋白及风味物质，可以保证成菜汤汁浓厚香醇，同时适合中小火长时间加热，具有较强的耐火性；二是必须选用新鲜、无异味的原料，保证成菜营养卫生、汤汁香醇鲜美；三是注重菌类原料的选择入馔，强调风味特色，注重膳食保健。

2.调味方式

煨，注重成菜汤汁浓厚香醇，这就要求原料中的风味物质能充分被萃取并溶解到汤液中去，保证汤液浓度；在要求选料必须符合规格质量的同时，对调味方式和火候也提出了较高的要求。一方面注重调味料的选择和投放时机的掌握。在选用一些去腥增鲜调味料如葱姜及料酒等的同时，仅用盐、醋、胡椒粉等参与调味；前者随着原料一起下锅加热，葱姜和料酒中挥发性物质随着蒸汽一起带走原料中的腥膻异味，后者必须等原料中的风味物质充分溶解到汤液中，原料酥烂脱骨、汤液浓稠时再加入，完成调味后即可上桌食用。

另一方面注重菜肴味型清淡爽洁。突出原料本身固有的鲜香浓醇，强调清淡爽口，注重食效，形成了现代养生保健饮食三大名品（汤、羹、粥）之一。

3.火候运用

说煨菜是功夫菜，主要体现在火候运用上。煨制工艺讲究大火烧开，中小火长时间加热成菜，是加热时间最长的烹调方法之一。煨菜强调汤液质量，这就必须将原料中的风味物质萃取出来，显然这个过程需要一定的时间，从业者必须有足够的耐心和持久的恒心才能完成工艺操作。在广东，煨又被称为"煲"，深受食客青睐，已经深入餐馆酒肆及寻常人家；在当地，煲汤技艺的优劣不仅成为厨艺水平的评价标准，更是家庭温馨与爱的体现。

4. 成菜特点

煨的成菜特点，或汤菜交融，亦菜亦汤，如白煨脐门、花菇煨鸡等；或注重用汤，以汤为主，如广东的八卦汤、野山菌老煲等。不难看出，煨菜更注重汤液质量，强调喝汤的同时兼食汤料，这与纯粹以喝汤为目的的汤菜工艺和以食料为主喝汤为辅的其他热菜工艺有着迥然不同。同时，煨制菜肴多由客人自助舀到自己的汤碗中或由服务人员帮助分餐到自己的汤碗中，以汤勺佑食，更符合现代文明饮食习惯要求和饮食卫生习惯的推广。

5. 炊具选用特点

煨制工艺与炖、焖工艺一样注重使用陶瓷炊具及沙锅，可以更好地保持汤液温度，促进风味物质的溶出和味的融合；另外，选用陶瓷器皿和沙锅作为炊餐用具还有利于汤菜的储存和移动，避免较长时间的保存导致二次污染。其中，广东的煲汤尤其注重炊具选择，强调选用肚大、颈小的陶瓷器皿，已经形成了鲜明的工艺特色。

（四）煨与炖、焖的关系

（1）炖、焖、煨三种烹调方法都是以水为传热介质，采用大火烧开、中小火长时间加热的烹调方法；都是以富含蛋白质和风味物质的动物性原料为主要烹调对象，强调成菜酥烂脱骨；都善于选用陶瓷和沙锅作为炊、餐用具，多以大菜的形式出现。

（2）炖、焖、煨三种方法烹制的菜肴都是火功菜，都需要较长的加热烹调时间。但相比较而言，煨的加热时间更长，偏重于汤的质量和食用效果。

（3）焖制工艺注重最后的收汁成菜，强调以食料为主；而煨制工艺则注重汤液数量和质量，汤菜并重，甚至以汤为主；炖制工艺则注重汤菜交融，这样就决定了各自的适用人群。

（4）虽然炖和煨在烹制工艺过程中有时也需要封闭加热，但期间可以反复揭盖，中途还可以进行调味处理，且对封闭没有特殊要求；而焖制工艺特别注重封闭加热，中途不再添加汤水和调味，需要依赖封闭加热形成菜肴的风味特点，形成焖制工艺鲜明的工艺特色。

（5）煨与炖、焖不同的地方在于原料不着衣、成菜不勾芡，注重制品清淡爽洁；而炖和焖类菜肴要么选料需要挂糊、上浆，要么成菜需要着芡收汁，更加注重制品醇厚浓香。

（6）煨类菜肴多以咸鲜味为主，强调清淡；焖类菜肴则调味多变，多以味重香浓为佳，强调口味特色；而炖类菜肴或清淡，或浓醇，灵活多变，适应性更广。

（7）从营养和保健的角度来看，煨制工艺更科学、成菜更有食用价值；炖类菜肴适应性也很广，或者经过改良以后基本符合营养和保健的摄食要求；而焖类菜肴原料相对单调，成菜营养不均衡，需要进行改良，满足合理膳食的需要。

（五）煨的市场展望

煨类菜肴注重汤水比例，强调汤菜并重，亦菜亦汤，以广东煲汤为代表的煨制工艺更是以汤为主，注重喝汤养生。随着人类对饮食保健的重视，汤、羹、粥三大饮食保健佳品也将深受青睐；煨汤工艺将受到热捧和推广。作为烹饪从业者，有义务深入研究煨制工艺，借鉴和参考中式其他制汤方法，学习和引入西式烹饪制汤的理念和方法，拓宽烹饪原料品种，挖掘并研制出更多的煨制菜品，造福于人类。

六、烧

就烧法而言，其应用普及，成菜大气，佐酒下饭皆宜，受到众多饭店和食客的青睐；其适用原料广泛，烹调特色鲜明，"烧菜"也已成为中式烹饪中众多烹调方法的代名词，人们习惯用"烧"来囊括所有烹调方法。可见所有烹饪工作者必须深入研究并掌握烧法。

烧是以汤水作为传热介质，主料经过初步熟处理后，炝锅添加汤水、主料，大火烧开，中小火长时间加热，使之酥烂入味、稠汁成菜的烹调方法。烧菜选料广泛，无论动植物性原料，无论原料的质地老嫩，都可以用来烧制成菜。

（一）烧的工艺流程

选料→初步加工→刀工处理→着衣处理→预熟处理→炝锅→入水锅加热→调味→收汁成菜

（二）烧的主要环节和技术关键

1. 初步熟处理

原料经过初加工以后，首先经历的一个非常重要的环节就是初步熟处理。通过初步熟处理，首先可以去除原料中的血污和腥膻异味，既保证了菜肴鲜美的滋味，也避免在烧制过程中出现大量泡沫，影响成菜的色泽和质地。其次，初步熟处理还有利于同一道菜中的原料成熟时间趋于一致，同时还缩短了正式烧制的时间，有效地缩短了客人待餐的时间。再次，利用蛋白质受热变性和淀粉糊化的原理，可在正式烧制之前使原料基本定型，有利于对成菜造型的控制。最后，还有利于增进菜肴的色泽和光泽。

（1）焯水 是以水作为传热介质将原料加热成半熟或刚熟的状态，以备正式烹调之用。通常情况下，烧制原料的焯水大都走开水锅。焯水的关键首先在于时间的控制，时间不能太短或太长，保证原料处于刚熟或半熟状态；要根据原料的性质和具体的烹饪用途确定焯水的程度，一般植物性原料达到断生即可，动物性原料要达到变色定型无血污。其次，焯水要保证原料的营养成分不受或少受损失，尽量避免冷水下锅长时间炖煮，避免遗弃焯水汤液导致营养素的流失。最后，在焯水前要准备一些冷水，主要用于一些植物性原料焯水后的浸凉，防止质变和色变；还可以防止一些动物性原料受热粘连后影响整个成菜造型。

（2）过油 是以油作为传热介质，大油量、高油温将原料加热成半熟或刚熟的状态，以备正式烹调之用。过油时首先要掌握原料的成熟度，并注意过油以后的原料不宜久放。其次，有些大型的原料可能一次性过油达不到质量要求，需要重复过油。再次，很多原料在过油前要进行形状整理，确保成菜的整体造型。最后，因为油量多、油温高的特点，还应注意操作安全。

（3）油煎 是利用金属传热和油传热的方法，使原料受热后定型并形成外壳，以备正式烹调之用。主要适用于鱼类烧制前的初步熟处理。油煎的关键，一是要防止粘锅而造成原料外皮破损，影响整体形态美观。二是注意控制煎的程度，由于煎的时候原料底部和锅连在一起无法观察，必须依据经验掌握。

2. 调味焖烧

调味焖烧是烧制成菜的主要阶段。一般通过调味焖烧，原料就可以达到食用状态。调味焖烧一般又经历炝锅、添汤、下料、调味和焖烧五个阶段。这个阶段的关键是要烧熟、入味、焖透，所谓"火候足时它自美"，要保证提供足够的热能，满足原料的热容量供给；同时，要添加汤汁的数量要适当，过少时原料未熟而煳锅，过多时又难以收汁，影响成菜质地。

3. 收汁成菜

收汁成菜是烧的最后一个环节，是使菜肴卤汁变得稠浓，提高菜肴质地特征的一个重要阶段。从某种程度上说，收汁成菜是烧的成败关键。收汁通常要根据原料的性质、成菜的特点和烹饪的要求来选择合适的方法。

（1）蒸发收汁 蒸发收汁就是利用水从液态到气态的转变，水蒸气挥发到空气中，使卤汁减少完成稠汁成菜的过程。其收汁原理是水在100℃时沸腾，由液态转化成气态挥发逸失，减少了菜肴中的汤汁比例，达到收汁目的。蒸发收汁是纯物理性收汁方法，在烹饪过程中使用非常广泛。正因菜肴在加热过程中部分水分会蒸发，在烧制菜肴添加汤汁时要考虑烹调时的火力和汤汁蒸发损失的数量，确保菜肴成菜后汤汁数量适中。蒸发收汁适用的原料质地不能太嫩或太老，太嫩了大火加热保持汤液沸腾时原料容易散碎，而太老了短时间加热原料不容易酥烂成熟。

（2）勾芡收汁 所谓勾芡，就是在菜肴即将成熟、锅中的汤汁保持沸腾时，加入淀粉溶液，增进汤汁浓稠度的工艺过程。勾芡收汁的原理是利用淀粉糊化的原理，使淀粉颗粒分散于水中形成淀粉溶液，从而增加汤汁的浓稠度。烧类菜肴使用勾芡收汁的情况比较多，一般的红烧类菜肴大多需要勾芡收汁。

勾芡收汁的关键，一是要注意淀粉溶液加入的时机，既要考虑菜肴的成熟程度，也要考虑锅中的温度环境。菜肴未成熟勾芡，等菜肴完全成熟的时候容易粘锅煳焦，因为只有在90℃温度环境下，淀粉才能够完全糊化，当淀粉溶液加入锅内时会使锅内温度有一定程度的下降，因此使锅中的汤汁保持沸腾的时候是勾芡的最佳时机。勾芡时要控制好淀粉投入的数量，少则汤液浓度不够大，达不到既定的成菜质量要求，过多则成糨糊状影响菜肴质地，而且过重的生粉味也让人不堪忍受。因此，必须根据选料情况和成菜要求灵活掌握淀粉用量。

（3）糖收汁 糖收汁就是利用白糖（蔗糖）使汤汁变得浓稠的工艺过程。糖收汁的原理是利用蔗糖来增加溶液的浓度，同时，在加热过程中蔗糖发生分解，断裂的氢键与水结合，从而达到收汁的目的。用糖收汁的菜肴大多适用于口味酸甜的烧菜，如糖醋排骨、红烧肉等。

糖收汁的关键，首先在于掌握加糖的层次和目的。一般情况下菜肴加糖分三个层次：第一个层次是菜肴刚入锅时加糖，主要作用是去腥解腻增鲜，用量一般比较少；第二个层次是菜肴加热过程中加糖，主要作用是赋予菜肴甜味，起到调味目的，用量一般根据菜肴的口味来确定；第三个层次是菜肴成熟并酥烂以后加糖，主要作用就是收汁，用量相对较多。其次，以糖收汁必须有效利用火候，加糖收汁时，应该大火猛烧，但必须注意控制时间，避免产生焦糖化反应生成焦糖素颜色变黑，口味变苦。第三，以糖收汁必须考虑菜肴的总体甜度，要科学地安排好不同层次加糖的数量和比例，保证不影响菜肴口味。

（4）自来芡收汁　自来芡收汁主要是针对富含胶原蛋白的原料，经长时间焖烧以后胶原蛋白分解并溶解到汤液中，使汤汁变得浓稠。代表菜有红烧肘子、干烧岩鲤等。

自来芡收汁关键，一是选料讲究，必须选择富含胶原蛋白的原料，保证胶原蛋白含量。二是加热要充分，必须用好火候，一般适合中小火长时间加热，使胶原蛋白充分分解后溶解到汤液中，才能增加汤液浓度，达到收汁目的。

在实际烹饪运用中，以上几种收汁方法都不是单独使用，通常是几种收汁方法的综合运用。例如，糖醋排骨就是利用蒸发收汁、自来芡收汁和糖收汁来共同完成收汁的；干烧岩鲤，也是利用蒸发收汁和自来芡收汁来共同完成收汁的。

（三）烧的分类

根据成菜色泽，可以分为红烧、白烧和黄烧；根据成菜口味特色，可以分为酱烧、葱烧、辣烧、芫烧等；根据成菜是否勾芡，可以分为勾芡烧、自来芡烧和干烧；根据初步熟处理方式的不同，可以分为煎烧、煸烧、炸烧等。

1. 红烧

红烧是将加工整理后经初步熟处理的原料加入适当的汤汁和调料，以酱油或呈酱红色的调料提色，旺火烧沸，中小火加热使之入味成熟，再以旺火勾芡成菜的烹调方法。红烧的成菜特点是色泽红润、香咸鲜醇味浓、汁包原料、质地酥软柔嫩。代表菜肴有红烧鱼、麻婆豆腐、烧鸡公、大烧马鞍桥等。

2. 白烧

白烧是将经加工整理焯水或油余的原料，添加淡色或白色调味料及汤水，入锅加热中小火成熟稠汁成菜的烹调方法。成菜特点是色白素净、质地柔软细嫩、咸鲜味醇。代表菜肴有鸡汁烧广肚、咸肉烧冬瓜等。

3. 干烧

干烧是将已加工整理的原料经初步熟处理后，炝锅添加调料汤水，旺火烧沸调色定味下料，小火长时间加热入味成熟，中火收稠卤汁的烹调方法。成菜特点是色泽红润、质地软嫩、口味辣香、咸鲜醇厚、油汁。代表菜肴有干烧鱼、干烧明虾等。

4. 酱烧

与红烧基本相同，成菜不勾芡，利用较黏稠的酱类与原料加热过程中析出的蛋白质、胶质等溶于汤水的物质形成的稠浓汁液，经加热形成稠汁。成菜特点是色泽酱红、质地酥软柔嫩、酱香味浓、咸中带甜、醇厚、光泽油亮。代表菜肴有酱汁肘子、酱汁瓦块鱼、普宁豆酱鸡等。

5. 葱烧

与红烧基本相同，是用大葱为配料兼调料，突出葱香味的烹调方法。成菜特点是深金黄色或红润色泽、质地软嫩、葱香味浓、咸鲜醇厚、汁包原料、明油亮芡。代表菜肴有葱烧海参、葱烧蹄筋等。

6. 辣烧

与红烧基本相同，是用川红椒为配料兼调料（有时候也可以用辣椒粉），突出辣香味的烹调方法。成菜特点是色泽红润、香辣味浓、咸鲜醇厚、质地软嫩。代表菜肴有辣烧羊肉、川椒烧狗肉等。

七、扒

菜肴的造型艺术主要体现在冷菜工艺中，尤其是花色冷盘的制作凸显菜肴色与形的完美结合。热菜造型更多的是注重装盘技巧，能够从原料造型来展示的，也大多以炸、熘两种烹调方法制作的菜肴为主。扒，作为热菜中以水为传热介质烹调方法的一种，完全靠火候的控制和大翻锅技艺来完成菜肴造型，成为热菜造型艺术的一朵奇葩。扒，是鲁菜烹饪中常用的烹调技法之一，在中高档筵席中具有典型的代表菜肴。

扒，是将初步熟处理的原料加工成形或以整体形态，添加调味料、汤汁，整齐下锅，小火加热入味成熟，中火勾芡稠汁，翻锅后保持完整形态出勺装盘的烹调方法。

根据成菜色泽的不同，扒可以分为白扒（如白扒猴头、白扒四宝、栗子扒白菜等）和红扒（如红扒牛方、红扒鱼肚、红扒素翅等）；根据加热方式的不同，可以分为锅扒（如红扒乌参、蟹黄扒鱼翅、扒熊掌等）和笼扒（如整扒鸡、蛋美鸡、扒虎皮肉等）；根据原料的形状完整程度的不同，分为整扒（如整扒鸭、整扒熊掌、整扒排翅等）和散扒（如扒三白、鸡油菜心、蚝油白菜等）；另外，还可以根据口味特点的不同，分为葱油扒、鸡油扒、奶油扒、蚝油扒、五香扒、鱼香扒等。

（一）扒的工艺流程

选料→初步加工→整理成形→腌渍→预熟处理→整齐下水锅→加热调味→大翻勺→继续加热→收汁→装盘成菜

（二）扒的工艺要点

1. 选料要求

扒菜的原料选择较为广泛，但应注意三点：一要尽量选高档精致、质地易烂的原料，如鱼翅、鲍鱼、干贝等。这是因为扒菜工艺较为复杂，成菜大气，多以大菜、头菜的形式出现，高贵的品质有助于提高筵席的档次。二要尽量选用一些容易造型的原料，可以是整形的原料如整鸡、整鸭，或大块的畜肉如蹄髈、头、蹄爪等，也可以是外形散碎但容易通过整理或加工成形的原料，如粉丝、金针菜、散鱼翅及禽类的中翅等。三要尽可能选用一些熟料，如"扒三白"，所选用的原料有熟大肠、熟鸡脯肉、熟白菜条，选用这样原料的目的是容易入味，也具有解腥去味的作用。

2. 成形要求

扒菜讲究造型效果，注重外形美观。菜肴的外形来自两个方面：一是原料加热之前的成形加工，包括刀工处理成形和人工拼摆成形两个方面。如将原料修整为长短一致、厚薄均匀，有利于拼摆造型；采用剞刀工艺完成刀工美化，有利于形成外观图案；整禽类原料还需要斩断部分骨骼，将其"别"成一定的造型等。二是原料加热过程中的成形加工，主要依靠火候、芡汁处理、勺工技术等方面来控制。

3. 火候要求

扒，是使用小火力、长时间加热的典型烹调技艺。在加热过程中，如果火力大导致汤汁沸腾就会将原料冲散，影响造型；如果加热时间短了，火功不到家，就无法达到质地极烂、服帖的效果，不但影响菜肴质地，还影响菜肴造型。同一种原料制作的菜肴中，扒菜使用的火力最小、烹制的时间最长。

4. 芡汁要求

扒菜比熘菜的芡汁略浓、略少，芡汁主要靠勾芡和自来芡两种途径形成，一部分芡汁与原料融合在一起，一部分芡汁泻于盘中，光洁明亮。注重芡汁浓度，讲究汁包芡。如芡汁过浓，对大翻勺技术造成一定的困难，且无法形成软烂滋润的质感；如芡汁过稀，无法形成汁包芡的成菜效果，则出现味不足、色泽不光亮的现象。勾芡手法主要有两种：一种是采用淋芡法，边晃勺边淋芡，使淀粉糊化后及时与原料完美结合，形成汁包芡；另一种是将菜肴原汤勾芡后浇淋在菜肴上面，这种做法关键要掌握好芡的数量、色泽和厚薄等。

5. 翻勺要求

扒菜翻勺是采用大翻（见本章第一节，勺工基础知识）手法，最能体现从业者基本功，也是此类菜肴的工艺亮点。翻勺时应注意三点，一要保持炒勺的光滑，可采用事先润勺和成菜明油的方法，避免原料粘锅而翻不起来；二要掌握大翻技巧，沉着认真、动作潇洒，原料翻起后炒勺要及时迎上，接住菜肴的同时要稍作回撤，以缓冲惯性带来的冲击力，避免原料散碎；三要动作连贯，起勺、拧腕、抛起、迎接、回撤、归位等动作要一气呵成，挥洒自如。

6. 出勺要求

出勺是扒菜最后一个关键性工艺环节，直接影响菜肴形状和装盘效果。出勺前，应将炒勺旋动使原料与勺底分离，在手勺辅助下顺着盘子自右而左拖入，保持整齐和美观。出勺除了要掌握基本技巧保证原料形状不受影响外，还要注意卫生，避免勺底灰垢掉落盘中。

（三）扒的成菜特点

1. 成形特点

扒菜或善于造型，如整扒鸡、扒熊掌等，讲究原料外观完整；或善于拼摆，如扒三白、蛋美鸡等，保持原料排列整齐，成菜美观大气。扒菜的成形直接受刀工、火候、芡汁、勺工的影响，同时与餐具的选择也有直接关系。

2. 口味特点

扒菜口味以醇厚香浓为主，其口味适应范围广泛，可咸鲜，可甜鲜；可五香、可鱼香；还可以添加一些特色调味料，如葱油、鸡油、奶油、蚝油等，可以赋予菜肴不同的风味特色。扒菜的入味效果极好，由于长时间的加热处理，呈味物质分子颗粒可以渗透到原料内部，加上外层紧包的卤汁，足以保证成菜的味觉效果。

3. 质地特点

质地软烂是扒菜的又一特点。扒，有趴伏的意思，形容原料极烂的质感。扒菜软烂的质感来源于深厚的火功，突出体现了"火候足时它自美"的科学内涵。当然，原料质感的软烂给菜肴成形带来一定的困难，少而黏稠的汁芡起到了聚拢原料的作用，犹如一张大网将原料紧紧包裹在一起，这也是扒菜汤汁比烧菜汤汁少而浓的主要原因。

4. 营养特点

长时间加热的工艺特点使扒菜原料吸收足够的热能，有助于大分子颗粒的分解，更利于人类的消化吸收。但扒菜选料单一，大多数是针对大型动物性原料的烹制成菜，无法保证菜肴的营养平衡；行业上多在菜肴成熟装盘后使用菜心、生菜等经过事先煸炒的植物性原料围在四周，既起到点缀作用，也达到营养平衡的目的。

（四）扒的市场展望

由于扒法工艺复杂，制作难度大，尤其是大翻锅技术非一般从业人员所能完成，因此目前在行业上应用较少。而扒法成菜大气、口味多变，佐酒下饭皆宜；软烂的质感特征和容易消化吸收的营养特点，使其适用范围较广，尤其深受年老体弱者的厚爱，因此应予以推广、传播。

八、爆

爆是西南官话，是焙的异体字，是以水为传热介质的烹调方法之一，是中、大火较长时间烹调方法的代表。爆的工艺简洁，速度较快；先煸、炸干烹饪原料中的水分，更利于调味汁吸收；成菜香酥松软，尤其适合佐酒。爆的出现，是人类对火候熟练掌握和运用的结果，是人类对水烹技法的研究和发展的必然。

爆，是将原料经预熟处理后放入锅内，加适量的汤水和调料烧开后改中火加热，至原料软烂入味时改用旺火收汁，留少许汤汁成菜的技法。

爆是在陶器出现、水煮技法发展成熟时产生的，在铁器出现后被广泛运用；油脂在烹饪中成为传热介质后，爆的工艺也悄悄发生了变化。早期的爆更接近于熬，完全靠火力的作用使水分蒸发，由于胶原蛋白的作用使成菜汤液稠浓；油脂被运用于烹饪后，多将原料先用油炸酥后再入汤汁加热，高温油炸使原料本身固有的水分失去，更有利于吸收汤液，成菜汁少、酥香入味。

爆的出现，除了能够制作可以被直接食用的菜肴，被作为一种烹调方法运用外，还常常被作为一种辅助加热手段，起到收汁、干料的作用。

（一）爆的工艺流程

选料→初加工→预熟处理→入锅加汤调料→大火烧开→中火入味→大火收汁→装盘

（二）爆的工艺特点

1. 选料特点

爆，选料极其讲究，多以质地鲜嫩、含水量较多的动植物性原料为宜，如竹笋、卤点老豆腐、大虾、鸡翅等；也可以选用质地较老、富含蛋白质的原料，如鹿筋、牛筋、牛肉、海参等。原料要求外形完整，大小均匀；以鲜料为主，突出原料鲜香的特点。

2. 刀工特点

爆制菜肴对原料刀工处理非常讲究，一方面为了成形美观，多采用刀工美化，使原料受热后卷曲成各种不同的美丽形态；另一方面要尽可能扩大刀口面积，既有利于吸热成熟，更有利于吸收汤液，达到爆的目的。讲究刀工质量，保证成形一致；对质地细嫩原料刀工处理得不要太小或太碎，以免大火高温加热时"化掉"使菜肴形状显得不美观整齐。

3. 预熟处理

爆制工艺大多需要经过预熟处理，主要有两种方法：一是走油锅，如大虾、鲫鱼、竹笋、豆腐等，先将原料高温油炸，使原料达到干松酥香的质感，有利于加热中期充分吸收汤汁，成菜达到香酥软嫩的质感特点，俗称干爆；二是走水锅，如鸡翅、海参、蹄爪等，通过焯水处理，使原料断生，达到去除血污和腥膻异味的目的，保证成菜清爽、鲜香，俗称生爆。

在实际烹饪运用中，爆法也有不经过预熟处理直接入汤锅爆制的，大多针对涨发后的干货原料，如牛筋、鹿筋、鱼翅等，讲究火功，有时候利用着荧收汁，达到成菜少汁、醇厚的特点。

4. 火候特点

爆制菜肴最主要的工艺特点就是注重运用火候，采用大火烧开，中火烧制入味，再用大火收汁，相较于炖、焖、煨、烧、扒等烹调方法而言，爆是以水为传热介质的烹调方法中加热时间最短的工艺之一。当然，相对于以油为传热介质的烹调方法来说，爆还是依靠较长时间的加热手段来保证成菜软嫩的质感。爆多采用金属炊具烹饪菜肴，尤以铁锅居多。铁锅传热速度快、传热效果好，有利于将热能迅速传递给烹饪原料，完成大火收汁的烹调目的。

爆菜对火候的控制，还可以促进菜肴的美拉德反应和焦糖化反应，有利于形成菜肴亮丽的色泽；可以促进调味品分子颗粒与主配料分子颗粒的完美融合，利于优质复合味的生成。

5. 收汁特点

爆菜最大的特点就是汁少、干香，因此成菜最后需要采用收汁处理。在临灶实践中，爆制工艺收汁主要有三种方式。第一种方式是利用走油锅使原料高温失水，然后利用大火促使原料再重新吸收汤汁，达到收汁的目的。这种方法主要适合那些质地细嫩、含水量多的原料，走油锅炸制时要让原料尽可能多地失去水分，前期失水越多，后期吸收汤汁的效果就越好。这种方法成菜后汤汁少而清爽。第二种方式是利用胶原蛋白形成凝胶的过程和糖的收汁作用，完成菜肴最后的收汁目的。

这种方法主要适合那些质地较老、富含胶原蛋白的原料，加热时间比第一种收汁方法稍长，成菜汤汁少而稠浓。第三种方式是利用淀粉糊化性质，采用勾芡收汁，这种方法在燴制工艺中运用相对较少，多用于不宜走油锅炸制而原料本身又缺少胶原蛋白的原料收汁。这种方式收汁效果好，速度快，但成菜多浓腻醇厚，在临灶中多采用包芡成菜。

（三）燴的分类及代表菜肴

燴主要有三种分类方法：一种是按照原料是否经过预熟处理来划分，可以分为生燴和熟燴两种；还有一种是根据收汁过程是否勾芡来划分，可以分为清燴和芡燴两种；最后一种是根据采用预熟处理的方法来划分的，先炸后燴的叫酥燴，采用其他方法的叫软燴。

在行业上，对一些小型动物性原料进行燴制时，加入较多数量的醋，利用醋对骨骼的溶钙作用，使成菜骨骼疏松易咀嚼，形成鲜明的风味特色。这种方法在江苏徐州和山东一些地方运用较多，俗称醋燴，如醋燴黄河鲤鱼、醋燴猪尾等。

（1）生燴　是原料不经过任何预熟处理，直接入汤锅加热收汁成菜的方法，主要适用于富含胶原蛋白的动物性原料和需要勾芡成菜的其他原料的燴制，前者如燴鸡翅、燴鹿筋、燴蹄筋等，后者如燴鱼翅、燴海参、燴蹄爪等。

（2）熟燴　是原料经过预熟处理后，再入汤锅加热收汁成菜的方法。一种是先走油锅炸制后再燴制的，就是通常所说的酥燴，如酥燴鲫鱼、燴大虾、燴豆腐等；还有一种是先走水锅焯水后再燴制的，就是通常所说的软燴，如燴海参、燴熊掌、燴蹄筋等。

（四）燴与干烧

有人认为燴就是四川烹调方法中的干烧，因为从烹饪形式上看，燴法与干烧基本相同。但细究燴与干烧工艺，就会发现其中有许多微妙的不同。从原料预熟处理的目的来看，干烧的预熟处理是以对原料的增香着色为目的，大多采用走红技法完成；而燴的预熟处理大多是以对原料的干酥松脆为目的，大多采用走油炸制。从成菜的标准来看，干烧仍要求原料成菜软嫩，熬收汤汁时火力稍大，成品在盘中见油（红油）不见汁；而燴则注重原料自身吸收卤汁，成品在盘中微有卤汁，原料却酥松入味。另外，干烧主要是通过较短时间的加热把原料烧熟，质感要求嫩或酥嫩；燴是通过较长时间加热把许多质地坚韧而自身也没什么滋味的原料如燕窝、鱼翅、海参等用特制的汤汁加热入味制成酥软质地的美味佳肴。

（五）燴的市场展望

燴制工艺在山东和江苏徐州一带使用甚广，尤其是徐州还将此技法采用大批量生产的方式，运用食品式小包装进行异地销售；将烹饪技术运用到食品生产中，有利于推广，创造更多的社会价值。随着菜肴标准化进程的推进，燴制菜肴会被广泛运用于烹饪生产。

九、烩

烩，是将鲜嫩柔软的小型原料经焯水或滑油后，添加大量汤水调味烧沸下锅，中火较短时间加热，勾芡稠汁成菜的烹调方法。与烧法比较接近，只是烩的选料更广泛；一道菜中使用多种原料，且原料之间不分主次；原料多加工成小型的片、丁、丝、条等形状；多注重用汤，成菜具备半菜半汤、汤菜交融的风格。

　　烩制菜肴，除了大杂烩、佛跳墙、鸡丝烩鱼肚等菜肴之外，尤为有特色的是各种羹菜。羹菜代表品种较多，南北皆有名品。其中以广东的蛇羹、松子翡翠羹，两淮的平桥豆腐羹、朱桥甲鱼羹、蛋花玉米羹等最为出名。据史书记载"相传自唐筑城时，天寒以是犒军，遂成故事"。说的是唐朝初年，临海常受海盗抢掠，当时的刺史尉迟恭便派兵筑城防盗，开工之日正值正月十四，民间照常要闹元宵，海盗趁机从台州湾登陆，守城官兵便边筑城边剿盗，加之天寒地冻，筑城进展更缓慢了。当地百姓想出用带糟新酒当水，调入各种切成颗粒状的蔬菜、肉类、海鲜，和粉搅成糟羹答谢筑城官兵，官兵们喝了糟羹，觉得又好吃又御寒，进度大大加快。从此，每年正月十四喝糟羹的习俗便流传至今。

（一）烩的工艺流程

　　选料→初步加工→刀工处理→初步熟处理→入水锅加热→调味→勾芡→装盘成菜。

（二）烩与羹菜

　　烩是将初步加工处理的原料放入锅中，加大量的汤水烧沸、调味，待原料成熟后用水淀粉勾芡，使汤、菜融为一体的烹调方法。典型的代表菜肴有全家福、烩三鲜、五彩烩蛇丝等。原料品种多且不分主次，是烩的特征之一，保证了烩菜荤素搭配、营养互补的营养特点；汤、料各半，汤、料交融，是烩的另一重要特征，达到了汤菜一体；口味清淡、入口滑爽是烩菜的第三个特征，很大程度上符合"本味论"和清淡饮食的烹饪原理。

　　羹菜是烩的一种，除了具备烩菜固有的特征外，更有以下几个特点：一是原料成形更讲究，都以细小的颗粒状为主；二是更加注重芡汁浓度，强调"羹芡"效果；三是更加注重炊具的选择，多以陶瓷器具为主；四是适用人群更广泛，老幼皆宜，尤其适合亚健康人群食用；五是餐具特别，多以陶瓷器具直接上桌，且用汤勺摄食。

（三）羹与汤的区别

　　饮食业常有"汤羹"之说，人们往往以为汤与羹是相同或相近的，其实这是误解。汤与羹的区别在于：①选料形状不同，汤的原料形状较大，而羹的原料多以小型丁、丝、片状为主。②成菜浓度不同，汤通常不勾芡或芡汁很稀薄，而羹必须勾芡且较浓稠。③炊具和餐具选用不同，汤对炊具多不讲究，羹则选用陶瓷器具烹调；虽然汤羹都以汤勺摄食，但前者用汤盆盛装，后者是将陶瓷用具直接上桌，既是炊具又是餐具。④上桌时间不同，汤多在最后上桌，通常意味着筵席的结束；羹多在筵席初始上桌，更兼开胃醒酒之功。

（四）羹菜的基本特征

1. 羹菜的选料与工艺特征

　　羹菜多选用新鲜无异味的原料，多以动物性原料的肌肉组织为主，也偶有以鲜嫩的植物性原料入馔。通常将原料加工成小型的丁、片、丝状，一菜多料且不分主次。羹菜的火候多采用大火烧开，中火至原料成熟即可，时间短且工艺简单，适应当前人们的快节奏生活。

2. 羹菜的芡汁特征

中式菜肴对芡汁的要求很高，不同的菜肴对芡汁的要求也不一样。既有食完菜肴只见油不见芡的"明油亮芡"，如爆炒类菜肴爆炒腰花、炒猪肝、爆鱿鱼卷等；也有悬挂于菜肴之上如朝晨之露珠欲滴而不滴的"露珠芡"，如熘菜精品菊花青鱼、金毛狮子鱼等；更有质如米汤滑爽细腻的"琉璃芡"，如冰糖银耳、酒酿元宵等；羹菜对芡汁同样有着很高的要求。

羹菜用汤量较多，原料与汤液的用量几乎各半。一般用于制作羹菜的原料比重都比水大，因此都沉于汤液下层。而羹菜要求原料要悬浮于汤液的各个部位，也就是说，每舀起一汤勺羹菜，都应该达到汤液与原料各半的要求。这就要求提高汤液的密度来增大其浮力，行业上常用勾芡来达到这个目的。临灶过程中，常见芡汁太稠如糨糊，不但糊口难以下咽，而且浓重的粉味也影响菜肴的品质；也有芡汁稀薄，原料悬浮不均匀，甚至上汤下料，达不到汤料各半的均匀效果。从业者应该反复实践，找准用芡量与菜肴品种、分量和质地的联系，准确调配出"羹芡"效果。

3. 羹菜的成菜与餐具特征

羹菜应该是本味与本色的典范，就目前市场上盛行的羹菜来看，口味大都以咸鲜清淡为主，而色泽也都注重保持原料本色，很少使用有色调味品。另外，羹菜选用的汤料也以浓白汤和清汤为主，前者用于口感厚实、鲜香浓醇的羹菜，如蛇羹、甲鱼羹、鸡花鱼米羹等；后者用于咸鲜淡雅、汤清料鲜的羹菜，如平桥豆腐、上汤鱼翅羹、冰糖银耳羹等。

羹菜对餐具选用讲究，主要有两种：一是用烹调羹菜的陶瓷器具直接上桌，是当前比较通用的一种方法；二是另用陶瓷餐具或琉璃餐具盛装上桌，适用于一般筵席；三是用小盅分盛每人一盏，一般在高档筵席中运用较多。

4. 羹菜的营养特征

羹菜大多由几种原料共同构成，其中既有动物性原料，也有植物性原料，而且原料之间不分主次，有时候为了增加汤液浓度和鲜美滋味，还加入鸡蛋、冰糖等。这样就使羹菜的营养全面且比例适当，符合平衡膳食的基本要求，具备较高的营养价值，这是其他诸多菜肴所不能具备的。

5. 羹菜的摄食特征

羹菜富含动物性原料，蛋白质含量丰富；使用的汤液无论是浓白汤还是清汤都含有丰富的蛋白质，蛋白质的蕴热性能好，加上勾芡的作用，使羹菜的成菜温度很高。另外，陶瓷器具保温性能良好，这样羹菜食用时的温度一般都很高，要求服务人员在顾客摄食时提醒其注意防烫。

另外，羹菜摄食的主要餐具是汤勺，有的地方也叫调羹，这与其他菜肴多使用筷箸摄食的中国传统"筷子文化"又有不同之处。一般筵席先用公用的大汤勺分取羹菜到自己面前的小碗里，然后再用小汤勺摄食，这也符合分餐制的卫生要求。

（五）羹菜的工艺要点

1. 选料讲究、刀工精湛

羹菜选料要么是动物性原料，必须是不含骨骼的肌肉组织，讲究细嫩或酥烂，同时要新鲜无异味；要么是植物性原料，注重质地要求，多以鲜嫩、清淡为主。羹菜对原料形状的要求很高，可以是原料本身固有的形状，如嫩玉米、松子仁等，但必须细小且完整；可以本身形状大且不规则，但必须切成细小的丝、丁状，如火腿、鱼肉、甲鱼肉、蛇肉等；还可以是质地极其鲜嫩的，对刀工的要求更高，如平桥豆腐羹中的豆腐必须切成菱形小片，非常均匀。

2. 汤料的选择与投放比例

羹菜选择的汤料以荤汤为主，可以是鸡汤、鱼汤，或者是蹄髈汤、牛肉汤等，包括清汤与浓白汤。一般汤、料比为 1：1，保证汤料的质量和添加数量是制作羹菜的关键。

3. 芡汁的浓度

用于羹菜勾芡的芡粉主要有马铃薯淀粉、绿豆淀粉、小麦淀粉、菱粉、藕粉等，其中以马铃薯淀粉和小麦淀粉最为常用。芡粉的用量与羹菜（汤料）的数量及淀粉的种类、质量有直接关系，从业者应该反复实践找寻规律，保证羹菜芡汁的浓度要求，达到"羹芡"效果（比米汤芡略稠，可使原料均匀分布在汤液的每个角落，保证单位盎司汤液中固体原料的数量基本相同）。

4. 羹菜保温技巧

热菜最佳食用温度为 $60\sim65℃$，这就要求尽可能保持菜肴的温度，其间羹菜对食用的温度要求尤高。羹菜保温途径主要有三条：一是原料本身的保温作用，由于羹菜汤、料都含有大量的蛋白质，这就使羹菜具有高蕴热性；二是工艺保温，利用勾芡增加菜肴浓度来保温，有时还在菜肴中添加热油，使菜肴热量被油层隔离无法散发到空气中达到保温效果；三是容器保温，选用陶瓷器具作为炊餐具。

（六）羹菜的发展前景

羹菜在淮扬地区餐桌上出现得比较多，但还远没有像广东汤、中华粥那般被重视和普及。羹菜的刀工细腻，成菜爽滑，有利于食用，特别适合老幼人群；羹菜的汤、料各半，汤菜交融，亦菜亦汤，既适合佐酒又利于下饭；羹菜原料众多、荤素搭配，营养平衡，符合现代健康饮食理念；羹菜以陶瓷器具作为炊餐用具，既古朴大方，又有利于保温，符合菜与器的搭配原理，更满足了热菜对最佳食用温度的要求；羹菜工艺简单，程序相似，成菜效果相同，适应现代生活快节奏要求，更满足了菜肴质量标准化的基本条件，为中餐国际化发展奠定基础。正因如此，作为现代烹饪从业人员，有义务为羹菜"扬名立万"，深入研究羹菜，大力挖掘、创新和推广羹菜，使更多的人了解羹菜的优点，让羹菜走进千家万户，进入各种筵席，像汤、粥那样成为人们养生保健的滋补佳肴。

十、涮

涮是一种比较特殊的烹调方法，是一种自助式餐饮形式，在行业上流行甚广。

由于涮大多以火锅的形式出现，因此有人把火锅又称为涮锅。但真正意义上的涮与火锅又有着显著的不同，需要进行辨别处理。

涮是将经加工整理并刀工成形的小型的新鲜细嫩的原料放入沸腾的汤锅中烫至断生，随即出锅用调味品蘸食的一种烹调方法。早期的涮是将原料放入沸腾的水中烫至断生，然后取出蘸食的一种方法，对所用的锅具没有什么特殊的要求，对用来烫料的汤水也没有什么特殊的要求。发展到近代以后，对涮锅有了明确的要求，多以火锅的形式出现，而且对汤水也有了明确的分类和要求，如白汤、清汤、红汤等。

涮的推广和流行，将自助式中餐烹饪推向高潮。由食客在服务人员的协助下自己选料、烫熟、蘸食，既可以按需摄食，又可以渲染进餐气氛，是火锅文化得以盛行的重要因素。由中国烹饪协会组织成立的火锅专委会，对火锅行业的经营指导、发展规划、服务规范和标准等做出大量卓有成效的工作。

（一）涮的工艺流程

选料→初步加工→刀工处理→入汤锅烫熟→出锅蘸调味品→食用

（二）涮的工艺要求

1. 选料与成形的要求

用于涮的原料广泛，无论是动物性原料还是植物性原料都可以，但前提必须是新鲜、质地细嫩易熟、无异味的原料，要确保原料的卫生要求。原料一般以小型的片、丝、条、块为主，如羊肉片、牛肉片、豆腐块等；也可以是小型原料的固有形态，如小型的鱼、虾、贝类等。

2. 注重汤料的加工和选择

涮锅应根据实际需要选择合适的汤料，主要依据是个人嗜好、地域和季节、火锅自身的特色等。汤料一般应事先加工好，并烧沸后再入涮锅中由客人自由涮食，以节约客人等待的时间。以四川鸳鸯火锅为代表的涮锅，分为白汤和红汤两个部分，口味也有咸鲜和麻辣之分，可以让客人自由选择。

3. 事先准备好蘸食调味品

用于涮锅蘸食的调味品主要有两类：一类是常规调味品，如醋、椒盐、麻油、蒜泥等；还有一类特殊的蘸料，以各种酱类如花生酱、芝麻酱、鱼子酱等为主，由食客根据自己的喜好自主选择。这些蘸食调味品应事先备好，放置在固定位置，由服务人员引导客人取用。

4. 要保持旺火沸汤，注重涮料方法

应提醒食客在涮锅中汤水沸腾后再开始涮料，期间应保持旺火使汤水持续沸腾。涮料是用筷箸或小漏勺将原料放入沸汤中上下、左右反复移动，行业惯称"七上八下"，可谓耐心十足；将原料烫至断生后即可出锅蘸食。尤其需要强调的是，涮不同于煮，不能将原料一股脑倒入涮锅中煮熟，这样既无法达到进食气氛要求，更会导致原料老硬（多指牛羊肉等）或软烂（多指绿叶蔬菜、鱼肉等），失去固有质感特征。另外，还应注重卫生要求，一定要保证将原料烫熟、烫透，避免生食或半生食，确保饮食安全。

5. 强调涮后即食，崇尚节约

原料在涮锅中烫熟后应立即蘸调味品食用，以保持固有风味特色；涮料最好采用少量多次的方式进行，切忌一次性烫很多原料结果吃不完，要崇尚节约，拒绝浪费。

（三）涮的市场前景

涮的工艺特点决定了摄食气氛的热烈，自助式饮食方式也已经被越来越多的人接受，涮菜尤其是火锅业的发展必将持续和繁荣。但涮也有几个问题，如口味单调，质感局限性强；长时间食用涮锅可能导致口腔烫伤；由于没有烫至断生而发生卫生事故；以及火锅汤料引起的争议等，应引起关注并予以解决。

第三节　以油为传热介质的烹调方法

一、油浸

饮食业所指的油浸是将初步加工处理的鲜嫩易熟的原料，投入到已加热到110℃左右油温的油锅中缓慢加热成熟后装盘，带调味碟上桌成菜的烹调方法。

（一）油浸的工艺流程

选料→初步加工→刀工处理→腌渍→入油锅加热→装盘→带调味碟上桌

（二）油浸的工艺要点

1. 选料的要求

根据油浸的工艺要求，此类菜肴应该具备鲜嫩清淡、细腻滑爽的特点。因此，这就要求油浸类菜肴的选料一要新鲜，必须是刚从自然界采撷的尚保持其原有风味特征的新鲜原料；二要细嫩，且应富含蛋白质，以鲜嫩的动物性原料为主；三要无异味，既要保证原料无变质产生的异味，还要保证原料本身没有令人不悦的异味，这才符合突出本味调味方法的基本条件。

2. 油量与油温的要求

由于油浸是利用油脂作为传热介质将热能从四面八方传递给烹饪原料，因此必须保证原料的周围都布满油脂，必须将原料浸没到油脂中去，原料的体积越大用油量越多，一般油、料之间的比例为3∶1或4∶1，油量过少不利于均匀传热，而油量过多既增加劳动负荷又有铺张浪费之嫌。

油浸类菜肴制作时通常将油温升高到110℃时再投入原料，临灶时具体投料的温度与季节和原料体积有关。一般冬季气温较低、原料的体积较大时下锅的油温应该高些，保持原料下锅后油温刚好降到90～100℃，利于对原料的长时间稳定加热；相反，如果是夏季气温较高、原料的体积较小时下锅的油温应该相对低些。

3. 原料下锅后火候的控制

由于油浸是利用油脂较长时间地将热能传递给烹饪原料，使原料吸收足够的热能，达到成熟所需的热容量后成菜，因此必须使油脂保持较长时间的中低温状态。这就要求严格控制火候，要保证油温控制在90～100℃，低则达不到中低温将原料焐熟焐透的要求，高则使原料外部蛋白质变性硬化甚至焦化而内部却没有完全成熟。应该采用中小火较长时间的加热，并根据油温的高低及时调整火候。

4. 加热时间的控制

有些烹调师认为油浸是利用中低油温长时间对原料加热使其成熟，由于油温较低对原料的影响不大，因此油浸的时间越长越好，其实这种观点是错误的。油浸时间的长短是根据原料质地的老嫩程度、油温的高低以及原料的体积大小和质量来决定的，只要使原料吸收足够的能量，达到其成熟所需要的热容量就符合成菜的要求。如果在油脂中加热的时间太长，不但会使原料老化使其质地变硬，还会使油脂更多地渗入原料内部，使成菜含油量增高，失去本应具备的鲜嫩淡爽的质感特征，降低菜肴的质量。

（三）油浸的成菜特点

1. 油浸原料的成形特点

油浸类菜肴可选用质地细嫩的整形或大块动物性原料，经过初加工以后在原料表面剞上一些花刀纹，然后直接放入油锅中浸熟，这样既能增进菜肴美观，又扩大了受热面积使之易于成熟；对于一些鲜嫩易散碎的原料可将其加工成一些相对较小的形状后用锡纸等包裹成形，入油锅中浸透，出锅装盘后上桌时由服务员帮助或食客自助剥开锡纸进食，即达到封闭调香的原理，增进了菜肴造型美，同时也增加了进食情趣。

2. 油浸的调味工艺特点

根据菜肴制作过程中调味的时机和作用的不同，可分为烹前调、烹中调和烹后调。由于油浸以后的油脂还要用来制作其他菜肴，为了尽量不影响油脂的质量，除了用盐和葱、姜、料酒等调味品对原料进行简单腌渍外一般不作特别的调味处理；而在油浸过程中又不利于对原料进行调味，因此油浸类菜肴调味多选择烹后调，在菜肴加热成熟装盘后携带调味小碟上桌，可以根据地方口味习惯多准备一些调味碟，由食客根据自己的口味爱好自主选择调味。这种自助式的调味方式极大程度与西式菜肴调味方式接轨，具有灵活简便和选择范围广的特点，深受食客的欢迎。

3. 油浸成菜的质感特点

由于油浸类菜肴使用中低油温较长时间地对原料进行加热处理，热能吸收缓慢，对原料的影响相对较小，避免了高温使原料在短时间内失去水分而形成酥脆或干硬的质感特征。因此，油浸类菜肴质感多鲜嫩清淡、细腻滑爽，更适合于口腔疾病患者和老年多病的人食用，适用范围更广。

（四）油浸与油淋、油氽的联系与区别

油浸与油淋、油氽都是以油脂作为传热介质，但其油温、加热的时间和方式却有本质的不同。

1. 油浸与油淋的区别

首先油浸和油淋的加热方式不同，油浸是将原料浸没在油脂中进行加热，而油淋是将热油直接淋浇在原料表面使其受热。其次，油浸与油淋的加热时间不同，油浸比油淋加热的时间更长。最后，油浸与油淋所用的油温也不一样，油浸的油温相

对较低，一般控制在 100℃ 以下，这样才能保持原料鲜嫩滑软的质感特征；而油淋的油温相对较高，一般控制在 120～150℃，油温过低则原料外皮不起酥，达不到理想的质感效果，油温过高则外焦里不熟，同时外皮容易破裂影响美观。

2. 油浸与油氽的区别

首先，油浸与油氽的加热方式不同，油浸是将油脂加热到理想的温度后再投入原料，保持稳定油温长时间加热使原料成熟；而油氽是冷油下锅，随着油温的缓慢升高达到理想的温度对原料加热使其成熟。其次，油浸与油氽的加热时间不一样，油浸比油氽的加热时间稍短一些，油氽需要将油温升高到一定温度后反复离火控制油温，使原料失去大量水分后起酥。最后，油浸与油氽所用的油温也不一样，为了使油氽菜肴达到酥脆的质感，使用的油温通常高于 100℃，使原料所含的水分达到汽化温度以水蒸气的形式逸出；而为了保持油浸类菜肴鲜嫩清淡、细腻滑爽的质感，必须使油温低于 100℃。

（五）油浸的未来展望

通过对油浸工艺的探讨可以看出油浸具有其他以油为传热介质的烹调方法所没有的优点。由于其油温低，可以减少对原料营养素的破坏，能保持原料鲜嫩滑软的质感，更不会产生对人体有毒害作用的 3,4-苯并芘，这些都符合现代科学的膳食理念。随着科学膳食结构、本味膳食理论和清淡膳食要求等理念被越来越多的人所接受和推广，油浸的工艺研究会日益引起人们的重视，其烹饪应用也会日益广泛。

二、炸

在以油为传热介质的烹调方法中，油炸技法是运用最广泛、最受欢迎的一种。由于油炸固有的工艺和成菜特点，深受广大食客尤其是中青年食客的青睐。在菜肴炸制过程中，应深入研究油炸的工艺特点，发现烹饪现象，探究工艺原理，才能将油炸技法更好地运用于烹饪实践。

油炸是将经过加工整理、刀工成形的烹饪原料，采取保护或优化措施后，入大油锅中使其定型、成熟，保持成菜固有质地特色的一种烹调方法。油炸技法在烹饪中运用非常普遍，根据成菜过程中所起的作用不同，可以分为预熟处理技法和正式熟处理技法。预熟处理技法根据油量和油温的不同，可以分为滑油和走油；正式熟处理技法就是烹调方法，也是本文重点探究的油炸技法。油炸技法与滑油、走油最大的区别在于前者的原料经熟处理后已经成菜，可以被食客直接食用；而后者原料只是达到半熟或刚熟的状态，需要进一步烹调加工才能被食用。

油炸技法起源于油脂的烹饪应用，是在青铜器特别是鼎出现以后才被局限性使用；油炸技法推广和繁荣于铁器烹饪时代，铁锅轻巧便捷，传热均匀、迅速，尤其是耐高温的特点为油炸技法提供了烹饪基础。

（一）油炸的工艺流程

选料→初步加工→刀工成形→腌渍→着衣处理→入油锅加热→沥油→装盘→调味（或带调味碟上桌）

（二）油炸的工艺特点

1. 选料考究

油炸技法根据原料在炸制之前是否着衣，可以分为裸炸和着衣炸两种类型；根据成菜质地特征，又有酥、脆、松、软之别。裸炸类菜肴要想达到既定的形状和质感特征，必须富含蛋白质或糖类，这是由于蛋白质受热变性凝固、淀粉的糊化作用和糖类的美拉德反应才能使菜肴起壳定型；而只有高温短时间内使原料失去大部水分以后才能达到质地干酥的效果。因此，常用于裸炸的菜肴主要选用鱼、肉和蛋类等富含蛋白质的原料，以及马铃薯、芋头、粉团等富含淀粉的植物性原料。用于着衣炸的原料选料范围相对较宽，但着衣的原料必须选用富含蛋白质和淀粉的原料，如鸡蛋、淀粉、面粉等，以及能够起酥增香的芝麻、面包屑、瓜子仁、馒头丁等原料。

2. 注重大油锅的运用

饮食行业所说的大油锅，主要体现在油量和油温两个方面。油量大和油温高是油炸的典型特征，油量应该是原料的1～4倍，一般原料质地越老、形状越大，需要的油量就越多。油温高低的选择取决于原料的性质、成菜的要求、加热的进程等因素，但总的来说大多油温较高，一般都在100℃以上。大油锅烹调最容易出现溅油和燃烧现象，原料轻投、沿锅边滑入和用勺、布遮挡等，可以有效防止溅油灼伤事故；及时添加冷油、离火和投入冷料可以避免或有效阻止燃烧现象，保证操作安全。

3. 油炸的三个典型阶段

（1）初炸定型阶段　原料成菜以后形状会发生变化，从业者总是试图达到理想的成形要求，这除了要采用刀工处理（如化整为零、刀工美化等）、人工整理（如包、卷、叠、折等）和特殊成形（如别鸡、弓鱼等）等方法外，还要依靠熟处理过程中蛋白质的变性凝固、淀粉的糊化等作用完成原料定型。蛋白质在60℃就开始变性，随着温度的升高变性进程会加快；淀粉在53℃开始糊化，完全糊化的最佳温度是90℃，因此初炸定型以100℃以上的温度为宜。但初炸定型的油温也不宜过高，否则外部碳化而影响后期熟处理过程，无法达到理想的成菜质量要求；尤其是高丽炸，油温过高会使原料内部空气迅速受热膨胀，蛋白质却没有完全变性定型，原料出锅后部分热空气逸出，余下的冷却收缩，成品迅速萎缩、变色而导致失饪。初炸定型阶段时间相对较长，必须保证原料效果。

（2）复炸浸熟阶段　原料成熟要满足热容量的供给需求，这就要求炸制过程中必须保持合适的油温并持续一定的时间。影响物质热容量的因素主要是其本身的性质和数量，一般相同数量的动物性原料比植物性原料的热容量要高，同时动物性原料的体型多较大，因此复炸浸熟的时间相对较长。复炸浸熟必须根据原料的性质保持合适的油温，复炸油温过高导致原料外部碳化而内部未熟；油温过低又会导致大量油脂渗入到原料内部，使菜肴成品油腻不堪。复炸浸熟阶段时间最长，要确保将原料浸熟浸透。

（3）终炸成质阶段　原料最终成菜要达到一定的质地要求，有香酥也有软嫩，有外酥里嫩，也有外酥里松，这就要求采用合适的油温经最后一次炸制来达到最终的质地效果。终炸成质阶段一般情况下油温相对较高，尤其是要求质地酥脆的菜肴油温要高达160～210℃。这个阶段的时间相对最短，工艺要求也最高。

4. 关注沥油程度

随着生活水平的不断提升，人们对油腻的菜点已深感厌倦；随着健康饮食时代的到来，社会对高脂饮食也已谈之色变。对油炸食品沥油程度的关注，使其成为质量评价的一个重要方面。在原料出油锅后，一定要充分沥油，力求原料含油量达到最少；有时为了缩短沥油时间，保持成菜的酥脆质感，可以选用吸油效果良好的餐饮专用吸油纸来垫底衬托装盘，既有助于提升菜肴档次、增进美观，更可有效吸收多余的油脂，尽量保持成菜清爽质感。

5. 讲究装盘效果

热菜烹调方法也注重成菜造型，但很难像冷菜造型那样达到美轮美奂的程度。冷菜造型注重刀工与拼摆艺术，而热菜造型讲究的是装盘效果。热菜造型效果得以最佳体现的烹调方法主要是炸和熘，特别是油炸菜肴干爽无汁的特性，尤其适合装盘造型。炸制菜肴装盘造型一是注重餐具的选择，可以根据原料的成形特点和规格档次选择配套的餐具；二是注重拼摆造型，注重美学效果；三是注重点缀，利用食品雕刻、可食用花卉及佐餐调味碟等衬托菜肴、增进美观。

（三）油炸的成菜特征

1. 特有的质感特征

油炸类菜肴质感丰富，多以复合型质感存在。有软滑型质感，如软炸口蘑、软炸里脊、软炸香蕉等；有酥脆型质感，如炸响铃、萝卜鱼、脆皮银鱼等；有松散型质感，如高丽香蕉、高丽虾、香炸云雾等。总之，油炸类菜肴的质感特征以酥脆、松软为主，这是以油为传热介质能产生的特有质感。

2. 自助式调味的特征

由于油炸技法特有的工艺特征，通常有两个调味阶段：第一阶段是腌渍入味阶段，也叫烹前调，是在正式加热之前进行的基础性调味。相对其他烹调方法而言，油炸类菜肴的腌渍效果要求更高，通常下口也较重，使原料基本达到成菜的口味要求。第二阶段是食用时采取的自助式调味阶段，是在加热成菜后利用佐味碟的形式配以各种调味品，由食客根据自己的口味要求自行选用合适品种和数量的调味品。这种方式与西式烹调调味方式接近，充分体现了中餐国际化发展。

3. 成菜防潮的特征

油炸菜肴质感特征的形成与菜肴的含水量有着直接的关系，主要是利用失去一定比例的水分来达到理想的质感效果。由于菜肴失水严重，因此具有很强的吸湿性，一旦重新吸收水分，质地会迅速回软，失去油炸类菜肴固有的质感特征。因此，油炸类菜肴一定要注意防潮，一方面要及时食用，另一方面要注意防水，必要时真空包装。

（四）油炸的分类及代表菜肴

油炸技法运用普遍，工艺多变，代表菜肴众多。因此，行业上对油炸的分类方法也很多，总的来说分为着衣炸和不着衣炸（裸料炸）两种，详见图 9-1。

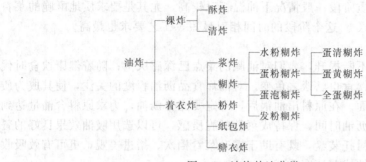

图 9-1　油炸技法分类

1. 裸炸

（1）酥炸　是将预熟处理的原料直接入油锅中加热制熟，使其表皮起酥、内部松嫩的烹调方法。酥炸的根本要求是选料必须经过蒸、煮、烧等预熟处理，使原料形成既有的风味特征和质地要求，再经过高油温加热使其达到外酥脆里酥烂的质感特征。酥炸的成菜特点是色泽美观，外香酥里软烂。代表菜肴有香酥鸭、香酥鸡、樟茶鸭子等。

（2）清炸　是将原料经初步加工、刀工处理，腌渍后直接入油锅加热成菜的烹调方法。清炸的特点是原料不经任何着衣过程，保持菜肴干香酥脆的质地特征。清炸的成菜特点是外干香里鲜嫩，耐咀嚼。代表菜肴有清炸仔鸡、炸八块、清炸菊花肫、清炸小黄鱼等。

2. 着衣炸

（1）浆炸　是将原料经刀工处理、腌渍，挂一层厚浆后入油锅加热成熟的烹调方法，因其成菜质地软滑，又名软炸。浆炸多采用水粉浆、蛋黄浆、蛋清浆和全蛋浆来给菜肴着衣，一般浆的浓度比较浓稠，比糊稍微稀薄点，介于厚浆薄糊之间，因此有些从业者认为软炸也属于糊炸。软炸的浆层不宜太厚，否则生粉味太重影响成菜质量，浆炸的成菜特点是色泽淡黄，质地滑软，清香可口。代表菜肴有软炸鲈鱼柳、软炸雀脯、软炸虾仁等。

（2）糊炸　就是将原料经刀工处理后经挂糊处理，入油锅加热成熟的烹调方法。根据所用糊的种类不同，又可以分为水粉糊炸、蛋粉糊炸（又包括蛋清糊炸、蛋黄糊炸和全蛋糊炸）、蛋泡糊炸、发粉糊炸四种。水粉糊炸是将原料直接挂上水粉糊后加热成菜，因为成菜质地干硬略脆，又名干炸，常见的代表菜肴有干炸里脊、笔杆鸡、干炸长鱼千等。蛋粉糊炸是将原料挂上蛋粉糊后加热成菜，由于选用蛋清、蛋黄等不同部位，成菜色泽会很有很大差别，有蛋清糊炸、蛋黄糊炸和全蛋糊炸三种方法。因为成菜质地酥脆，又名脆炸，典型的代表菜肴有炸子盖、锅烧肘子、金玉满堂等。蛋泡糊炸是将质地细嫩的原料经处理后裹上蛋泡糊，入油锅加热成菜。因为原料使用蛋泡糊，因此成菜形成较多的气室结构，入口香松，又名松炸。蛋泡糊是将蛋清搅打成泡沫状后掺入干淀粉而成，又名芙蓉糊、高丽糊等，因此有些地方将蛋泡糊炸又名芙蓉炸或高丽炸。典型的代表菜肴有高丽香蕉、松炸银鼠鱼、松炸里脊、香松银鱼等。发粉糊炸是将原料裹上一层发粉糊后加热成菜的方法。发粉糊是特指糊中加入老肥、发酵粉等调制而成，使原料成菜酥松膨胀、外酥里烂，代表菜肴有锅烧鸭子、锅烧蚕豆等。

（3）粉炸　就是将原料加工整理、腌渍后直接拍粉或先上浆再拍粉，入油锅加热成熟的方法。粉炸选用拍粉的原料范围较广，只要是富含淀粉、能起到增香效果的粉粒状原料都可以，如淀粉、面粉、面包糠、芝麻、松子仁、麦片等。因其成菜外部具有浓郁的香味，质地外香酥里鲜嫩，又名香炸、西法炸等，典型的代表菜肴有吉力虾球、板炸牛排、芝麻鱼排等。

（4）纸包炸　是选用质地细嫩的原料经刀工处理后，利用无毒玻璃纸或糯米纸包裹成形，入油锅加热成熟的方法。纸包炸的原料必须加工成小型，要先期进行调味后再用纸包裹，注重包裹形状美观，成菜上桌后由客人自己剥开外层纸后摄食。成菜特点是美观整齐、质地鲜嫩、香浓味美，典型的代表菜肴有纸包三鲜、威化海鲜卷、蚝油纸包鸡等。

（5）糖衣炸　是指将原料加工整理后，经预熟处理后或直接在表面刷上一层蜂蜜、饴糖等，入油锅加热成熟的方法。糖衣炸主要是利用糖的美拉德反应和焦糖化反应，使原料具备理想的质感和色泽。因成菜后原料外部表皮大多香酥脆嫩，又名脆皮炸，典型的代表菜肴有脆皮乳鸽、脆皮鸡、脆皮乳猪等。

（五）油炸的市场分析

因为油炸类菜肴鲜明的质感特点，加上成菜香味浓郁，被广泛运用于烹饪生产。但同时也应看到，油炸技法具有三个急需解决的问题：一是高温油炸食品产生了对人体有害的 3,4-苯并芘，二是油温炸制后的油脂不利于长期保存，三是长期食用大量油脂不利于身体健康。再加上油炸技法工艺繁杂、方法多变，也不利于从业者学习、推广。因此，应加强对油炸技法工艺改良的探讨，使其成为更科学、营养的烹调工艺。

三、煎

煎是伴随油脂的开发利用和金属炊具的发展应用后出现的一种典型的油烹技法，在中式烹饪中应用较多，在西式烹饪中也常被应用（最典型的如煎牛排）。煎的工艺富有特色，成菜色泽美观、外酥里嫩，在餐饮业尤其是家庭烹饪中被广泛运用。

煎，是将原料刀工处理成扁平状或直接选用扁平状的原料，经腌渍后入小油锅中加热，使其两面金黄而成菜的烹调方法。煎有两种方式，一种是油煎，就是本文研究的烹调方法；还有一种是水煎，是将原料放入水中长时间加热的一种方法，常见于几种原料一起加热，谓之"煎服"，例如煎草药、煎茶等。煎是以油为传热介质的烹调方法中加热时间最长的方法之一，讲究慢火细工。

煎法可以追溯到北魏时期，在《齐民要术》的"饼法"中有关于煎的记载。可见煎是中式烹调中常用的一种技法，既适用于菜肴制作，在面点制作中也经常被应用。煎法在烹饪中除了被作为正式熟处理的烹调方法被广泛运用外，更多地被作为预熟处理的一种方法来运用,在烹饪中经常说到的煎烧、煎蒸、煎炸等,很多时候被认为是一种烹调方法,其实正确的烹调方法是烧、蒸、炸等,煎只是预熟处理的一个过程,是先采用煎法对原料进行预熟处理,然后才通过烧、蒸、炸最终成菜。

(一) 煎的工艺流程

选料→初步加工→腌渍→整理成形→入油锅加热→翻转原料继续加热→烹入调味汁→装盘成菜

(二) 煎的特点

1. 小油锅加热成菜

小油锅,具有油量少、油温低两个显著特点。煎法只是在锅底留薄薄的一层底油,油温较之其他烹调方法要低得多,这也必然导致其加热成熟的时间相对于其他以油为传热介质的烹调方法要长些。小油锅烹调至少应该注意三个问题:一要注意传热效果,防止不熟或煳焦;二要防止原料粘锅,影响成菜形状和色泽;三要明确油脂对菜肴的作用和影响,合理控制菜肴的含油量。

2. 双重传热,相辅相成

油煎技法是先在锅底留少许底油后将原料贴着锅壁内层进行烹调,原料成熟所需要的热容量主要来源于两个方面:一是以油为传热介质获得热能,二是以铁锅为传热介质获得热能。前者主要利用热对流的作用进行传热,利用油脂的渗透性将热能传递给原料,尤其有利于原料内部的受热成熟;后者是利用铁锅的热传导作用进行传热,利用铁锅良好的传热性能将热能传递给原料,尤其有利于原料表面受热,对原料表面色泽的形成影响较大。在烹调过程中必须将这两种传热方式有机配合,相辅相成,最终达到最佳的成菜效果。

3. 两面加热,色泽金黄

因为铁锅传热是煎法的重要传热方式之一,要依靠铁锅与原料的紧密结合才能完成热传导过程,因此为了使原料能快速成熟,增强热能的穿透力,通常采用两面加热的方式,就是在一面受热成熟并达到色泽金黄后,立即翻转原料加热另一面,完成同样的加热过程。这样独特的工艺过程,最终得以使菜肴成品两面的色泽、质地及成熟效果完全一致。

4. 成菜多呈扁平状

由于是利用铁锅的热传导作用将热能传递给烹饪原料,按照热传导原理,铁锅与原料的接触面积越大,传热的速度就越均匀迅速。因此,为了增强传热效果,保证成菜两面金黄的色泽要求,最终的成菜形状多呈扁平状。

(三) 煎的工艺要点

1. 注重原料选择与加工

鉴于煎的工艺特点,首先应该选择质地细嫩易熟的原料,保证在成品色泽金黄的同时原料内部也完全成熟,避免出现外焦内不熟的情况;其次应该选择新鲜、无异味的原料,与煎法凸显成菜鲜香味美的品质相适应;最后应该选择富含蛋白质或淀粉的原料,保证原料凝固定型。

用于煎的原料要么加工成扁平状,着衣或直接入油锅加热成熟,符合煎的工艺特点；要么加工成缔子，以球形入锅后可以利用手勺或锅铲将其按压成扁平状，制作这类菜肴应该注意按压时用力要轻缓、均匀，避免球形缔子被按压散碎或扭曲变形，影响成菜整体美观。

2. 注重锅的润滑处理

由于煎法采用原料与铁锅内侧直接接触受热成菜的工艺特点，为了避免原料与铁锅接触加热的过程中出现粘锅现象，通常在原料入锅前应对铁锅采取润滑处理，方法是将铁锅洗净后加热，放入少许油脂并旋转铁锅，使油脂均匀分布在铁锅内侧表面。这种对铁锅润滑的方法应该注意三点：一是必须保证热锅冷油，这是防止原料粘锅的重要手段之一；二是上述对铁锅润滑的方法应反复多次进行，直到铁锅被滋润并且表面均匀布满油脂为好；三是必须使用洁净的油脂，避免对菜肴的色泽产生影响。当然，在实际临灶过程中，很多从业者还可以根据实践经验采用其他的润滑措施，例如将铁锅烧热后用生姜片擦其内壁等。

3. 选用热油下锅，温油慢煎

油煎类菜肴讲究原料的下锅时机，一般多采用热油下锅，这是为了使原料表面与铁锅接触时温度能迅速升高到100℃以上，保证蛋白质受热变性和淀粉糊化的温度要求，使原料表层迅速凝固定型。原料下锅时油温不能过低，否则不但不容易定型，还会导致原料与铁锅粘连；当然，油温也不宜过高，否则会导致原料表层焦煳，影响后期烹调，影响成菜效果。原料下锅受热定型后，应立即改用小火，用温油（油温一般保持在 80～100℃）对原料进行缓慢加热，保证原料的内部成熟效果。

4. 掌握翻料时机，讲究翻料手法

油煎工艺注重成菜两面金黄的煎制效果，这就要求必须掌握合适的翻料时机，并讲究翻料手法。翻料时机的选择尤其重要，应该在一面完全煎好后再翻转，切忌不可反复多次翻转原料，避免将原料翻碎。油煎时翻料方法主要有晃勺、翻勺和翻料等方式。晃勺是避免原料与铁锅粘连，使原料与铁锅接触部位均匀受热；翻勺是使原料翻转的重要手段，采用大翻的手法将原料180°旋转，达到翻料的目的；翻料是从业者利用锅铲作为工具将原料翻转，工艺要求相对简单，适合更多司厨者应用。

（四）煎的分类及代表菜肴

1. 干煎

干煎是将整理成形的生坯经着衣后入油锅两面加热使其成熟的方法。干煎的工艺特点主要体现在原料须要经着衣处理，可以是上浆、挂糊、拍粉，也可以是先拍粉后再挂糊，通常根据原料的质地特征和成菜的具体要求选择合适的着衣方法。干煎的成菜特点是外皮酥脆干香、内部鲜嫩，典型代表菜有干煎目鱼、干煎豆腐盒、干煎丸子、干煎牛排等。

2. 软煎

软煎是将整理成形的生坯蘸蛋液或直接入油锅两面加热使其成熟的方法。软煎的工艺特点是将质地细嫩的原料蘸上蛋液或直接入油锅加热，油温更低些、加热时间更长些，成菜讲究质地软嫩、鲜滑味美，典型的代表菜有软煎鱼饼、虾仁涨蛋、软煎鱼柳等。

（五）煎的烹饪运用

煎与炸比较，油量少、油温低，避免了油脂的浪费及加热后难以保存的问题，更减少了对人体有害成分的产生；成菜特色鲜明，深受食客青睐。但煎也具有三个缺点：一是选料单一，不符合平衡膳食的营养理念；二是原料受热面与金属炊具内壁相连，无法看到原料受热后的变化情况，难以控制油煎的火候；三是成菜口味单调，多以咸鲜味为主，无法有效调动食客的食欲。因此，从业者应对油煎技法深入学习，针对其缺点进行研究、改良，使煎法更贴近人们的饮食生活需要。

四、贴

贴是一种行业上使用不多的烹调方法，具有煎的性质，又与煎的工艺有着明显的不同。贴类菜肴具有一面金黄一面点缀成花色、一面酥脆一面又很软嫩、一面油润一面又很清鲜的特点，造型别致，外观优美，具有很好的推广和利用价值。

贴，就是将两种或两种以上的原料初步整理、刀工成形后整齐地叠合在一起，拖糊下锅加热，并烹入调味汁蒸焖成熟的一种烹调方法。

贴，从字面上解释就是将两种或两种以上物体的某一面紧密地黏合在一起。贴是煎的延伸和发展，在烹饪中有两层意思：一是将多种原料紧密地叠放结合在一起，是一种加工成形的手法；二是将加工成形的坯料紧贴炒锅内壁进行加热，使之受热成熟的一种烹调方法。贴不仅常用于热菜制作，如锅贴长鱼、锅贴干贝、锅贴金钱鸡、锅贴海鲜盒等；也常作为面点成熟的方法，如蒸饺锅贴、馒头锅贴等。

（一）贴的工艺流程

选料→初步加工→刀工处理→腌渍→码叠成坯→入锅煎制→烹入调味汁→盖严锅盖蒸焖制熟→出锅改刀装盘→点缀成菜

（二）贴的特点

1. 成菜层次较多

贴通常是将两种以上的烹饪原料加工成片状，以黏性较大的缔子为黏合剂，使其有规则地、整齐地叠合在一起，因此成菜以后层次较多。改刀装盘后，菜肴质感多变，色彩层次分明，造型美观。但也正因为菜肴层次较多，容易出现分层断裂现象，因此在烹调过程中应该注意予以控制。

2. 单面加热，立体感强

锅贴技法讲究将肥膘一面拖糊后沿炒锅内壁下料加热成熟，另一面多用青菜叶等覆盖，待菜肴成熟后揭去青菜叶，再改刀装盘成菜。因此，菜肴只是将肥膘的一面贴着炒锅内壁加热，具有煎的性质和工艺特点，只是在整个烹调过程中只煎肥膘那一面；成菜后一般改刀成菱形块（象眼块）装盘，因此看上去层次分明、立体感很强。

3. 多种传热方式并存

贴类菜肴传热方式主要有两种：一是利用炒锅的热传导作用将热能传递给肥膘

为底的菜肴生坯，其中兼有油脂的热渗透作用；同时在烹入调味汁后，与高温锅壁和菜肴接触后马上产生蒸汽，利用热蒸汽的热对流作用，使原料迅速蒸焖成熟。可见贴法是采用多种传热方式并存的方法来完成制熟目的的。

（三）贴的工艺要点

1. 注重原料的选择和成形

应选用鲜嫩、易熟的动物性原料，要求主料鲜味足、无骨且容易成形，一般以鱼、虾、贝及禽、畜的细嫩肌肉组织为主，一般多加工成条、片或蓉泥状。肥膘宜选用厚实、新鲜的猪肥膘，应事先煮熟，制坯时改刀成长方厚片备用；为避免高油脂摄入对人体影响，现经改良多以馒头或面包为原料，制坯时改刀成长方厚片作为垫底之用。用河虾、鸡脯肉、鱼肉等制成缔子，要求具有很强的黏合性，利于将多种主料紧密黏合在一起。制坯时以肥膘（或馒头、面包）为底，抹上一层缔子，贴上主料；再抹上一层缔子，贴上主料，如此反复贴2~4层，最上面抹上一层缔子，然后点缀造型，并用青菜叶覆盖，成坯。

2. 讲究拖糊下料

贴类菜肴生坯应拖糊下锅加热（当然，如果以面包片或馒头片垫底，则可以拖鸡蛋液下锅，也可以不拖糊直接下锅加热）。一般糊的种类可以是水粉糊或全蛋糊，最好是蛋黄糊；淀粉的作用是受热变性后有助于底部凝固定型，蛋黄的作用是形成菜肴底部的金黄色泽，有助成菜色泽美观。要掌握好糊的浓度，一般要求比正常的糊要略微稀点，但要比浆浓稠些，即所谓的"厚浆薄糊"。

3. 选择烹汁时机，强调烹汁效果

贴类菜肴烹入调味汁的作用主要体现在两个方面：一是对菜肴调味，对菜肴最终风味特色的形成具有辅助作用；二是加热，利用调味汁遇热汽化的作用，将热能以对流方式传递给原料，利用蒸、焖的方法使原料成熟。因此，烹入调味汁的最佳时机应该是菜肴坯料底部色泽金黄、质地变脆、完全定型时，烹入调味汁后应立即盖严锅盖，并利用旋锅技巧，使原料蒸焖成熟。

4. 善用装盘造型技巧

菜肴成熟出锅后宜趁热进行改刀装盘；多改刀成菱形块，采用一定的拼摆手法将菜肴进行装盘造型；改刀时应注重用刀力度，切忌将原料切散碎，影响整个成菜造型。一般可用雕刻作品或其他点缀材料进行围边点缀，美化菜肴，提高菜肴档次。

（四）贴与煎

贴是煎的发展，是煎的另一种表现形式。贴与煎有着共同的工艺特点，如都用小油锅加热，都具有煎的特征；都需要旋锅，注重锅的润滑度等。但贴与煎又有着本质的区别，如选料特点不同、加热方式不同、成菜效果不同等（见表9-2）。

表 9-2 煎与贴的工艺比较

烹调方法	选料特点	成形特点	传热部位	传热方式	是否封盖	装盘方式
煎	新鲜易熟的动植物性原料	扁平状	两面受热	热传导、热渗透	否	直接装盘
贴	新鲜细嫩的动物性原料	长方体	一面受热	热传导、热对流、热渗透	是	改刀装盘

（五）贴的市场分析

由于贴的工艺相对复杂，成品口味单调，一般在饮食行业中尤其是家庭烹饪中使用较少；但由于贴的选料相对广泛，烹饪过程中可以批量成菜，应用较为方便，所以具有很大的推广价值。烹饪从业者应深入对贴的工艺研究，注重工艺改良，如为了节约正式加热的时间，可以先将生坯蒸熟后再煎；可以采用平底锅一次性多量生产后改刀装盘；可对原料的组成进行改良，使成菜营养素品种更全面、含量更科学等。

五、烹

在以油为传热介质的烹调方法中，炸法是典型代表。而以炸法为基础，经过发展而来的烹，克服了炸法在加热过程无法调味的缺陷，并形成了迥然不同的风味特色。

烹是将加工整理、刀工成形的原料经腌渍后，着衣或不着衣，入油锅高温加热，再加入调味清汁旺火迅速翻拌成菜的烹调方法。

贴，是煎的延伸，"逢贴必煎"；而烹，则是炸的延伸，在行业上有"逢烹必炸"的说法。因此，"烹"在很多时候也被称为炸烹。"烹"的本意是将原料放在火上加热，与"调"共存，即为"烹调"，往往被作为一个职业或专业的名称；同时，"烹"在行业上还被理解为动词，是将汁液均匀淋撒在原料表面的一种方法，如烹醋、烹汁等。以烹为烹调方法，一方面有加热之意，更多是凸显后者的作用，是将烹入汁液作为成菜的一个亮点。

（一）烹的工艺流程

选料→初步加工→刀工成形→腌渍→着衣→入大油锅炸制→出锅沥油→回小油锅→烹入调味清汁→大火翻拌均匀→装盘成菜

（二）烹的成菜特点

由于"逢烹必炸"的特性影响，烹成的菜肴多质地酥脆，香气浓郁。主要体现在：成菜原料单一，多以动物性原料为主；成菜色泽红亮，光泽度好；干性成菜，少汁或油汁；质地外香酥里鲜嫩，略硬；成菜以咸鲜味为主，略带酸甜。典型的代表菜肴有炸烹大虾、炸烹里脊、干烹仔鸡、醋烹鱼条等。

（三）烹的工艺要点

1. 选料与刀工处理要求

烹菜一般选用新鲜、质地细嫩的动物性原料，且选料单一，不添加任何配料；原料多加工成块、丁、片、条等形状，符合筷箸饮食文化对料形的要求。原料进行刀工处理时，应注重形态美观、整齐划一，保证成熟时间一致，保证整体成菜效果。

2. 根据实际需要，注重着衣效果

烹菜根据实际需要，可以上浆、挂糊、拍粉，也可直接炸制烹成。直接炸制烹成的菜肴，质地大多干硬略脆，烹汁后吸收汁液的效果好，速度快，典型的代表菜肴有干烹里脊、干烹仔鸡等。需要着衣的菜肴，可根据原料的质地和成菜的具体要求选择不同的着衣方法，一般注重厚浆薄糊，在原料外部薄薄地裹上一层，烹汁后吸收汁液的效果较差，需要一定时间大火收汁，成菜质地外酥里嫩，鲜香可口，典型的代表菜肴有炸烹鱼条、炸烹虾仁等。还有质地较老的原料，可直接拍粉炸制后烹入汁液，吸收汁液的效果最好，但应注意拍粉后宜立即入油锅炸制，不可耽搁导致水分渗出影响拍粉效果，成菜外干酥里柔嫩，典型的代表菜肴有炸烹带鱼、炸烹鸡块等。

3. 严格控制好火候与油温

烹，强调大火力、高油温，要求短时间速成。因此，从头至尾都选用大火加热，由于火力较旺，故操作手法要娴熟，动作要连贯，尽量缩短烹调时间；一般应经历初炸定型、复炸浸熟、终炸定质三个过程，符合炸的基本要求，尤其是终炸定质时的油温高达 140～160℃，温度过低则达不到外香酥里鲜嫩的质感效果，温度过高又导致原料干焦质硬；最后烹汁时火力要猛，要尽量缩短加热时间，保证原料质地不受影响。

4. 烹入调味清汁的时机和方法

调味清汁的烹入应在原料炸制成熟、原料水分尤其是原料外层水分大部分失去后、质地和色泽已经达到成菜要求时进行，过早则不能达到既定的成菜效果，过迟则原料过于干硬，不利餐食。

为了使原料更好地吸收调味清汁，一般不宜一次性烹入，可分两次将调味清汁烹入，第一次烹入一般的清汁，旺火快速翻拌，待清汁被原料吸收干净后再将余下的清汁烹洒进去，边洒入清汁边翻拌，洒入清汁的速度不宜太快，左右手协调配合，确保原料将所有清汁全部吸入成菜。

当然，在注重烹入调味清汁的时机和方法的同时，更要注重调味清汁的使用数量，过少则味不足，无法渗入原料内部；过多则不利于原料吸收，难以将清汁吸收干净，无法达到干爽无汁或油汁的成菜效果。

5. 装盘效果与食用要求

烹菜无汁或油汁的特点，确定了平底盘的使用地位，成菜注重装盘效果，突出分量适中，讲究整洁饱满；有时为了点缀菜肴色彩、衬托菜肴品质和增进风味特色，还撒入青红丝、香菜末、熟果仁等。菜肴应及时食用，避免质地变软，降低菜肴品质。

（四）烹与炸、抓炒、爆的关系

烹与炸、抓炒、爆有很多共同之处，但又有着本质的不同（见表9-3）。

1. 烹与炸

烹是炸的发展，但与炸的选料特点、成菜方式、风味特色、调味方式等有着显著不同。炸的选料广泛，可以是动物性的，也可以是植物性的，而烹的选料对象是质地新鲜细嫩的动物性原料，注重原料的成形效果；炸类菜肴无汁，可以拼摆成菜，注重沥油效果，而烹类菜肴无汁或少量油汁，一般直接出勺装盘；炸类菜肴口味多变，可以是咸鲜的、甜鲜的，也可以是麻辣味的、怪味的等，而烹类菜肴的口味单一，以咸鲜为主，有时略带甜酸味；炸制工艺采用腌渍和带味碟的基础调味及

表 9-3　烹与炸、抓炒、爆的对比

烹调方法	选料特点	刀工特点	着衣	火候油温	芡汁特点	调味特点
烹	新鲜细嫩的动物性原料	小型、均匀	不着衣或着厚芡、拍粉	大火、高油温	无汁或少量油汁	腌渍、出锅前烹入调味清汁
炸	新鲜细嫩的动植物性原料	无固定外形，可改刀或原形	不着衣或着衣	大火、高油温或中火、低油温	无汁	腌渍和带味碟，加热过程中不调味
抓炒	动物性原料的肌肉和内脏	均匀的片、条、块等	着厚芡	大火、高油温	芡汁	调制调味芡汁后翻拌
爆	各种新鲜的动物性原料	多刀工美化成花刀块	上浆或净料	大火、高油温	明油包芡	出国前烹入调味芡汁

补充调味，而烹除了采用腌渍的基础调味外，更注重调味清汁的渗透入味，在烹调过程中完成调味。

2. 烹与抓炒

烹与抓炒选料相近，都选用质地新鲜细嫩的动物性原料；工艺都采用高温油炸，保持菜肴外酥里嫩的质感特征。但与抓炒又有着明显的不同，如烹是用调味清汁渗透入味成菜，成菜清爽无芡汁，而抓炒是用调味芡汁均匀地包裹在原料表面，成菜注重芡汁效果；烹可以着衣，也可以不着衣直接炸制，而抓炒必须上厚浆，保持成菜后外面有一层淀粉脆壳等。

3. 烹与爆

烹与爆一样，都要走油锅，都要事先调配调味汁，高温炸制后再烹入调味汁翻拌成菜。可不同的是，爆的油温比烹的油温更高些；烹是使用调味清汁，没有淀粉，是利用渗透和吸入完成调味效果，而爆是使用兑汁芡，要保证淀粉的用量才能使芡汁均匀包裹在原料表面。

（五）烹的市场分析

烹的工艺简单，操作方便；成菜特色鲜明，尤其适合年轻人食用。但烹的选料单一，很难达到营养平衡；口味单调，很难长时间吸引食客；高油温烹调，可能产生对人体有害的物质等，都给烹的发展带来一定的局限性。从业者应针对其具体的工艺缺陷，深入研究和改良，并开发出更多更好的菜肴品种。

六、炒

炒，与烧一样，是最常用的烹调方法之一，更是以油为传热介质最常用的烹调方法。在民间，常用"炒"来涵括一切烹调方法，家里来人，要"炒"那么几道菜；专业厨师，被称为"炒菜的"，尤其是筵席中常把大菜之外的热菜品种统一命名为"小炒"。可见炒法已经深入家庭厨房和宾馆酒肆。

炒是将加工整理、切配成小型的动植物性原料，以油为传热介质，旺火短时间使其成熟并调味成菜的烹调方法。炒类菜肴具有鲜明的个性特征，主要体现在四个方面：一是原料大都加工成小型的片、丁、丝、条等形状，多采用筷箸或汤匙摄食；二是相较于大菜而言，炒菜的成菜数量较少；三是炒法工艺灵活，口味多变，适应性更广；四是正式烹调的时间短，既可以降低劳动成本，又可以有效缩短食客的待餐时间。

（一）炒的工艺流程

选料→初步加工→刀工处理→腌渍→着衣处理→炝锅→入锅加热→调味→明油、勾芡→装盘成菜

（二）炒的工艺要点

1. 注重成形，刀工讲究

炒制菜肴注重原料成形，多将原料加工成小型的片、丁、丝、条等形态，或者经过刀工美化加工成小型花刀块；要求从业者具有精湛的刀工基础，讲究成形效果要均匀一致。例如滑炒里脊丝，肉丝成形必须粗细均匀、长短一致；宫保鸡丁，鸡肉要先进行刀工美化后再改刀成丁状，成形后大小均匀，颗颗如绣球，既有助美观，又便于成熟和入味；四川的炒回锅肉，不仅要求肉片要切得大小一致、厚薄均匀，更要求肉片薄如卡片，这样才能使原料受热后卷曲成灯盏形，且保证食用的时候不会显得油腻。

2. 注重炝锅，明油讲究

炝锅技法在中式烹调过程中运用非常普遍。炒制工艺尤其注重炝锅技法的运用，有利于祛除原料不良气味，赋予菜肴特有的香味。明油工艺在炒制工艺中运用也相当普遍，多利用明油来增进菜肴芡汁的光泽度，同时起到保温、增香的作用。

3. 注重火候，下料讲究

炒制工艺注重旺火短时间速成，利用旺火迅速提高锅内油温，提高油脂与原料之间的温差，投料后使热能短时间内迅速传递给原料，使原料在短时间内达到成熟。利用高温差来加快热能传递的速度，有利于防止原料中营养素尤其是维生素和水的损失，一方面保证原料的食用价值，另一方面还可以有效保持原料脆爽鲜嫩的质量特征。

炒菜讲究投料时机和投料顺序，强调热锅冷油，高油温投料，利用高温差加快成熟速度；热容量低的原料如蔬菜等一般应后投料，断生即可出锅，热容量大的原料如肉类等一般要先投料，在保证原料的成熟度后再加入热容量低的原料同烹；更多的时候可利用预熟处理方法，对热容量大的原料先行加热预熟，使同一道菜的不同原料成熟时间保持一致。

4. 注重油温，油量讲究

炒制工艺的油温控制主要在两个阶段：一是预熟处理阶段，对油温的要求相当讲究。一般情况下爆炒类菜肴所用油温最高，多用七八成油温；软炒类菜肴所用油温最低，多用三四成油温；滑炒类菜肴所用油温居中，多用五六成油温。二是正式熟处理阶段，一般均要求高温投料，尽可能扩大油脂和原料之间的温差，加快成熟速度。

炒菜用油量讲究，预熟处理一般选用大油锅或中油锅，以浸没原料为度；正式熟处理要尽量少用油脂，并注意多次加入，避免造成菜肴油腻的质感。一般原料下

锅前所用油脂不宜太多，保证炝锅原料的浸没和传热效果即可；出锅前使用明油时更要控制油量，不宜太多，能起到突出菜肴光泽和保持菜肴温度的作用即可。

5. 注重翻勺，装盘讲究

炒制工艺注重翻勺，多采用小翻技巧，促进热能传递，避免原料粘锅焦煳；翻勺过程中为避免粘锅，可以适量使用明油，保证炒勺润滑；翻勺过程中既要保证质量，更要掌握翻勺技巧，避免体能的过度消耗。炒菜出锅装盘手法讲究，可以采用多种出勺方法，但总体要求是遵循卫生原则，同时保证成菜美观。

（三）炒的分类及代表菜肴

炒的分类方法很多，根据原料是否经过预熟处理来划分，可以分为生炒和熟炒；根据成菜质感特征来划分，可以分为干炒、软炒和滑炒；在实际烹饪应用中，还有一些特殊的炒法，如清炒、爆炒等。

1. 生炒

生炒是指原料加工整理、刀工成形以后，不经过任何预熟处理手段，直接用高油温、旺火在较短时间内加热并调味成菜的一种烹调方法。很多地方生炒又叫做生煸，如果只有一种原料，就将原料直接放入少量高温的油脂中煸炒，在原料成熟过程中完成调味；如果有多种原料，要将不容易成熟的原料先入小油锅中煸炒，然后将余下原料按不容易成熟到容易成熟的顺序依次投入煸炒，使各种原料最终同时成熟，并在期间完成调味过程。

生炒的工艺关键在于：一是要保持炒勺的润滑，防止粘锅；二是要掌握原料的投入时间和顺序，保证原料成熟时间一致；三是原料不着衣、不预熟处理，成菜不勾芡，保持清淡爽洁；四是成菜略有汤汁，但不能溢出太多。生炒的成菜特点是清爽，口味以咸鲜为主，汁少料嫩。典型的代表菜肴有江苏的开洋四季豆、炒木须肉，上海的生煸草头，四川的生炒盐煎肉，广东的蒜蓉炒通菜等。

2. 熟炒

熟炒是指先将原料预熟处理后经刀工处理，以旺火高油温短时间烹调成菜的方法。熟炒的原料以动物性原料的肌肉、内脏为主，有时候也使用一些腌腊制品；在烹饪过程中注重配料的选择和搭配，一般多选择质地脆嫩、清淡的植物性原料，如青蒜、蒜薹、油菜心等；熟炒类菜肴烹调方式和口味多变，佐酒下饭皆宜，适用范围较广。

熟炒的工艺关键在于：一是多将原料加工成小型的片、丁、丝、条状，注重刀工效果；二是保持原料预熟处理的成熟度，成熟不足无法形成既定的质感，成熟太过又容易散碎不利于成形；三是烹制过程中要严格控制用油量，避免用油太多导致成菜油腻。熟炒的成菜特点是口味多变，鲜香入味，油汁。典型的代表菜有江苏淮安的软兜长鱼、无锡的炒鳝糊，四川的回锅肉，湖南的东安鸡，广东的五彩蛇丝等。

3. 干炒

干炒又称干煸，是将原料经刀工处理后直接入锅煸炒至原料水分蒸发后，烹入调味清汁调味成菜的烹调方法。干煸是川菜常用的一种烹调方法，烹饪过程中注重使用干红辣椒和红油、花椒油等，成菜干香咸辣；干煸类菜肴选料广泛，动植物性原料都可入馔，各具特色；成菜主要适合年轻一族，以佐酒最佳。

干炒的工艺关键在于：一是原料成形讲究，多以丝、条状出现，便于煸炒和食用咀嚼；二是煸炒时火候的控制，火力太小无法最大限度地煸干原料的水分，不利于后期吸收调味清汁，火大太大则原料容易煳焦，影响成菜质量；三是烹入调味清汁的量要适中，既要避免原料吸收汁液不足质地干硬，也要避免汁液太多导致原料回软，甚至餐具中有残汁现象。干炒的成菜特点是色泽褐红，麻辣干香。典型的代表菜肴有干煸牛肉丝、干煸冬笋、干煸鳝鱼丝、干煸黄豆芽等。

4. 软炒

软炒是将流体原料或质地鲜嫩的原料加工成蓉泥状，以鸡蛋清和葱姜汁等为主调成缔子，用温油焐熟后装盘造型并浇上调味芡汁，或投入到调好的调味芡汁中翻拌均匀后装盘成菜的烹调方法。软炒是比较特殊的一类炒法，工艺相对复杂；成菜软嫩可口，尤其适合老幼病弱者食用。软炒类菜肴多保持原料本色本味，口味以咸鲜为主，强调成菜清淡爽口，非常符合现代健康饮食养生理念。

软炒的工艺关键在于：一是选料讲究，多选用质地鲜嫩、富含蛋白质的原料，并注意选配色泽嫩绿的新鲜蔬菜，保证成菜营养、色泽互补；二是注重原料成形，尤其是主料必须为细腻的蓉泥状，必要时要用细筛或纱布过滤，保证成菜细腻无渣；三是保持炒锅洁净，避免出现锅蚂蚁影响到菜肴色泽；四是要选择色泽洁白的油脂，避免使用二次加热使用的油脂，以防影响菜肴色泽和质地；五是注重火候和油温的运用，尤其是芙蓉鱼片（鸡片）、鱼蓉蛋等菜肴，油温低了油脂渗入原料内部导致成菜油腻，油温高了不但色泽变黄难以保持成菜洁白，还会在出锅后萎缩变形。软炒的成菜特点是质地软嫩，口味清淡，色泽洁白。典型的代表菜有江苏的芙蓉鸡（鱼）片、鸡粥蹄筋，广东的大良炒鲜奶，山东的三不沾，河北的白玉鸡脯等。

5. 滑炒

滑炒是将加工整理、刀工处理的小型原料，经上浆后滑油，再入锅加热调味并勾芡成菜的烹调方法。滑炒是最典型、最常用的一种炒法，滑炒菜肴在筵席中应用最普遍；成菜多以咸鲜味为主，注重最佳品味温度；滑炒工艺包括刀工、上浆、滑油、炝锅、翻勺、勾芡、明油等过程，工艺环节较为齐全，最能体现一个从业者的综合素质和技能。

滑炒的工艺关键在于：一要选用质地柔滑、鲜嫩的动物性原料，并保持或通过刀工处理成小型状态，讲究形态美观、刀工细腻。二是原料都要采取上浆处理，应根据实际需要选用合适的浆种，如滑炒鱼片、滑炒虾仁等选用蛋清浆，以保持菜肴洁白；滑炒牛肉丝、滑炒海螺片等选用苏打浆，以保持菜肴嫩度；而滑炒肝尖、滑炒肉片使用水粉浆就可以了。同时还应根据原料质地和形状大小决定浆的数量和浓稠度，注重静置过程，使原料与浆粉紧密"咬合"在一起，避免脱浆。三要掌握滑油技巧，不能选择有色油脂，避免影响成菜色泽；合理控制用油量，陈油太多不利于保存，造成浪费，而且也增大劳动负荷，用油太少不利于原料翻动，无法保证均匀受热；原料下锅前应先用冷油润滑，避免受热后发生粘连现象；合理控制好油温，一般质地较老的肉类、内脏类油温应略高些，而质地细嫩的虾仁、鱼片油温应稍低些。四要控制芡汁浓度，炒鱼片、炒鱼米等菜肴的芡汁要略稀些，以保持成菜滑爽细嫩；炒里脊丝、炒鸡丝等菜肴的芡汁要略稠些，以保证成菜汁菜一体；而炒肝尖、炒精片等菜肴的芡汁应更稠些，以保证菜肴汁包原料。另外，勾芡同时还应注意掌握明油的时机和数量，保证成菜光泽度，并达到保温效果。滑炒的成菜特点是质地细嫩，入口滑爽，口味适中，适用范围广。典型的代表菜有浙江的杭椒牛柳，江苏的翡翠虾仁、滑炒蝴蝶片，广东的蚝油牛柳、碧绿鲜带子等。

6. 清炒

清炒是将原料经整理加工、刀工处理，上薄浆（或不上浆）后滑油（或焯水），再入锅加热调味成菜的烹调方法。清炒只使用无色或白色的调味品，成菜保持原料固有色泽，对原料本身质地和色泽有较高的要求。清炒类菜肴原料单一，故更适合在筵席中出现，依靠更多的菜肴来弥补营养素的不足。

清炒的工艺关键在于：讲究"三不"，即不使用配料、不使用有色调味品、成菜不勾芡，保持成菜清淡爽洁；多使用中火短时间加热，火力太大易导致炒勺产生锅蚂蚁，影响成菜色泽，加热时间过长则影响成菜质感和色泽；用油量要少，保持成菜清爽。清炒的成菜特点是清新爽洁，口味清淡，少汁滑嫩。典型的代表菜有清炒虾仁、清炒鸡丝、清炒荷兰豆、清炒明蚝等。

7. 爆炒

爆炒是将原料经加工整理、刀工处理，着衣（或不着衣）后走油锅或水锅，再烹入兑汁芡、明油并翻勺成菜的一种方法。爆炒是炒的一种，很多地方将爆炒简称为"爆"，是炒的衍生和发展，但有具有鲜明的特点。爆炒在山东是一种特色烹调方法，在民间流传很广。爆炒具有三个显著的特征：一是加热时间短，被称为最快速的烹调方法；二是使用兑汁芡，将调味芡汁事先调配好，在热锅中一次性加入，节省时间；三是成菜明油包芡，菜肴食用后盘中见油不见汁，只有一层薄薄的底油。

爆炒的工艺关键在于：一要选择质地鲜嫩、易熟的原料，并经刀工美化成各种块状；二是油爆类菜肴要严格掌握油温，既达到去异味和保持质地脆嫩的目的，又保证原料成熟度；三要注意操作安全，避免灼伤事故发生；四是火力猛、油温高，加热时间短，应提前做好各种准备工作，保证临灶时有条不紊、忙而不乱。

在实际运用中，根据预熟处理所用的传热介质不同，可以分为油爆和水爆；有时候为了凸显火力运用的特点，还有火爆技法。另外，为了体现爆炒的呈香特点，还会加入一些具有一定香味的原料，如葱、辣椒、芫荽、甜面酱等，分别叫葱爆、辣爆、芫爆、酱爆等。

油爆是以油为传热介质的一种爆炒方法，是爆炒的代表，具有爆炒的典型工艺特点，典型的代表菜肴有油爆大虾、油爆鱿鱼卷、爆炒腰花、油爆双脆等。水爆，也叫汤爆，是以水为传热介质，用沸水或沸汤使原料受热成熟后调味成菜的一种方法，典型的代表菜有汤爆双脆、汤爆羊肉等。火爆，顾名思义就是烹调过程中强调用火，火力旺且油温高，加热时甚至出现炒勺中着火的现象，能赋予菜肴特殊的风味质感，如火爆燎肉等。而葱爆、辣爆、芫爆等，葱、辣椒、芫荽等只是用来凸显菜肴风味而选用的辅助原料，既作为配料，也起到调料的作用，工艺方法与油爆相仿。至于酱爆，是利用甜面酱等受热后淀粉糊化使芡汁浓稠且成菜酱香味浓郁而具有特殊风味的一种爆炒法，是爆炒的发展，典型的代表菜有酱爆鸡丁、酱爆花枝片、XO酱爆海鲜等。

（四）各种炒法的比较

无论何种炒法，都具备大火短时间速成的火候特点，都具有工艺简洁、特色鲜明的工艺特点，都有卫生、营养的质量特征。但同时各种不同的炒法又有着各自的工艺特点，具体比较见表9-4。

表 9-4　各种不同炒法工艺特点的分析比较

种类	腌渍	着衣	预熟处理	勾芡	成菜色泽	芡汁
生炒	不腌渍	不着衣	无	不勾芡	原料本色	少量清汁
熟炒	不腌渍	不着衣	焯水或走油	勾芡或不勾芡	调配成色	少量芡汁或油汁
干炒	不腌渍	不着衣	无	不勾芡	红褐色	少量油汁
软炒	不腌渍	不着衣	滑油	勾芡	白色或本色	少量芡汁
滑炒	腌渍	着衣	滑油	勾芡	本色或调配成色	少量芡汁
清炒	不腌渍	不着衣	无预熟或焯水	不勾芡	无色或本色	少量清汁
爆炒	腌渍或不腌渍	着衣或不着衣	滑油或焯水	勾芡	本色或调配成色	油包芡

（五）炒的市场分析

炒，在饮食业中已经被广泛运用，也深受家庭司厨者的欢迎，随着烹饪原料的开发运用和调味品资源的不断拓展，炒法也将被更好地推广。综观炒制工艺，至少具有五个特点：一是都以小型原料为主，食用方便，符合中餐的筷箸文化；二是旺火短时间速成，可以有效保护原料营养素不受损失；三是加热时间短，可以有效节约人力资源，降低劳动成本；四是烹调方式多样，成菜风味多变，适用范围更广；五是工艺简单便捷，适合更多的人学习运用，有利于普及推广。

七、熘

在热菜烹调方法中，由于成菜大多汁液较多，难以像冷菜那样造型多变、形态优美，故多成形简洁，一般选择合适的餐具来衬托菜肴，增加菜肴外形美。而熘制菜肴虽有汤汁，却能注重造型，充分体现成菜的色、型美观，被誉为热菜中的造型精品，属于热菜中的花色菜。

熘，是将刀工处理的原料经腌渍后，走油锅或水锅，将原料造型并淋、浇上调味芡汁或直接投入到调味芡汁中翻拌均匀后出锅装盘的工艺方法。

熘制菜肴在筵席中应用非常广泛，既可以做热炒类菜肴，如醋熘变蛋、醋熘白菜、糟熘鱼片、茄汁鱼条、熘仔鸡等；也可以大菜的形式出现，如松鼠鳜鱼、金毛狮子鱼、西湖醋鱼、菊花青鱼、葡萄鱼等。

(一) 熘的工艺流程

选料→初步加工→刀工处理→腌渍→着衣处理→预熟处理→入调味芡汁中翻拌或浇上调味芡汁→点缀成菜

(二) 熘的工艺特点

1. 熘的成形特点

熘制菜肴注重菜肴成形，要么注重刀工成形，圆润饱满，方便食客进食，如醋熘变蛋、熘仔鸡、茄汁鱼条、三丝鱼卷等；要么保持原料本身固有形态，突出原料自然美，如西湖醋鱼、软熘鲤鱼、软熘鲈鱼等；要么善于运用剞刀工艺，对原料进行美化造型，以象形菜方式出现，如菊花青鱼、松鼠鳜鱼、金毛狮子鱼、葡萄鱼等。

2. 熘的口味特点

熘制菜肴具有非常鲜明的口味特征，成菜基本上以酸甜味为主，只是酸、甜的呈味比例有所不同而已。或大酸大甜，如糖醋里脊、糖醋黄河鲤鱼、西湖醋鱼等；或大酸小甜，如柠汁脆皮鱼、醋熘变蛋、醋熘白菜、菠萝咕咾肉等；或小酸大甜，如糖熘三鲜、熘山药等；或小酸小甜，如茄汁鱼条、茄汁牛柳等。在实际烹饪过程中，还有添加一些特色味型的调味方式，如加入糟香味，形成行业上所谓的糟熘，如糟熘鱼片、糟熘三白等。

需要注意的是，无论采用哪种调味方式，在调味过程中都无一例外地使用咸味调味品，这是因为盐为百味之主，是味的基础；还因为盐对甜味具有突出（增强）作用，可以使甜味更加凸显，可以节约糖的使用数量。

3. 熘的芡汁特点

从芡汁的传统分类来看，熘制菜肴的芡汁应该属于厚芡中的"糊芡"，顾名思义，就是形如浆糊浓浓地包裹在原料表面。实际上，糊芡不适合熘制菜肴，一是从外观上看起来不美观，二是食用时淀粉味太重，影响成菜口感。熘制菜肴的芡汁应使用露珠芡，如清晨之露珠，悬挂（或依附）在原料表面，欲落而不落。要准确把握芡汁浓度，太厚则如浆糊，影响形态美观且口感差；太稀又不能悬挂（依附）在原料表面，难以赋予菜肴应有的滋味。

4. 熘的质感特点

熘制菜肴的质感主要有两种类型：一种是在烹饪生产中应用比较多的酥脆或外酥里嫩的质感，以脆熘菜肴居多；还有一种是软嫩鲜滑质感，以软熘和滑熘菜肴居多，在实际烹饪中运用较少。

(三) 熘的分类及代表菜肴

通常根据成菜质感来划分，可以分为脆熘、软熘和滑熘；还可以根据烹调过程中为了形成特殊的味觉而使用的特别调味品来划分，可以分为醋熘、糟熘、糖熘等。

1. 脆熘

脆熘是将加工处理、腌渍入味的原料着衣后走油锅炸至酥脆，装盘造型并淋上调味芡汁或直接投入到调味芡汁中翻拌均匀后装盘成菜的烹调方法。餐饮行业往往将成菜质地外酥里嫩的方法称为脆熘，将成菜质地焦酥脆硬的方法称为焦熘，前者适合体型较大的或整形的原料，注重初炸、浸熟和复炸三个过程，对油温的变化要求较高，如菊花青鱼、乌龙青鱼、翠珠鱼花灯；后者适合小型原料，以片、条、丁、块为主，炸制油温高、时间长，如焦熘鱼片、焦熘里脊等。

脆熘的工艺要点主要体现在：强调着衣效果，根据原料质地掌握着衣的种类和厚度，避免脱衣或生粉味太重；讲究走油技巧，灵活掌握油温和加热时间，保证成菜质地；注重芡汁浓度，保证着芡效果，使成菜外观、质地、口味和整体效果达到理想要求；重视装盘效果，注重造型艺术，突出成菜形态美；成菜上桌即食，避免长时间放置导致质地变软而失去应有的质感。脆熘的成菜特点是造型美观，色泽艳丽，口味酸甜；质地香酥可口，尤其适合佐酒之用。

2. 软熘

软熘是将加工整理的原料装盘造型后走水锅或汽锅，待原料成熟后均匀地淋浇上调味芡汁的烹调方法。软熘根据熟处理的方法不同，可以分为蒸熘和煮熘。前者是将原料加工整理、装盘成形后入蒸锅，蒸制成熟后淋浇上调味芡汁的一种方法，尤其适合质地细嫩、容易散碎的原料，如软熘鱼扇、五柳鲤鱼等；后者是将原料加工整理后直接入水锅，待其成熟后装盘造型，淋浇上调味芡汁的一种方法，大多适合质地鲜嫩、容易成熟的原料，如西湖醋鱼、软熘鸭心等。

软熘的工艺要点主要体现在：选料讲究，必须选择质地细嫩、无异味的原料；掌握好蒸煮的火候，欠火则质韧、不熟，过火则形瘫、肉馁；必须趁热食用，防止冷却后腥膻异味突出。软熘的成菜特点是质地软嫩，突出原料的鲜美滋味。

3. 滑熘

滑熘是将加工成小型的原料经腌渍、着衣，走油锅后倒入调味芡汁中翻拌均匀，再装盘成菜的一种方法。因其质地嫩滑，而且多经滑油处理，故名滑熘。典型的代表菜肴有山西的过油肉、天津的滑熘鸭肝、广东的蚝油牛仔柳、北京的滑熘里脊等。

滑熘的工艺要点主要体现在：选用质地细嫩、经刀工处理成规格一致的小型原料；原料必须经上浆处理，应掌握上浆的工艺要点；应选择质地洁白的油脂，掌握滑油的油温、时机和火候，确保滑油质量；滑熘菜肴的芡汁比滑炒的要多，芡汁也略稠点。滑熘的成菜特点是滑嫩鲜爽、明油亮芡。

4. 糟熘、醋熘和糖熘

这三种熘制方法是根据烹调过程中为了形成特殊的味觉而使用的特别调味品来划分的，分别使用酒糟、醋和白糖来参与烹饪。糟熘的关键在于香糟的选用，掌握香糟卤汁正确的提取方法，合理控制香糟卤汁的使用方法和数量，根据食客习惯调配出适合的风味菜肴。醋熘和糖熘主要是醋和糖的使用比例不同，醋熘更注重醋酸和醋香味，菜肴入口首先是酸味，然后出现甜味，醋酸味悠远绵长；糖熘则更注重菜肴甜美滋味，入口甜味较重，有时也带有淡淡的醋香味，在行业上往往以甜菜的形式出现。

（四）熘的市场分析

综观熘制工艺，在具有鲜明个性特色的同时，也具有三点不足：一是口味单一，多以糖醋味出现，糖的过量食用，不仅可能导致热能剩余过多导致肥胖，还会提高糖尿病的发病率。醋的大量食用，对肾脏具有较大影响，甚至导致人体体液酸碱度失衡，带来健康隐患；二是以脆熘为代表的菜肴多采用高温炸制，这与少食高温油炸食物的现代饮食理念相悖；三是原料单一，不利于营养平衡。因此，从业者应该对熘制工艺进行改良研究，尽可能拓宽菜肴口味，尝试使用营养互补的原料入烹；多使用水锅进行熟处理，避免高温油炸，保证健康饮食。只有这样，熘法在饮食市场上才会有更广阔的使用空间。

第四节　特殊的拔丝技法与挂霜、蜜汁

拔丝是一种富有情趣，艺术性和技术性较强的一种烹调技法，趁热食用时可以拔出很长的糖丝，可以烘托饮食气氛。拔丝技法在江苏，尤其是徐州地区非常普及，甚至农村红白喜事筵席中也常常出现。挂霜和蜜汁是拔丝的初级阶段，是以糖为主要原料制作菜肴的特色工艺；挂霜常用于冷菜制作，蜜汁常以甜菜（烫）的形式出现。

一、拔丝

拔丝又叫拉丝，是将原料经刀工成形后，着衣或不着衣，走油锅加热定型，再投入已经熬制好的糖浆中翻拌均匀出锅装盘的一种烹调方法。

拔丝是一种特殊的烹饪技法，是利用糖的化学性质而加热形成的成菜效果。趁热食用时，可以拉出很长的糖丝，成品外香甜酥脆，内软糯鲜美，尤其受到中、青年食客的青睐，如拔丝苹果、拔丝山楂糕、拔丝冰淇淋、拔丝山芋等。

（一）拔丝的工艺流程

选料→初加工→刀工成形→挂糊→过油→熬糖→翻拌→装盘成菜

（二）拔丝的工艺关键

1. 选料讲究，突出特色

拔丝菜肴选用质地鲜嫩、易熟的原料，可以是动物性原料，也可以是植物性原料。以酸甜、咸鲜或清淡口味为主，成菜以甜味为主味型。拔丝选料很广泛，可以选择一些富有特色的原料如冰棒、鸡蛋饼等，突出成菜特色。

2. 注重原料成形效果

原料多加工成滚刀块或方块，料形不宜太大，亦不能太小，以鸽蛋大小为宜，挂糊油炸后形状恰好；如果不挂糊直接炸制，则料形切得更大些。

3. 着衣与过油处理

用于拔丝的原料可以挂糊，可以先拍粉后挂糊，也可以不挂糊直接过油处理。原料中含淀粉过多的原料如马铃薯、山芋等一般不用着衣，直接高温油炸即可；那些不含淀粉，质地较老的原料如各种肉类，可以直接挂糊油炸定型；还有一些质地细嫩、含水量较大的原料如苹果、梨子、香蕉、冰棒等，可以先拍粉后挂糊。过油是拔丝成功与否的关键，油炸时应注意高温定型，要保证外面起硬壳，避免拔丝时外壳破损，影响成菜效果。

4. 熬糖

熬糖是拔丝工艺的又一关键技术，直接关系到拔丝的成功与否。饮食行业常用的熬糖方法有油熬、水熬、油水混合熬三种。

（1）油熬 是以油为传热介质使糖熔化并发生化学反应的方法。先用油反复使锅润滑，留少许底油（根据主料的分类确定糖的用量，再根据糖的用量确定锅中底油的量，一般主料与糖、油的使用比例为 500g：100g：15g），放入白糖用中火慢熬，待糖熔化且色泽呈金黄、出现小且均匀的小泡时，将炸制成形的原料投入翻拌均匀即可。

油熬的特点是速度快，节省加热时间；拔出来的丝黄亮有光泽。但油熬出的糖浆附着力较差，丝细短。

（2）水熬 是用水作为传热介质使糖熔化并发生化学反应的一种方法。先将炒勺刷洗干净，放入糖和水熬制（原料：糖：水＝500g：100g：30g），待锅中气泡小且均匀，糖液变稀时倒入原料翻拌均匀即可。水熬的糖液经历由稀变稠，再由稠变稀的过程；用手勺搅动时感觉阻力逐渐增加；最后用手勺舀起后淋撒时，糖液成线连绵不断。

水熬的特点是成菜色泽不受糖浆影响，拔出的丝细而长；但缺点是加热时间相对较长，更容易冷却凝固。

（3）油水混合熬 是炒勺内留少许底油，再加入适量的水，加入白糖熬制（原料：油：水：糖＝500g：10g：15g：100g），待锅中气泡小且均匀，糖液色泽呈淡黄色，糖液黏稠度较大时投入炸好的原料翻拌均匀即可。

油水混合熬可以避免前两种熬糖方法的不足，拔丝效果好，且容易控制，是饮食行业常用的熬糖方法。

5. 善用装盘技巧

拔丝菜肴必须保持一定的食用温度才能达到理想的拔丝效果，因此为了更好地保持成菜的温度，主要采用两种方法：一是原料过油炸制和熬糖分锅同时进行，可以有效节约烹调时间，也可以起到保持原料温度的作用；二是装盘时用热水碗放在盘底，保持菜肴温度。另外，装盘时还应该在盘底抹油，防止糖浆凝固后黏附在盘子上；上桌食用时应带一碗冷开水，用来蘸筷箸，避免糖浆黏附。

二、挂霜

挂霜是将原料直接撒上一层白糖成菜；或先将原料油炸后，在投入熬制好的糖浆中翻拌至冷却，原料表面均匀附着一层糖结晶的烹调方法。

可见挂霜有两种方式：一种是将白糖直接均匀地撒在原料表面，使原料表面均匀地黏附一层白糖。这种方法非常简便，常用于简单冷菜的制作，常用的原料有番茄、果仁、瓜果等。但这种方法成菜后糖很容易融化，因此常被归纳到糖渍的范围内。另一种是要经过熬糖处理，糖浆依附在原料表面后可以形成一层均匀的糖结晶，并不容易融化。这种方法是典型的挂霜，常常在烹饪中被运用，如挂霜丸子、挂霜桃仁、挂霜腰果及山东的酥白肉等。

（一）挂霜的工艺流程

选料→初步加工→刀工处理→预熟处理→入熬好的糖液中翻拌均匀→至糖浆冷却凝固→出锅装盘

（二）挂霜的工艺要点

1. 选料特点

挂霜应选择质地香脆的原料，或将加工后能达到外部质地香酥特征的原料，如水果、果仁及动物性原料的肌肉组织等。

2. 预熟处理

挂霜的原料多需预熟处理，根据实际需要可选用焯水、走油等，但最终都要经历油炸的过程，保持原料质地或原料外部质地酥脆的质感。如挂霜花生仁，要先将花生仁煮熟去皮后晾干，再炸至酥脆后进行挂霜。

3. 熬糖

挂霜和拔丝一样需要熬糖，只是熬糖的时间比拔丝稍短，保持糖浆色泽洁白。挂霜熬糖的方法和拔丝的水熬法基本上差不多，只是在熬糖时糖熔化后出现大小不同的气泡、糖液浓度渐稠时即可倒入原料翻拌。

4. 翻拌成菜

菜肴入锅后应立即离火，并不停地翻拌，使糖液均匀地黏附在原料表面，最后在原料表面形成一层洁白的结晶状糖衣。翻拌成菜应注意三方面：一是必须在糖熬到理想状态下再入料翻拌，过早则糖结晶不均匀，且不容易黏附在原料表面；过迟则糖色变，且甜味不足，质地变硬。二是原料入锅后应立即离火翻拌，这与拔丝完全不同，拔丝是要保持菜肴的温度，而挂霜是要求菜肴迅速冷却，才能使糖浆冷却凝固形成结晶状糖衣。三是原料入锅后应迅速翻拌，保证糖液均匀包裹在原料表面。

三、蜜汁

蜜汁是指把白糖（冰糖、蜂蜜等）与清水熬化后，放入加工好的原料，中火将汁收浓，或直接勾芡收汁成菜的烹调方法。

蜜汁的命名大体上有两种说法：一是因为糖液中加入蜂蜜，成菜香甜味中夹杂着浓郁的蜂蜜香味，故而得名；另一种说法是用白糖、冰糖等熬制成的糖液浓稠、香醇如蜂蜜，故而得名。常见的代表菜肴有蜜汁莲子、蜜汁山药、蜜汁红枣等。行业上多使用冰糖来熬制糖液，成菜浓稠甜美，常被冠之以名，如冰糖银耳、冰糖燕窝等。

（一）蜜汁的工艺流程

选料→初步加工→刀工处理→入糖汁中加热→收汁成菜

（二）蜜汁的工艺要点

1. 选料

蜜汁类菜肴选料非常广泛，除了果蔬类原料和部分动物性原料外，还常利用燕窝、鱼唇等高级原料。成菜多以甜汤的形式在筵席中出现，尤其是冰糖燕窝等还是高档筵席上的珍品。

2. 加工整理

鲜果类原料应洗涤干净，并去皮去核等，注意保持原料的色泽，防止酶促褐变；莲子、薏苡仁、白果等干货原料应先洗涤干净后浸泡回软，去皮去心，入碗加水上笼蒸制软烂后再用于蜜汁烹饪；原料成形大多以片、条、块、球及自然形状为主。

3. 熬糖

蜜汁的熬糖方法比拔丝、挂霜更简便，熬糖的时间更短，一般只要汤汁稠浓即可；有时候为了加快成菜的速度，还可以勾芡成菜。熬糖时要注意保持水锅的洁净程度，避免出现锅蚂蚁等影响成菜色泽，保持成菜洁白效果。

第五节　气态传热介质的烹调方法

气态传热介质主要有两种：一种是热空气，另一种是热蒸汽。热空气传热成菜的烹调方法主要是烤、熏等；热蒸汽传热成菜的烹调方法主要是蒸。

一、烤

烤之工艺，古已有之；古人发现并开始有意识地用火时，烤法就已出现。古人"燔"、"炙"熟食，从此告别野蛮的生食时代，可以说，烤是人类文明的起源。直到今天，烤制菜肴如北京烤鸭、南京烤鸭、广东烤乳猪等仍声名远播。

原始的烤，就是将原料直接放在明火上加热成熟。随着现代热源的不断出现，电磁能已开始被用于烤制工艺，除了烤箱外，烤炉、微波炉等也被广泛运用于烤。因此，把用明火进行烤制成菜的方法叫明炉烤，如南京烤鸭、新疆烤羊肉串、广东烤乳猪等。这种方法的优点是设备简单，可以人工控制，成品质量好；但缺点是花费人工，且容易产生对人体有害的成分。把用电磁热能等肉眼看不见的暗火进行烤制成菜的方法叫暗炉烤，如北京烤鸭、广东烤鹅、葱香烤鸡等，优点是方法简单方便，容易控制，并减少污染；但缺点是成本花费较大，受热不均匀。

（一）烤的定义

烤是将加工整理并经腌渍和优化加工的原料，利用干热空气和辐射热能的作用，使原料受热成熟的烹调方法。

烤的种类很多，除了前面所提到的明炉烤和暗炉烤外，还可以根据使用的辅助工具不同分为叉烤、挂炉烤、铁扒烤、串烤和金属网烤等；根据原料表面的优化处理，可以分为裸烤、泥烤、竹筒烤等（见表9-5）。

表 9-5　各种不同烤法工艺特点的比较分析

分　类	火　源	工　具	代表品种
叉烤	明火	烤叉	叉烤鸭、烤方、烤乳猪
挂炉烤	暗火	挂钩	北京烤鸭、啤酒烤鸭、叉烧肉
铁扒烤	暗火	铁扒	烤肉、烤牛蛙
串烤	明火	金属签	烤羊肉串、烤鹌鹑蛋
金属网烤	明火	金属网	烤长方鱼、烤鱼、八宝酥方
裸烤	明火、暗火	无	烤干鱼、烤羊腿
泥烤	明火	黄泥	叫花鸡
竹简烤	明火	竹简	竹简饭、竹简三鲜、竹简鸡

（二）烤的工艺流程

选料→初加工→腌渍→成形加工→加热成熟→改刀装盘

（三）烤的工艺关键

（1）根据原料的性质、成菜的要求和具体的品种选择适宜的烤制方法，熟悉每种烤法的工艺和关键，能熟练完成烤制菜肴的制作。

（2）熟练使用各种烤制工具和用具，熟悉其性能，了解维护和保养的知识。

（3）烤制时要注意掌握火候，使原料均匀受热，成熟一致；烤制较大体型的原料时，可用竹签在肉层较厚的部位戳一下，来检验是否成熟，如流出的汁液呈鲜红色，说明原料尚未成熟；如流出的汁液是清汁，则说明已经成熟；如果没有汁水流出，则说明可能烤得过度。

（4）烤制菜肴最好现烤现吃，不宜长时间存放；体型较大的烤菜应改刀后装盘供食客食用；必要时带调味碟供食客选用、蘸食。

二、熏

熏是利用挥发性呈香物质对原料进行影响，使食物成熟并形成独特风味的烹调方法。可以根据挥发性呈香物质的品种不同，分为烟熏、醋熏、香料熏等。其中以热空气作为传热介质使原料成熟的是烟熏，是安徽特有的一种烹调方法，但由于烟熏食物可以产生苯并芘、硫化物、砷等有害物质，会对人体健康产生严重影响，现安徽本地很少运用，故不作推广。本节只对熏进行简单的介绍，不做详细探究。

（一）熏的定义

熏是将烹饪原料加工处理后，经预熟处理或直接放入密闭的容器中，利用熏料不完全燃烧所产生的热空气使其成熟并形成特殊风味特色的烹调方法。

熏最初是一种储藏食品的方法，是通过高温加热使原料中的水分失去，同时熏烟中所含有的各种酸性原料及硫化物等对微生物具有很强的抑制作用，延长了原料的保存时间。

（二）熏的基本情况

（1）熏法常用的熏料主要有白糖、茶叶、香木屑、花生壳、柏枝、稻壳、松针及各种香料等，利用其不完全燃烧产生的热空气对原料加热并沾染香味而成菜。

（2）根据原料是否经过初步熟处理，可以将熏分为生熏和熟熏两种方法。生熏是原料不经任何初步熟处理，直接入熏锅进行加热成菜的方法，如生熏鱼片、生熏河虾等；熟熏是将原料进行初步熟处理后再入熏锅进行加热成菜的方法，如樟茶鸭子、熏鸽蛋、熏仔鸡等。

三、蒸

蒸是以热蒸汽为传热介质对原料进行熟处理，使原料入味成菜的烹调方法。只是预熟处理是为正式熟处理服务，需要进一步加热成菜；而作为烹调方法的蒸，则可以直接成菜供食客食用，其基本工艺环节和关键相同。由于本书在第八章中对蒸的方法作了较为详细的讲解，故本章不再赘述。本章只对作为烹调方法的蒸分类进行简要介绍。

蒸是我国古老而独特的烹调技法，全国各地都有蒸菜，其中以湖北的蒸菜最富有特色，也最为出名。尤其是湖北省天门市被评为"中国蒸菜之乡"，成为我国蒸菜的楷模。

根据原料表面优化处理方法，可以将蒸法分为清蒸、粉蒸；根据蒸的工艺特点不同，又可以分为扣蒸和包蒸。

（一）按原料表面优化处理方法分类

1. 清蒸

清蒸是将原料初步加工并腌渍处理，进行刀工成形处理后，加入调味品上笼蒸制成熟的方法。清蒸是我国使用最多的一种蒸法，尤其在江苏地区应用普遍，主要体现在不使用有色调味品，保持原料固有本色。

清蒸的工艺流程为：选料→初步加工→刀工成形→调味→加热成熟→成菜。

清蒸关键主要体现在：必须选用新鲜、细嫩的动植物性原料，必须清洗干净，尤其是鱼类腹腔内的黑衣、动物性原料的血水等一定要清除；原料要采用花刀处理，保证其成熟与入味，同时可以加入一些呈香原料如香菇、火腿等，增进菜肴香味；清蒸类菜肴只用盐、料酒、葱姜汁、清汤等无色调味品，保证成菜原色、原汁、原味；清蒸类菜肴应放在顶屉，一是尽量避免串色、串香、串味，二是满足足汽蒸的要求；蒸时应控制好火候及蒸汽饱和度，控制好蒸制时间，控制好蒸菜的老嫩度。

清蒸类菜肴的成菜特点是原色、原汁、原味，清新鲜美，鲜香味美。典型的代表菜有清蒸鲈鱼、清蒸甲鱼、清蒸全鸡、清蒸鲫鱼、虫草鸭子等。

2. 粉蒸

粉蒸是将原料经刀工处理并腌渍后，黏附上一层炒制的米粉后入盛器上笼加热成熟的方法。粉蒸在湖北、四川和江苏等地区运用较多，有时候为了增加菜肴的呈香和呈味效果，还添加一些特殊的调味品如豆豉、蒜泥等。

粉蒸的工艺流程是：选料→初步加工→刀工成形→腌渍→加入炒熟的米粉拌和均匀→装盘→上笼加热成熟→装盘或直接装盘成菜。

粉蒸关键主要体现在：粉蒸大多选择质地较老、风味物质含量较多的动物性原料如禽、畜类原料，以及质地细嫩的水产原料如鳗鱼、鲫鱼等；原料多刀工处理成块、厚片等，料形不宜太小或太大；粉蒸类菜肴口味多变，要根据成菜口味要求进行腌渍，使原料具备既定味型，如豉香味、蒜香味、五香味等；不能选用黏性太强的米粉，且应事先将米粉炒熟，合理控制米粉使用的数量；粉蒸类菜肴应另外换盘造型成菜，注重成菜整理效果。

粉蒸类菜肴的成菜特点是醇香肥美、酥嫩不腻，粉香味浓郁。典型的代表菜肴有山东的珍珠丸子、浙江的荷叶粉蒸肉、江苏的粉蒸河鳗、广东的豉汁蒸排骨、清真菜粉蒸羊肉等。

（二）按蒸的工艺特点分类

1. 扣蒸

扣蒸是指将原料经刀工成形、预熟处理后整齐码入扣碗中，上笼加热成熟后扣入盘中，再浇上调味汁成菜的方法。扣蒸也是最重要的蒸法之一，无论在城市酒楼还是乡村筵席，都被广泛运用，常用于大菜的制作。

扣蒸的工艺流程是：选料→初步加工→初步熟处理→改刀装碗→上笼蒸熟→扣入大盘子→浇上汤料成菜。

扣蒸的关键工艺是：选用质地老韧的整形或大块的动物性原料，而且应该带皮烹调，确保成菜色泽和整体造型美观；必须经过预熟处理，大多数原料都要走红处理，使原料表皮着上一层色泽；一般多刀成大块或厚片，成形要大小一致、厚薄均匀，扣成形后才会形态美观；要猛火足汽速蒸，要保证蒸熟、蒸透、蒸烂，保证成菜质感；注重成形效果，入扣碗时要整齐，扣入盘中时才能保证整体形态优美。

扣蒸的成菜特点是形态整齐美观、色泽油亮，质地酥烂香醇。典型的代表菜肴有淮扬名菜梅干菜扣肉、花椒虎皮肉、扣酥肉饼，以及湖北名菜扣蒸酥鸡等。

2. 包蒸

包蒸是指将刀工成形、腌拌入味的原料用荷叶、网油、玻璃纸、竹叶、鸡蛋皮等包卷后入蒸笼加热成熟的一种方法。包蒸是利用密封增香的原理，将原料本身产生的香气和包裹原料如荷叶、竹叶等产生的香气包裹封闭起来，等食用时打开后香气一次性逸出，呈香的效果更好。

包蒸的工艺流程为：选料→刀工处理→腌渍入味→包卷成形→上笼蒸熟→装盘成菜。

包蒸的关键工艺有：多选择质地新鲜、细嫩易熟的原料，加工成小型的片、丁、丝、条状或小型原料的原形，容易成熟和入味；包卷前注重腌渍入味，口味以咸鲜为主，注重保持原料的原色、原味；注重外层包裹原料的选择，多选择气味清香、洁净的叶片或蛋皮、面皮等原料；注重包裹成形，多包裹成外形美观的造型，且要包严，避免露馅；成菜后上桌由食客自主剥食，让食客感受成菜效果。

包蒸的成菜特点是成形美观，鲜嫩味美，清香突出。典型的代表菜肴有湖南名菜网油蒸鲫鱼、菜包虾，云南名菜芭蕉蒸鱼，江苏名菜荷叶粉蒸肉等。

第六节　固态传热介质的烹调方法

烹饪上常用的固态传热介质有石头、沙子、盐及金属等，常见的烹调方法有石烹、盐焗和烙等。

一、石烹

（一）石烹的由来

原始人对石烹的运用是无意识完成的。他们将采撷回来没吃完的果实放在石头上，等想起来去吃的时候石头上的果实受到太阳辐射的热能作用，已经或部分完成了由生至熟的烹饪过程。只是此时的人们还不懂得这就是烹饪熟食的过程。

到了旧石器时代，人们已经懂得利用火对石头进行加热，再利用石头将热能传递给烹饪原料从而完成烹饪过程。据《礼记》注："中古未有瓦甑，释米捋肉，加于烧石之上而食之耳"，另外《古史考》等古籍中也有类似的记载。这时候的人们已经开始有意识地利用石烹来完成对食物原材料的制熟，可以说这个阶段是石烹形成的主要时期。

（二）石烹的发展

石烹的发展经历了无意识完成和有意识运用两个阶段，其工艺也经历了由简单到复杂、由初级到高级、由熟食到美食的过程。从早期无意识中太阳能的利用到火的发现和利用后，旧石器时代的石上燔谷时代见证了人类由野蛮向文明的转变。

《礼记》中记载："夫礼之初，始于饮食，其燔黍、捭豚。"郑玄注："古者未有釜，释米捭豚，加于烧石之上而食之耳。今北狄犹存。"这种直接在石头上烙炕成熟的方法，就是我国最古老的石上燔谷法。到后来，傣族在举行剽牛仪式时，先在地上挖一个坑，把剥好的牛皮垫在坑内，盛足水、放好肉，然后往水中丢烧红的石头，一块接一块，直到肉煮熟，大家便围坐而食。这便是一种烧石煮水的石烹法，使石烹技法有了发展和进步。经历了漫长的封建社会，石烹技法也经历了燔、煮、烙、烹等发展阶段，工艺得到更好的拓展与创新，成品种类更加丰富多彩，成品特点也更为显著，食用方法也更为文明、讲究。

（三）石烹的方法及其特点

1. 干烙加热制熟

干烙加热制熟是以石头作为传热介质，将热能均匀地传递给食物以使食物成熟的一种制熟方法。主要有两种加热方式：一种是外加热，也就是所谓的"外烙"。将石头堆起来烧至炽热后扒开，将食物埋入、包严，利用向内的热辐射使原料成熟；也可以用两块石板将烹饪原料夹在中间，利用石板将热能从两面向中间的原料传递使食物成熟。这种外烙法的特点是简便易行，且传热均匀迅速，成品通常外观凸显石头形状，色泽金黄，香味浓郁。另外一种是内加热，也就是所谓的"内烙"。是将石头烧红后，填入（或包入）食物原材料（如牛羊内脏、薄饼等）中，使之受热成熟。这种内熘法的特点是容易掌握原料的成熟度，进餐者剥开原料取出石头准备食用时香味集中逸出，呈香效果更佳。

2. 水煮加热制熟

水煮加热制熟是以水为传热介质，配合石头传热给烹饪原料，以使原料成熟的一种制熟方法。从干熘到水煮，是人类饮食文明的一大进步。这个阶段的炊具有了全新的发展，由直板式向内凹式转变，这样能使食物成品风味更突出，质感更丰富。水煮加热制熟主要有两种方式：一种是石器煮，是选择中间凹的石块或将石头雕凿成中空的石器，放入水和原料，从下方对石头进行加热，石头将热能传递给水，水再将热能均匀地传递给原料，从而使原料成熟。这种方法的特点是简洁快速，作为炊具的石器可以反复利用，适合长期定居于某处的人群。另一种是投石煮，也就是将水和原料放入某个容器中，将烧红的石头连续投入容器使水沸腾，从而使食物成熟的方法。在西双版纳地区的布朗族，人们在野外劳动时，不用带锅灶，做饭的时候临时在沙滩上挖一个坑，在坑内铺上数层芭蕉叶，然后倒进清水，把从河里捕来的鲜鱼放入水中，燃起篝火，把烧红的鹅卵石投入这个"芭蕉锅"内，待水沸鱼熟，放入少许盐，便煮成一锅美味的卵石鲜鱼汤，然后用蚌壳盛着吃。这便是一种典型的投石煮，特点是汤醇肉嫩、鲜美异常。只是要求石块不宜太大，而且对卫生也有严格的要求，要以洁净的鹅卵石为佳；同时在烹饪和食用过程中很容易调动参与者的情绪，气氛热烈。

3. 烹蒸加热制熟

这种方法其实是石烹技法发展到现代的一个高级阶段，是将大小均一的石块放入特制的耐高温的陶钵、铁钵、木桶或玻璃钵等容器中，利用电烤、火烧或油炸的方法使石块受热至灼红，将烹饪原料与兑好的调味汁一次性投入，利用石块遇水产生的蒸汽使原料迅速成熟。由于成菜时热气四溢并带有声响，感觉如同蒸桑拿一般，因此又名"桑拿石头菜"。它之所以受到消费者的青睐，是因为它在具有保温保鲜、增进食欲、美容养颜等作用的同时，既满足了消费者的视觉、嗅觉、听觉、触觉、味觉等生理需要，更迎合了现代人对饮食求新、求奇、求异的心理需求，既满足了食客的填充饥需要，也满足了食客的精神饥需要。这种方法的特点是烹饪用具质地讲究，烹饪手段先进，特别是对烹饪原料的选择要求很高，必须质地鲜嫩、卫生美观，可以是鲜活的虾蟹类，也可以是经过刀工美化并初步熟处理的其他原料。

（四）石烹菜肴工艺分析

1. 传热均匀迅速

由于石头本身是热的良导体，传热均匀迅速，使烹调时间得以有效缩短。在生产资料极端匮乏的古代，采用石烹技法既保证了选料简便，且易于清洗；同时其传热性能良好，满足了作为传热介质的基本要求；这在时间就是效益、人们生活节奏不断加快的现代，则可大大缩短人们的待餐时间，无疑拥有很强的市场前景。

2. 工艺简单有特点

石烹工艺或熘或煮，都是最原始、最简单的工艺，取料方便低廉，炊具用具常规化，操作起来难度也很小。石烙工艺讲究传热均匀，火力不能太小或太大。太小则无焦香味，更无酥脆的质感；太大则外焦而内不熟，对成品外形也会有很大影响。石煮工艺讲究成菜火候，鲜嫩易熟的原料讲究急火速成，以保持成菜鲜滑爽嫩；质地老韧的原料讲究慢火煨焖，"火候足时它自美"，以保持成菜酥烂醇浓。而烹蒸类菜肴如桑拿虾等，则应在注意保证操作安全的前提下，投料讲究找准时机、眼疾手快，以创造热烈的气氛和保持原料鲜嫩的质感。

3. 成品富有特色

石烹成品大多特点鲜明，要么外观造型美观，入口香酥余香留颊；要么质感滑嫩爽口、异常鲜美；要么成品酥烂醇浓、回味悠长。尤其是烹蒸类菜肴，更是将菜点质地与饮食文化进行有机结合，既保证了菜肴口味鲜美、造型独特，更衬托出饮食氛围，使美食与美境、美味与美器融为一体，调动食客食欲，促进消化吸收。

4. 食用方法讲究

由于石烹类菜点本身具备的特点，其食用方法也很讲究。为了保持石烹类菜点本身质地酥脆或鲜嫩，一般都需要现做即食，这时候就要考虑菜点温度过高可能给食客带来的伤害，因此一般应借助一些工具来辅助进食，必要时应由餐饮服务人员指导食用；有些石烹类菜点烹制过程中不方便进行调味，需要食客自助补充调味，有时也需要给予帮助或指导；另外，有些石烹类菜点（例如现在市场上比较流行的瓦岗鸡等菜点，是将鸡块等原料与鹅卵石等同烹）在食用过程中还要注意分辨出石块，以免在餐饮过程中磕伤牙齿或烫伤皮肤。

（五）石烹的烹饪要点

1. 石烹的选料要求

石烹的选料要求主要体现在两个方面：一是对石头的选料要求。作为炊具的石器必须具备既定的造型，要么中空可以盛装原料和水以利于水煮加热制熟，要么表面平滑能很好地与原料接触以利于干烙加热制熟，要么形似鹅卵能使成品具备凹凸有致的外观。作为传热介质的石头除了要考虑其传热性能，还应该考虑其颜色、外形及卫生条件，保证满足进餐者的心理审美与生理审美的双重要求。二是对烹饪原料的选料要求。虽然适于石烹的原料范围很广，从石上燔谷选用的果实、种子，到水煮加热制熟选用的动物性原料肌肉及内脏组织，几乎所有的原料都可以用于石烹，但必须具备一个基本的要求那就是选择的原料必须是新鲜无异味的，这是因为石烹技法很少利用复杂的调味手段，除了在正式烹调前对原料进行基础性的腌渍调味，大多由食客根据自身的口味需求在进餐过程中进行自助式补充调味，这就要求成品保持原料的本味，突出其清淡香浓的特点。

2. 石烹的卫生要求

主要体现在石头的选择、烹饪原料及工艺过程三个方面。无论是作为炊具还是传热介质，石头都与烹饪原料亲密接触，甚至直接上桌和食客见面，其卫生质量的优劣直接影响到成品的卫生，因此必须选用那些长期在日光照射下的无环境污染的石头。由于石烹工艺相对简单，且原料大多裸露在外进行烹饪加工，因此用于石烹的原料应该是新鲜无污染的，卫生质量必须有严格的要求。在石烹工艺过程中，很可能造成粉尘污染及3,4-苯并芘污染，这就要求在烹饪过程中予以严格控制，尽量减少原料与明火接触的概率，并保持环境的整洁卫生。卫生程度是评价烹饪制品的首要条件，更是石烹市场生命力的重要指标。

3. 石烹的安全要求

由于石头长时间受热容易发生爆裂现象，在烹饪过程中应该注意监视并予以控制；另外，由于石头受热后温度很高，很容易发生灼伤事故，因此整个工艺过程应小心谨慎；最后由于石烹菜肴的成菜温度都很高，有时候成品中还会拌有一些石头，因此在食用过程中应该借助一些工具，同时尽量放慢进餐速度，提倡文明饮食，确保食客的人身安全。

（六）石烹的市场前景展望

通过分析研究可以看出，石烹至少具有以下几个优点：一是石烹历史悠久。石器时代就有了石烹工艺，是人类饮食文化的起源，也见证了人类饮食文明的进步。二是石烹工艺简单、独特。以石头为炊具和传热介质简便、经济、环保，无论是烙、煮还是烹蒸等都简洁自然，成品特色鲜明。三是石烹成品科学营养。石烹对烹饪原料的影响很小，能有效地保护其营养素不受损失；同时不会产生对人体有毒有害的成分，确保环保、卫生；成品口感多样、种类繁多，使食客的选择余地更大；食用方法讲究，注重餐饮氛围和饮食文化，更是满足了食客生理与心理的双重要求。四是石烹成本低、市场占有率高。无论是炊具、用具的选择还是传热介质的应用，作为石头都可以重复使用，有效地降低了产品成本，避免了环境污染；同时通过行业走访和市场调研，石烹类菜肴很受顾客青睐，经过市场推广和进一步工艺改良，一定会成为餐桌上一道亮丽的风景线。

当然，石烹类菜点的创新和推广必须依靠广大一线烹调师的努力，首先要了解和重视石烹工艺，并能持之以恒地研究和实践，才能挖掘和创新出更多更好的产品；另外，还要能够引起企业高层管理者的重视和支持，才能够不断地推陈出新，使石烹工艺得以不断改革和完善。

二、盐焗

（一）焗与盐焗

焗，客家菜烹调方法，是以汤汁、蒸汽、盐或热空气为传热介质，将经腌制的原料或半成品加热至熟成菜的烹调方法。常见的有沙锅焗、鼎上焗、烤炉焗和盐焗四种方法。

盐焗是焗的一种，是将加工整理、腌渍入味的原料经过预熟处理后用锡纸等包裹入陶罐埋入盐中加热成熟，是东江客家人特有的一种烹调方法。盐焗的典型特征是以粗盐为传热介质，利用热传导将热能传递给原料，使原料成熟。其中，盐除了作为传热介质之外，还同时起到调味增香的作用，是盐焗菜肴风味特色形成的主要因素。

由于盐焗技法工艺相对复杂，广东人现在做盐焗类菜肴如盐焗鸡等，大多进行改良，直接将原料用盐等调味品腌渍后上笼蒸熟，然后改刀装盘后浇上原汁。其实这种做法已经失去了盐焗类菜肴固有的风味特色，已属于蒸，而非盐焗。

（二）盐焗的工艺流程

选料→初步加工→腌渍→整理成形→初步熟处理→包卷成形→入粗盐中加热成熟→带佐味碟上桌

（三）盐焗的工艺要点

1. 选料的要求

盐焗适用于质地肥嫩的动物性原料，如鸡、鸭、鸽子、鹌鹑、猪肉、牛肉等，以及新鲜的、鲜味足的水产原料，如鱼、虾、贝类等。原料可以保持原形直接加热成熟；也可以先进行刀工处理成小型的片、丁、丝等，再包卷加热成熟。

2. 腌渍与包卷成形要求

盐焗菜肴口味多变，可以根据食客的喜好和原料本身的特点进行灵活调味，但必须在正式加热前完成菜肴味型的调配，这是由于原料埋入盐中加热时无法进行调味。需要注意的是，不能下口太重，因为盐本身就起到调味作用。

原料腌渍后要经包卷成形才能放入盐中加热成熟。包卷成形时应注意三个问题：一是必须选择洁净的、对人体无毒无害的纸包卷原料，常用的有无毒玻璃纸、锡纸等；二是要包卷严密，避免原料外漏；三是要注重包卷成形，注重形态美观。

3. 火力与加热时间的控制

盐焗讲究中火较长时间加热。原料可以事先埋入盐中再进行加热，多用于瓦罐烹调，火力不宜太大，加热时间一般在 15～20min；也可以先将盐炒热后再将原料埋入盐中继续加热，多用于铁锅烹调，火力可以稍大些，加热时间一般在10～15min。

4. 注重操作安全，防止烫伤事故

由于盐焗过程中，盐的温度较高，稍不小心就可能发生烫伤事故，因此在加热过程中要注意操作安全。尤其是用铁锅烹调，将原料埋入经事先加热的盐中时一定要注意避免肢体接触铁锅和盐。

三、烙

烙是以金属为导热体，将原料放置于金属炊具表面受热成熟。烙法需要使用金属炊具，一般做成平底状，从下面加热，利用金属良好的导热性能，将热能传递给表面的原料，使其受热成熟。

（一）烙的定义

烙是将原料经加工整理、调味后直接黏附在金属炊具的表面，使其均匀受热成熟的烹调方法。

烙法大多适用于面点的成熟处理，也可以对原料加热成熟。比较典型的是烙饼，在我国北部地区使用较多。山东和江苏部分地区民间喜食"煎饼"，其工艺其实就是典型的烙法。在实际运用中，除了金属炊具外，有些地方还用石器作为烙的工具，如石烙等；由于在石烹中已经有详细论述，这里就不再赘述了。

（二）烙的工艺关键

1. 选料讲究

应选择鲜嫩、易熟的原料，可以是动物性原料，也可以是植物性原料。要求质地软滑、服帖，容易与金属炊具表面粘连、吻合，利于其均匀受热。

2. 润滑处理

为了防止原料与金属炊具粘连太紧而导致原料焦煳，应对金属炊具进行润滑处理。常用的方法是用洁布蘸油擦拭金属炊具的表面，利用油脂的润滑性特点对炊具进行润滑处理。也可以用肥膘擦拭金属炊具的表面，可以达到同样的润滑效果。

3. 均匀受热

为了使原料各部位成熟效果一致，应确保原料能够均匀受热。通常采用两种方法：一是中途对原料进行翻转加热，这种方法主要适合那些质地较厚的原料，如烙饼；二是移动受热坯料，将先加热的坯料移动到金属炊具四周，用余火加热，再将新的坯料放入金属炊具中间加热。

4. 合理控制火力

根据使用的金属炊具的品种和加热原料的性质不同，应采用合适的火力进行加热。一般用铁锅、铁板等金属炊具烙制，火力应小些，保持金属温度在 110℃ 左右，加热的时间相对较长；而制作梅花糕等所采用的钳烙火力则要大些，保持金属温度在 160～180℃ 之间，短时间速成。

思 考 题

1. 什么是烹调方法？如何界定？
2. 烹调过程中为什么要翻勺？请结合实例说说翻勺的方法与适用范围。
3. 说说炝锅的作用和方法，并请结合实例谈谈炝锅应该注意的问题。
4. 试比较炖、焖、煨的联系与区别。
5. 试谈扒与㸆的工艺特色，实际运用中应注意哪些工艺要点？
6. 试比较烹、熘、炒的联系与区别。
7. 试比较油浸与油淋、油汆的联系与区别。
8. 请联系烹饪实践比较一下煎、贴、炸的联系与区别。

项目九 烹饪原料的正式熟处理

【项目要求】熟练掌握翻勺的方法及技巧；认识到炝锅与明油的重要性，并能正确运用；掌握行业上常用的烹调方法，并能针对具体菜例灵活运用；能针对具体原料采取合适的烹调方法，设计和制作出实用性强、科学性高的烹饪产品。

【项目重点】

① 翻勺的手法与运用。

② 明油的作用与烹饪应用。

③ 炝锅的作用与烹饪应用。

④ 常见烹调方法的掌握与实际运用。

【项目难点】

① 根据原料的性质和烹饪用途采用科学合理的正式熟处理方法，保证预熟处理后原料的成熟度、卫生性、营养性和实用性。

② 正确运用火候，灵活控制油温，熟悉各种正式熟处理方法的工艺关键，熟练完成各种原料的正式熟处理。

③ 能灵活掌握正式熟处理方法的烹饪运用，有效控制正式熟处理过程，确保菜肴的质量标准。

【项目实施】

(1) 确定项目内容

① 炖、焖、煨的烹饪运用。

② 扒、烧、㸆的烹饪运用。

③ 烹、熘、炒的烹饪运用。

④ 煎、贴、炸的烹饪运用。

(2) 项目实施 将班级同学分成三个大组，每个大组分成四个小组，根据兴趣各自选出 12 种烹调方法的一种烹调方法进行项目实践。要求每个大组都在四个小项目中选择一个小项目，每个小组选择不能重复。

(3) 项目实施步骤 确定实践小组→各小组制订项目实施计划→各小组内部讨论并确定实施计划→各小组将计划提交大组讨论并最终定稿→教师审核，提出修改意见→各大组讨论并提出完善意见→各小组修改完善计划→实施项目计划，完成项目实践→小组自评→大组组内互评→教师点评→完成项目报告。

(4) 整个项目实践过程必须遵循烹饪原料正式熟处理的相关要求和原则，保证菜肴的质量标准。

【项目考核】

① 其中项目实施方案占 20 分，项目实施占 30 分，综合评价（含项目报告）占 50 分。由小组自评、大组互评、教师测评分别进行评价。

② 项目考核总成绩为 100 分，小组自评成绩占 20%，大组互评成绩占 30%，教师测评成绩占 50%。

第十章　冷菜烹饪工艺

冷菜是中式菜肴的重要组成部分，具有用料广泛、菜品丰富、味型多样、色泽鲜艳、造型美观等特点。其制作技艺较为复杂，一般可分为热制冷吃和冷制冷吃两种。根据菜肴操作工艺和风味的不同可形成不同技法，正确掌握各种制作方法，对保证菜肴质量、提高烹饪技艺具有重要意义。冷菜在筵席中占有非常重要的地位，是筵席的脸面和先头军；而且冷菜由于没有经过热处理或热处理后经过了较长时间的放置，其卫生问题严峻。为此，必须对冷菜进行充分的研究，力求使其口味与卫生同步合格。

第一节　非热熟处理冷菜工艺

非热熟处理技法是食物熟处理中较特殊的一种，是一种不用加热，只通过调味而使食物达到食用目的的处理方法。它包括冷菜制作中的部分加工方法，如泡、醉等，也包括一些特殊菜肴的制作，如生鱼片等。但需要注意的是，由于食物原料没有经过加热处理，而是直接生食，必须注重其卫生要求。因此，在加工过程中，如何进行消毒和杀菌处理就成了研究的重点。在饮食行业中，常用的手段是充分的清洗；用盐、醋、料酒及酒糟等进行处理；有的甚至要用一些消毒液进行浸泡处理，最终达到消毒杀菌的目的和效果。

一、拌

（一）拌的概念

拌是将可食的生原料或熟制晾凉的原料加工切配成较小的形状，直接加入调味品拌匀成菜的制作方法。拌制方法运用普遍，用料广泛。调味料主要有盐、醋、酱油、香油，也加入糖、味精、蒜泥、姜末、葱花、花椒油等。常见的味型有咸鲜味、芥末味、糖醋味、酸辣味、麻辣味、蒜泥味、姜汁味、红油味、怪味等。

（二）拌的特点及代表菜肴

拌的菜肴具有清淡不腻、鲜脆爽口、味型多变的特点，刀工成形有丝、条、片、块等形状。代表菜肴有凉拌黄瓜、凉拌番茄、凉拌海蜇皮等。

（三）拌的工艺要点

（1）选择质地鲜嫩的原料，并保证原料的卫生要求，可以通过杀菌消毒措施预先对原料进行处理。

（2）刀工处理要精细，一般加工成小型，便于入味。

（3）调味不可过咸，要清爽利口。

二、腌

（一）腌的概念

腌是将原料浸入调味卤汁中，或与调味品拌匀以排除原料的内部水分，使调味汁渗透入味成菜的制作方法。腌的原料有新鲜的蔬菜和质地鲜嫩的鸡、鸭、蟹、猪肉、蛋类。常用的调味品有精盐、酱油、花椒、白糖、米醋、干辣椒、酒类（如料酒、啤酒、玫瑰露酒、花雕酒等）、香糟等。

（二）腌的特点及代表菜肴

植物性原料一般具有口感爽脆的特点，动物性原料则具有质地坚韧、香味浓郁的特点。在实际操作过程中，腌一般可以分为盐腌、醉腌和糟腌三种。

1. 盐腌

盐腌是以精盐为主的一类腌制方法。适合盐腌的原料主要以蔬菜、鸡、鸭、兔为主，蔬菜类直接与调味品调制的味汁腌制成菜，如腌黄瓜条、酸辣白菜等；动物性原料需经蒸、煮或焯水至刚熟，再加入调味汁腌制成菜，如盐水鸡等。盐腌的调味品主要有精盐、泡辣椒、白醋、白糖、姜、芥末面、味精等。

泡是盐腌的发展，是一种特殊的腌渍方法，是将白菜、萝卜、黄瓜等原料改刀后腌渍成菜。泡的特点是要经过自然发酵，成菜口味具有酸辣的特点。

2. 醉腌

醉腌也称酒腌，是以精盐和酒为主要调味品的一类腌制方法。适合酒腌的原料有活虾、活蟹、螺、鸡蛋、鸽蛋等。经过酒浸渗透入味。酒腌菜肴色泽金黄、醇香、细嫩。常见的代表菜肴有醉虾、醉泥螺、醉蟹等。

3. 糟腌

糟腌是以精盐和香糟卤、红糟卤等为主要调味品的一类腌制方法。主要适用于动物性原料，如鸡、鸭、猪肉。糟腌前，这些原料要先煮熟，捞出晾凉改刀，再用卤汁糟腌3～4h即可。糟腌菜肴具有鲜嫩醇厚、糟香爽口的特点。典型代表菜肴有糟腌鸡块、糟腌河虾等。

（三）腌的关键

（1）腌的原料选择范围广泛，可以是动物性原料，也可以是植物性原料；但腌制前一般应清洁处理，保证原料卫生质量。

（2）腌渍的时间一定要足，保证调味品渗入原料内部，保证成菜口味。

（3）腌是直接成菜的过程。如果原料在腌完以后再经过加热处理，那就是一种复加工手段，不是菜肴的烹调方法了。

第二节 热熟处理冷菜工艺

热熟处理冷菜工艺在冷菜制作中数量较多，常见方法很多。热熟处理冷菜工艺是先将原料加热烹制成熟后，待菜肴冷却至常温状态下再食用的一种方法。

一、炝

（一）炝的概念

炝是把生的原料加工成丝、条、片、块等形状后，焯水或滑油后加入以热花椒油为主的调味品调拌均匀成菜的一种方法。

炝制的原料有冬笋、芹菜、蚕豆、豌豆、金钩、鸡肉、虾仁、鱼肉、腰子等。炝菜常用的调味品有精盐、味精、姜、花椒油、胡椒粉等。

（二）炝的特点

炝菜具有色泽美观、质地嫩脆、醇香入味的特点。花椒油浓郁芳香，滑润油亮。炝菜原料必须加热成熟，根据原料加热的方式和成品特点不同，一般将炝分为滑油炝、焯水炝和焯滑炝三种。

1. 滑油炝

滑油炝是将主料先用料酒、精盐码味再上蛋清浆拌匀后入温油锅中，滑散断生后捞出沥油，加入花椒油或香油、胡椒粉等主要调味品拌匀成菜。滑油炝适用于质地脆嫩的动物性原料，原料改刀必须均匀，滑油时油温控制在三成热，掌握好加热时间。

2. 焯水炝

焯水炝是将上浆动物性原料或植物性原料用沸水焯至断生，捞出放入冷水中浸凉后，沥去水分，加入调味品，淋花椒油拌匀成菜的方法。焯水炝的原料应以质地脆嫩含水量较低的动植物原料为主，焯水时间不宜太长，水应保持沸腾状态。要掌握原料的成熟度，以断生有脆嫩感为好。

3. 焯滑炝

焯滑炝是把两种或两种以上的原料分别用沸水焯后或用温油滑过，加入以花椒油为主的调味品拌匀成菜的方法。

（三）炝的代表菜肴

炝的代表菜肴很多，典型的有炝腰花、炝肚片、炝乌贼等。

二、酱

（一）酱的概念

酱是将经腌制或焯水后的半成品放入酱汁中烧沸，再用小火煮至酥软，捞出即可；或再将酱汁收浓淋在酱制原料上，或将酱制的原料浸泡在酱汁中的烹制方法。

（二）酱的特点及代表菜肴

酱制菜肴具有酥烂味厚、浓郁咸香的特点。适用于鸡、鸭、鹅、猪、牛等及其内脏。制作酱汤的香料主要有花椒、八角、桂皮、丁香、草果、陈皮、白芷、豆蔻、甘草、小茴香等。酱汁的质量对酱制菜肴的风味特色有直接影响，酱汁长期反复使用称为老汤。用老汤酱制的菜肴要比新调制的酱汁效果好。酱汁每次使用完后，必须烧沸晾凉，妥善储存保管。每次使用时要酌加香料、调味品，以保持酱汁的香鲜滋味和酱制菜肴的色、香、味、质。常见的酱制菜肴有酱牛肉、酱牛排等。

（三）酱的操作关键

（1）酱一般以动物性原料为主，多大块或整形。

（2）原料一般要先腌渍入味，时间要充足，保证腌制效果。

（3）在酱制过程中要用小火馒馒加热，以免熬干汤汁。

三、卤

（一）卤的概念

卤是将加工处理的大块或整形原料放入调好的卤汁中加热煮熟，使卤汁的香鲜滋味渗透入内的加工方法。

（二）卤的特点及代表菜肴

卤制菜肴具有色泽美观、香鲜醇厚、软熟滋润的特点。卤的原料大多是鸡、鸭、鹅、猪、牛、羊、兔及其内脏，以及豆制品、禽蛋类等。制作卤菜，主要是调制卤水。各地的做法不一，使用的调味品不尽相同。但不外乎精盐、白糖、料酒、葱、姜、八角、桂皮、砂仁、花椒、草果、小茴香、山奈、丁香及各种成品酱料，如海鲜酱、花生酱等。卤汁按有色无色可分为红卤汁和白卤汁两类。其中放酱油和有色调味酱的称为红卤汁，制品油润红亮。不放酱油的卤水称为白卤汁，成品色白或本色。卤汁应一次制成后反复使用，越是陈年老卤越好。常见品种有卤牛肉、卤鸭、卤心肝等。

（三）卤的操作关键

（1）原料应事先熟处理，减少血污对卤汁的影响。

（2）注重老卤的使用和保存。

（3）卤好的菜肴要注意保存，避免污染及香味逃逸。

四、酥

（一）酥的概念

酥是将原料经预熟处理后，有顺序地排列放入大锅内，加入以醋和糖为主的调味料，用慢火长时间焖至骨酥味浓的烹调方法。酥注重原料酥烂的成熟度，其中以原料的骨质酥软，入口即化为标准。用来酥制的原料有鲜鱼、肉、海带、白菜、藕等。酥主要有两种形式，原料先过油再酥制的为硬酥；不过油而将原料直接放入汤汁中加热处理的为软酥。两者均用慢火长时间加热的方法。

（二）酥的特点及代表菜肴

酥制菜肴的特点是骨质酥软鲜香、味鲜咸带酸微甜，略有汤汁。其味型丰富多彩。在酥制时，可以加入五香粉或其他香料、调味料以增加菜肴的口味，调味应浓醇、鲜香，味感不宜过淡。代表菜肴有酥鲫鱼、酥猪尾等。

（三）酥的操作关键

（1）酥制工艺重点在于调制酥制汤汁，使原料酥烂的调料是醋，故掌握好醋的用法是做好此类菜的关键。

（2）注重火候的运用，保证酥制效果。

五、爐

（一）爐的概念

爐是将清炸后的半成品入锅，加入调味品和汤，用中火加热，收尽汤汁、亮油的一种烹调方法。适用原料有鸡、鸭、鱼、虾、猪肉、排骨、牛肉、兔肉、豆制品等。原料的形状以条、片、丁、块、段为主。

（二）爐的特点

成品具有质地酥软、干香滋润的特点，口味有咸甜味、五香味、麻辣味、糖醋味等。爐制的菜肴既可热制热吃，也可热制冷吃。菜肴放置一段时间可使其味透肌里，更有特色。典型的代表菜肴有糖爐大虾、酥爐鲫鱼等。

（三）爐的操作关键

(1) 多选择质地细嫩、带骨的小型动物性原料。

(2) 注重火候，保证成菜质地。

(3) 用旺火收稠浓汁时，要注意避免烧焦。

(4) 注重成菜形态，讲究装盘造型。

六、冻

（一）冻的概念

冻是利用原料本身的胶质，或另外酌加猪皮、食用果胶、明胶、琼脂等经蒸制或熬后的凝固作用，使原料凝结成一定形态的烹调方法。冻法适用于以猪肘、鸡、鸭、虾、蛋等原料为主料的咸味凉菜，以蜜钱、果脯、糖水罐头、干鲜水果为主料制成的甜菜。

（二）冻的特点

色彩美观、清澈透明、柔嫩爽滑、口鲜味醇。由于制品具有晶莹透明、光洁的特点，故冻菜又被冠以"水晶"的美誉。典型的代表菜肴有宿迁冻鸡、杏仁豆腐、镇江肴肉等。

（三）冻的操作关键

(1) 注重明胶和琼脂的使用方法，正确控制汤水的添加比例。

(2) 注意成品的保存环境，避免影响成品质地。

思 考 题

1. 请结合实际谈谈冷菜在筵席中的地位和作用。

2. 冷菜的调味有什么特点？

3. 如何区别酱和卤？以酥法制作冷菜的形式有哪些？

4. 非热熟处理制作的冷菜应注意哪些问题？

项目十 冷菜烹饪工艺

【项目要求】了解冷菜在筵席中的重要地位，明确冷菜的基本要求；熟悉冷菜的加工工艺，掌握冷菜烹调方法的工艺环节，合理控制冷菜制作过程；能熟练完成常见冷菜的制作，并进行合理的储存。

【项目重点】
① 非热熟处理冷菜的烹调方法及要点。
② 热熟处理冷菜的烹调方法及要点。

【项目难点】
① 熟悉冷菜的质量标准，能根据原料的性质和成菜要求采用科学合理的加工方法，保证成菜的卫生性、营养性和实用性。
② 合理完成冷菜的调味，保证菜肴的食用性要求；注重冷菜的造型工作，在强调卫生的前提下符合美学要求。

【项目实施】
(1) 确定项目内容
① 非热熟处理冷菜的烹调方法——拌、腌。
② 热熟处理冷菜的烹调方法——卤、酱、酥、冻。
(2) 项目实施　将班级同学分成两个大组，每个大组分成六个小组，根据兴趣各自选出6种烹调方法的一种进行项目实践。要求每个大组的每个小组都在6个小项目中选择一个小项目，且项目选择不能重复。
(3) 项目实施步骤　确定实践小组→各小组制订项目实施计划→各小组内部讨论并确定实施计划→各小组将计划提交大组讨论并最终定稿→教师审核，提出修改意见→各大组讨论并提出完善意见→各小组修改完善计划→实施项目计划，完成项目实践→小组自评→大组组内互评→教师点评→完成项目报告。
(4) 整个项目实践过程必须遵循烹饪原料正式熟处理的相关要求和原则，保证菜肴的质量标准。

【项目考核】
① 其中项目实施方案占20分，项目实施占30分，综合评价（含项目报告）占50分。由小组自评、大组互评、教师测评分别进行评价。
② 项目考核总成绩为100分，小组自评成绩占20%，大组互评成绩占30%，教师测评成绩占50%。

第十一章　菜肴的改良与创新

第一节　菜肴的改良工艺

菜肴的改良是在原有菜肴的基础上，根据实际需要进行优化，改善食用效果，提高食用价值。菜肴改良只针对某一个方面，可以是选料及比例改良，可以是调味品选择和调味方式改良，可以是针对菜肴营养价值和保健作用改良，更可以是对食用效果的改良。菜肴改良不能改变其本来面貌，更不能破坏菜肴的固有特色，只能针对菜肴的某个缺陷进行分析研究并根据烹饪学原理进行革新、改进。如果改变了菜肴的本来面貌，尤其是改变了菜肴的特色，那就不是改良，而是创新。

一、菜肴改良的意义

菜肴的改良，是针对菜肴的工艺缺陷或成菜不足，采用各种不同的方法，改进工艺环节，完善菜肴品质的过程。

首先，菜肴的改良有利于改善菜肴质量，提升菜肴品质。根据菜肴本身的缺陷，进行相对的工艺改良，使菜肴质量趋于完美；通过改变装盘造型，优化围边点缀效果，提升菜肴品质。

其次，菜肴的改良还有利于提高菜肴的食用价值，满足养生保健的需求。通过原料的重组和工艺的改良，保护乃至增加菜肴中营养素含量，使各种营养素含量及比例更趋合理，满足人体营养需要。

再次，菜肴的改良更有利于改善菜肴的卫生质量，确保摄食安全。通过合理化的选料，采用科学合理的加工工艺，避免有毒有害成分的产生；同时严格遵守菜肴的卫生要求，确保摄食安全。

最后，菜肴的改良也是为了适应现代饮食理念，形成科学饮食方式。现代饮食理念注重"三低一高"，即低脂肪、低盐、低糖，高蛋白（既注重蛋白质含量，更注重蛋白质的质量）；注重植物性原料在饮食结构中的比例，注重微量元素的膳食补给；注重饮食方式的改良和进餐气氛的营造，强调饮食生理满足的同时更注重心理层次的需要，烘托进餐气氛，促进饮食文明。

二、菜肴可能存在的缺陷和不足

（一）菜肴的色泽单调，无法与筵席的气氛相呼应

无论中餐还是西餐，都注重饮食文化，突出餐饮氛围。中餐筵席尤其讲究营造适宜的氛围，营造和谐、优雅的进餐环境。古人剑舞助兴、歌舞佑酒，讲究的是愉

悦心情，调节饮食氛围。心理学原理证明，使摄食者心态轻松、心情愉悦，可以促进食欲，帮助消化吸收。现代筵席讲究餐饮氛围，其中一个重要的方面是通过筵席菜肴的组成，完成美的整体效果，而色泽美是不可忽视的一个方面。而传统菜肴大多注重口味而忽略色泽美，因此有必要进行改良，通过原料本身固有的色泽、调色原料赋予菜肴的色泽和原料加热后变化生成的色泽调配，使菜肴色泽美观，尤其是和筵席的气氛相呼应。同一道菜肴的色泽最好采用花色搭配，同一桌菜肴可以将冷色调与暖色调共用，丰富菜肴色彩，烘托筵席气氛。

（二）菜肴的口味不佳，无法适用更多目标顾客群

菜肴口味一直是评价一份菜肴质量优劣的重要指标体系，是菜肴能否被顾客接受的基本条件之一。但由于传统菜肴受经济发展、地理特征、饮食习惯和个人爱好等因素的影响，菜肴口味具有很强的局限性，不能适应大众化需求，无法满足更多目标顾客群。如川菜的过度麻辣、沪浙的过度甜腻、北方的过度咸盐，对目标顾客群都有很大的局限性，也与现代清淡饮食的理念相悖。因此，对这些菜肴口味进行适度的改良，有助于适应更多食客的口味需求。当然菜肴的口味改良不能改变其本来固有的风味特征，应根据相关的调味原理进行合理改良，根据食客的口味习惯和具体要求进行灵活处理，投其所好。

（三）菜肴营养不均衡，无法符合营养膳食的需要

传统菜肴中很多品种都具有原料单一的特点，如"镇扬三头"、红烧肉、红烧鱼、整扒鸡、烤鸭等。单一原料配菜的菜肴，营养素往往具有很强的局限性，无法达到营养素含量及比例的合理化，与膳食平衡要求不一致。因此，通过合理调整原料搭配结构，如在红烧肉中添加土豆、四季豆、萝卜等原料同烧，整扒鸡中加入青菜、黑木耳、山药、野山菌等原料同烹，并借助保护及优化加工工艺，对菜肴进行工艺改良；通过菜肴的合理组合，推出套餐菜肴，满足营养平衡要求；对筵席结构进行改良，保证筵席菜肴品种和数量，平衡荤素原料比例等，都可以减少菜肴营养不均衡情况的出现。

（四）菜肴质地难控制，无法形成菜肴和谐的质感

正是为了营养素的均衡配给，往往在一道菜肴中会含有多种烹饪原料，这些原料性质各异，成熟所需要的热容量也不一样，兼之本身的质地特征，使菜肴烹制过程中难以控制质地变化，无法形成和谐的质感特征。在烹饪过程中，可以通过保护及优化加工工艺，采用合适的预熟处理方法，通过分阶段下料入锅的方法，合理控制加热时间等，进行菜肴的工艺改良，可以有效控制菜肴质地，使菜肴成熟时间趋于一致，保证菜肴品质。

（五）菜肴的品味不高，无法适应新时代消费潮流

随着社会的高速发展和居民生活水平的不断提高，人类对饮食消费需求也发生了很大的变化，不但要保证菜肴质量，在心理感受等方面也提出了更高的要求。现代消费理念更注重菜肴的品味，强调菜肴的装盘效果、围边点缀的作用、摄食氛围的营造及摄食方法的科学合理等，注重饮食文化，讲究生理需求和心理需求的双满足。因而传统菜肴注重实在、片面强调口味的理念已经落伍，必须对菜肴进行全方位的包装，提升菜肴品味，顺应社会发展，适应消费潮流。

（六）菜肴卫生不达标，无法满足安全饮食的需求

传统菜肴由于选料及成菜工艺的原因，产生一些对人体有害的成分。传统菜肴多爱选用一些特殊风味的原料如咸菜、酸菜、腊制品等，其中含有对人体有害的亚硝酸盐；传统工艺如炸、熏、烤等制成的菜肴多生成致癌性极强的苯并芘；以及由于不科学的操作习惯造成的二次污染，如原料加热不彻底、使用不卫生的餐具、使用不规范的装盘方法等，这些都无法满足安全饮食的需求。有些问题通过工艺改良来解决，如规范操作行为、保证餐具和用具整洁等；有的传统工艺如炸制成的菜肴特色鲜明，深受食客的喜爱，暂时不可能退出饮食市场，则需要用一些方法来补救，如在菜肴中添加富含维生素C的新鲜蔬菜和水果，或者在摄食菜肴的同时予以额外补足。

三、菜肴改良的途径和方法

（一）菜肴制作工艺改良

菜肴制作工艺改良主要是针对选料、刀工成形、预熟处理、烹调方法等几个方面，优化菜肴品质，完善菜肴质量。菜肴制作工艺的改良是对整个加工过程进行分析，找出问题及不足，制定科学性的整改方案。

原料的品质直接影响菜肴质地，优秀的烹调师总是善于科学选料，为实现烹调意图奠定良好的物质基础。传统菜肴的选料可能存在三方面的不足：一是选料单一，无其他辅助配料；二是卫生条件不够，可能影响食客身体健康；三是选料局限性大，缺乏灵活的变通性。为了适应人类对平衡膳食营养的需要，尽可能多地推出原料品种丰富、荤素搭配、营养合理的菜肴品种；尽量少选用腌、腊、熏、烤等复制品原料，不选用污染变质原料，注重原料的科学加工，确保卫生质量；从业者应熟悉原料的品种和市场供应情况，能根据实际需要灵活选用，并能根据地区、季节和市场供应情况选用可以替换的其他原料，保证菜肴生产。

随着餐饮业的高速发展，烹饪工艺也得到优化和完善。对传统菜肴进行改良，美化刀工成形，丰富菜肴色彩，保护原料的质地和营养素，并科学运用熟处理工艺，使其更加营养、卫生和美味，已经成为现代餐饮生产的基本要求。对烹饪工艺进行改良，必须遵循烹饪原理，能够综合运用烹饪工艺学、烹饪营养学、烹饪卫生学及烹饪美学等相关知识，尊重饮食规律，顺应餐饮潮流，能真正提升菜肴品质。

（二）调味品与调味方式改良

盐的运用，始有调味；古人"以梅为调"，使调味的范围进一步扩大。随着烹饪发展到鼎盛时期，调味品的种类也空前繁荣，每种调味品的性质、用途及使用方法各异，即便同一种调味品由于入锅的时间和用量不同，调味效果也大不相同。传统菜肴更多地是根据经验和习惯调味，具有味型不稳定、调味方式随意性强、口味适应人群具有局限性等缺点。在烹饪过程中对调味品使用数量标准化和投料时机固定化，有利于标准味型的生成；加热工艺的规范化和程序化，也有利于标准化菜肴和标准化味型的生成。

　　调味品与调味方式的改良重点应做好四方面工作：一是调查研究，分析地理、经济、人文及习惯嗜好等因素影响下目标顾客群的口味特点，发现不足并寻求解决办法；二是认识并掌握各种调味品的性质、用途和使用方法，研究新味型并推广运用；三是分析传统调味方式，发现问题并予以修正，规范调味行为；四是学习、研究健康饮食理念，提倡并推行清淡饮食，尽量避免过甜、过咸和麻辣味过重等味型。

（三）餐具选择与盛装方法改良

　　"人靠衣服马靠鞍"，适宜的餐具就是菜肴的衣装，可以提升菜肴的品味和档次。传统菜肴对餐具的选择重视程度不够，应根据菜肴的档次、类别、品质、数量、条件及饮食习惯选择合适的餐具。经常收集餐具信息，更新餐具品种；可以根据菜肴选择合适的餐具，也可以根据餐具量身设计合适的菜肴品种。需要注意的是，最近几年各种类型的烹饪大赛及菜肴展示活动中出现了很多新、奇、特的餐具，让人眼前一亮；可同时也出现了盲目使用一些器具盛装菜肴，如用地板、墙砖等盛装冷菜，用药罐、笔筒等盛装热菜等，违背了饮食本应具备的生理和心理卫生要求。

　　菜肴盛装方法的改良主要包括菜肴装盘方法和菜肴围边点缀两部分。菜肴装盘方法应根据菜肴和餐具的质地特点，保证不改变菜肴应有形状，突出主料，把最美观的一面展示给顾客，同时还应确保卫生质量；应注重菜肴的造型工艺，善于营造进餐氛围，充分体现饮食文化，提升菜肴品味。菜肴围边点缀也应根据菜肴和餐具的质地特点，坚持突出菜肴，保证围边点缀原料的可食性和卫生质量，采用合适的点缀方式，衬托菜肴特点，提高菜肴档次。

（四）食用方式改良

　　传统菜肴食用方式改良途径主要有两种：一是充分利用进餐工具，改变传统进餐方法，突出食用方法的多样化；善于运用火锅、明炉、地锅、铁板等，将烹调与食用结合为一体，现场烹调立即食用，营造进餐氛围；善于使用一些进餐辅助工具如食蟹工具、食蚌工具等，营造文明卫生的文化氛围；善于改变传统食用方式，根据菜肴特点灵活利用叉、铲、勺和餐刀等，坚持方便、优雅、卫生的进餐原则。二是改变传统进餐模式，与现代饮食文化相结合；提倡分餐制，引导食客对公用餐具、用具的使用，保证进餐卫生；遵守少量够吃的原则，突出菜肴品质，避免浪费现象。

四、菜肴改良过程中可能会出现的问题及解决途径

（一）与传统烹饪理念的冲突

　　对传统菜肴的改良最突出的问题就是与传统烹饪理念的冲突，如分餐制进餐方式与传统饮食文化之间的冲突；少用高温油炸、减少油脂反复利用与传统节约理念之间的冲突；强调工艺简单与菜肴复杂的工艺等同于高档次的传统理念之间的冲突；注重营养素保护与口味重于一切的传统理念之间的冲突等。传统的烹饪理念非一日之功，要改变很难，需要全社会的共同努力，宣传科学的烹饪理念；充分调动

各级烹饪教育机构，加强对在岗烹饪从业者的培训，推行科学、前沿的烹饪理念。

（二）与行业生产和作业习惯的冲突

对传统菜肴的改良首先会和行业生产发生冲突，例如菜肴标准化生产与行业生产随意化之间的冲突；菜肴的食用安全要求与行业环境难以达到卫生标准之间的冲突；菜肴的工艺优化与行业生产条件限制之间的冲突等。对菜肴的改良还会和烹饪作业习惯发生冲突，例如菜肴改良注重对原料营养素的保护与传统作业习惯性将刀工处理后的原料放入清水中浸泡之间的冲突；菜肴改良对卫生质量的要求与传统作业忽视生熟原料分开加工之间的冲突等。改变这样的现状，需要企业制定严格的生产制度，从业者应从我做起，严格执行操作规范。

（三）理论知识和实践经验不足

烹饪从业者应具有广博的烹调知识并能综合运用，需要丰富的生产实践经验，善于发现传统菜肴的缺陷，进而对传统菜肴进行优化设计并改良。由于中式烹饪还处于发展时期，烹饪从业者整体素质处于相对较低的水平，理论知识和实践经验不足，无法满足对菜肴设计和改良的能力需求。近十年来，国家大力发展职业教育，烹饪中、高等教育得到迅猛发展，培养了一大批高素质烹饪人才，为菜肴改良奠定了人才基础；同时，企业应成立菜肴改良研发团队，对菜肴的改良应加强技术交流和研讨，重视团队智慧；最后还应经常参观学习，积累烹饪知识和经验，获得菜肴改良的启发和灵感。

（四）经费和实验条件不足

对传统菜肴的改良需要经历设计和反复实践验证过程，有时候要经历很多次失败后才能获得成功，这就需要具有充足的实验经费和良好的实验条件。可事实上很少有餐饮企业划拨专门的菜品实验经费，实验条件也严重不足，无法保证菜肴改良与创新研发的顺利进行。鉴于此，一方面需要政府及行业主管部门的重视，从中协调、资助，鼓励菜肴创新；另一方面生产企业应充分认识到菜肴改良的必要性，积极创造条件，推动菜肴创新。作为从事烹饪教育的各级学校，应加强菜品研发力度，重视校企合作，积极推动菜肴改良工作。

第二节　菜肴的创新工艺

随着国民经济的强劲发展，人们的生活水平得以不断提升，对饮食的要求也日益提高。当今人们对饮食的要求主要体现在求精、求新、重质地、讲营养、强调卫生等方面。其中对菜肴的求新意识和要求尤为突出，如何进行菜肴创新已经成为烹饪工作者研究的主要课题。

一、菜肴创新概述

（一）创新与菜肴创新

创新（innovation）是以新思维、新发明和新描述为特征的一种概念化过程。起源于拉丁语，它原有三层含义：第一，更新；第二，创造新的东西；第三，改变。思维要创新，工艺要创新，产品也要创新，在现实生活中创新无处不在。烹饪领域同样需要创新，一位资深餐饮管理者曾经说过："酒店营销的物质基础在于更新。其一般规律要么是厨师换菜肴，要么是酒店换厨师，否则就只能是客人换酒店了。"可见菜肴创新对于饭店的市场生命力的影响之大。

菜肴创新是指利用创造性思维的基本方法，依据烹饪学原理，对菜肴进行设计、分析、实施，并最终用于烹饪生产的全过程。菜肴创新可以贯穿于烹饪的全过程，从烹饪生产理念的创新到烹饪生产过程的创新，都能带给饭店新的活力。烹饪生产过程的创新可以从选料开始，从原料的创新到工艺的创新、口味的创新、装盘造型的创新、食用方式的创新等，无处不能体现烹饪工作者的创新意识和创新能力。

（二）烹饪教学过程中学生创新意识与能力养成教育的必要性

1. 满足社会发展与进步的需要

社会的进步与发展离不开改革与创新，经济的发展需要大批高素质、具有创新意识与能力的人才。餐饮业作为第三产业的支柱产业同样需要一大批具有较高文化素质和职业能力、具有创新意识和创新能力的专门人才。遍访餐饮资深管理专家，听到的共同感叹是厨师到处都有，可真正高素质、高技能的烹饪大师却千金难求。也正因为如此，国家开始大力发展烹饪职业教育，尤其是烹饪高等教育最近几年发展相当迅猛，在教学过程中学生的创新意识与能力的养成教育已经成为众多烹饪教育工作者共同探讨的话题。

2. 学生综合素质发展的需要

高校教学改革的一个重要方面就是力求科学、全面地评价学生的职业素质和职业能力，其中学生的发展潜力已经成为评价学生综合素质发展的一个重要方面。学生发展潜力的大小，与其平时创新意识的养成有着直接的关系，只有乐于创新、敢于创新，并且具有创新的综合能力，才具有良好的职业发展潜力。作为烹饪教育工作者必须在教学过程中注意培养学生的创新意识和创新能力，才能使学生的综合素质得到全面发展。

3. 烹饪行业对从业人员业务素质的需要

人才流动情况调查结果显示，餐饮行业是人才流动最频繁、最难以调控的职业之一。归根结底，餐饮行业人才流动的原因主要体现在两个方面：一是很多餐饮企业忽略从业人员素质的要求和提高，不愿意花费精力和财力去培养高素质的从业人员，导致从业人员缺乏职业自豪感，对自身发展前景感到迷茫；二是顾客对餐饮产品的质量要求日益提高，求新求异的心态要求烹饪工作者必须具备很强的创新意识和创新能力，这就与从业者自身的职业素质产生矛盾，使很多从业者不得不另谋出路。

4. 菜肴质量标准化与中式烹饪国际化发展的需要

随着国际化程度的不断提高，中式烹饪在国际上的地位和作用也日益显现。为了加强中式烹饪国际化发展的需要，实行菜肴质量标准化成为大势所趋。而菜肴质量的标准化既要保证菜肴的规范性和普及性，还应该注重菜肴的科学性和前瞻性，这就要求烹饪从业人员必须具备良好的创新意识和创新能力，保证对菜肴规范的制定科学、实用。

（三）烹饪教学过程中学生创新意识与能力养成教育的途径

（1）平时潜移默化的影响　学生创新意识的养成要靠平时日积月累的教育和要求，要通过教师进行潜移默化的影响。在教学过程中教师要处处坚持创新原则，时时坚持创新行为，把创新贯穿于整个教学过程；在烹饪教学过程中经常性地进行创新成果的展示与评说，使学生深受影响。

（2）课堂上有意识的引导　在教学过程中，教师应该注意引导学生积极思考，使学生善于分析和总结，能针对某一项目和课题进行讨论和研究；有意识地引导学生保持常规化创新思考，养成创新惯性思维，为创新意识和创新能力的养成奠定基础。

（3）树立典型，发挥榜样的作用　教学过程中作为教师要善于总结和点评，注重创新典型的树立，使学生明确学习的目标和应该达到的效果。处处发挥创新先进分子的榜样、带头作用，既有社会上杰出创新人才及成果的榜样作用，也有学校内部老师和同学创新的示范和榜样作用。

（4）利用合适时机专门培养　学生创新意识和能力的养成，既需要学生具备创新的兴趣和渴望，更需要进行后天的专门培养。作为教师应该积极寻找一切合适的时机，既包括上课过程中的一些案例如教学案例、典型创新菜点实例、教师自身创新案例等，也应该包括课堂以外的案例如生活实例、社会典型、名家大家的创新事例等，对学生进行专门的培养。创新培养要坚持常规性和重点性，既保证持之以恒的引导和培养，还应该强调重点培养，保证满足社会对创新型人才的需求。

（5）寻找机会，积极参加各种创新活动　一方面要求学生自己寻找一切机会，主动参加一些创新活动，在参与过程中感受和学习别人的创新经验，使自身创新能力得到有效提高；另一方面，作为教师应该注意为学生营造创新的氛围，积极组织或指导学生参与各种创新活动，并及时进行点评和鼓励，使学生愿意并乐于参与创新活动，主动加入到创新队伍中。

（四）烹饪教育过程中学生创新意识与能力养成教育的方法

（1）思想上重视，行为上积极　学校对学生创新意识和能力的培养，首先要求思想上重视，把创新纳入到教学的每个过程；教师在教学过程中应该积极贯彻创新意识和能力的养成教育，使学生深刻感受到创新的重要性，把创新作为重要能力培养纳入到教学的各个项目中。

（2）营造创新氛围，鼓励创新行为　既要营造班级创新的氛围，更应该注重系部、学校整体的创新氛围，使创新意识充满整个校园；另外，积极发掘社会上的创新典型，把学生引入创新体验，感受创新成功的喜悦。鼓励学生的创新行为，打破传统的教学模式，带头进行教学创新，为学生树立榜样。

（3）定期总结，及时指导　在烹饪教学过程中，教师应该对学生的创新情况定期进行总结，表彰先进，树立榜样，及时对学生创新过程中出现的问题进行指导；另外，教师还应该要求学生对自己的创新能力和创新成果进行定期总结，指出成绩和不足，对学生在创新过程中遇到的问题及时进行指导，树立学生创新的信心。

（4）提供平台，展示创新成果 烹饪专业教师应该注意及时提供展示平台，使学生的创新成果得以展示和交流，既满足学生对创新成绩的自豪感，从而更好地投入到创新活动中去，也能够在展示和交流的过程中相互学习、共同提高。可以在校内提供平台，例如各种竞赛、成果展、能力演示等，也可以组织学生参加社会上的竞赛及活动，展示创新成果，在做中学、学中做。

二、菜肴创新的基本要求

（一）菜肴创新应遵循基本的烹饪原理

菜肴的制作不是简单地把原料制熟，要遵循烹饪化学、烹饪工艺学、烹饪美学以及营养学、卫生学等相关学科的基本原理，应该最大限度地保护营养素不受损失，符合卫生要求，制成色、香、味、形俱佳的美食。笔者在长期的烹饪教学中发现，能够很好地掌握烹调工艺学的相关理论并能熟练运用的学生，在菜肴创新过程中往往更心有灵犀，创作出科学美味的精品菜肴。

（二）菜肴创新应遵循简单原则

"宁简不繁"应是菜肴制作的基本原则，正是由于运用了简单的烹饪工艺，使菜肴在制作时更容易保证成功，既节省人们待餐时间、节约劳动成本，省去繁杂的手工操作程序，也保证了菜肴的营养和卫生。扬州"三套鸭"是淮扬传统名菜，无论从哪个角度进行分析都不失为菜肴中的精品，可即便在扬州各大知名酒店中也很难品尝到这道菜，就因这道号称"孝子菜"的制作工艺太过烦琐，过高的劳动成本使其价格虚高不下，失去了品尝的价值。

（三）菜肴创新应突出本地特色

无论是选料、工艺，还是质地、口味，菜肴创新都应符合本地的基本情况。正因为是操作者熟悉本地特色，才更有利于菜肴的创新。例如运用淮安特产"神州乳鸽"、"洪泽湖白鱼"、"天妃宫蒲菜"等原料，创作出"黄金乳鸽球"、"一品金牌乳鸽"、"鲜味新解"、"灌汤鲜奶白鱼园"等一大批创新菜肴，为促进淮安地方经济发展、繁荣淮安饮食文化做出较大贡献。

（四）菜肴创新应具有推广价值

创新菜肴的最终目的是为了开发推广，因此创新菜肴的价值与其被广大食客接受的程度成正比。影响菜肴被食客接受程度的要素主要包括口味、外观、营养价值等方面。盱眙十三香龙虾、酸菜鱼等菜肴之所以被广大群众接受和喜爱，就因江苏人们长期面对清淡咸鲜饮食风格，突遇强烈刺激的大辣大酸味型，具有味觉的诱惑；灌汤鲜奶白鱼园、虫草乳鸽等菜肴则是由于营养和保健作用而受到食客青睐。

三、菜肴创新的程序和方法

（一）新菜品的创意与构思

创新菜肴的研发是在餐饮市场需求和烹调技术发展的推动下，将新的创意和构思通过研究开发和生产演变成具有商品价值的新菜品的过程。

1. 创意的来源

创新菜肴的创意来源广泛，主要来源于顾客、企业技术人员、竞争对手、企业经营者、咨询公司、学术团体或协会、教科研机构及各种媒体等。创意可以源自市场经营中收集的意见或建议的分析总结，是为了顺应市场需求而专门立项研究；也可以源自企业生产者或技术研究人员的灵感，是为了拓宽产品种类、提升企业知名度而长期研究的项目成果；还可以是教科研机构根据地区特色原料或特殊工艺专门立项的研究方向，是为了烹饪行业繁荣和发展的必然结果。

2. 构思的方法

创新菜肴构思的方法很多，常用的主要有四种：一是根据市场经营中收集的意见和建议，研究讨论出构思方案，基于针对性解决具体的问题；二是经过讨论筛选出主题，制定出配套的构思方案，基于开拓产品市场；三是结合行业发展中的热门问题，分析行业的发展趋势，制定具体的构思方案，基于推动行业发展；四是针对某一产品或工艺的市场开发和拓展，寻求新的突破，制定多元的构思方案，基于保证企业生产经营。

（二）新菜品的定位与设计

菜肴创新的定位将直接影响菜品的品质、食效、成本和效益，决定菜肴的消费层次，进而影响餐饮企业的市场竞争力。新菜品的定位，首先是根据企业规模和市场需求来确定，满足市场供应；其次，应根据技术人员的研究方向和技能水平来确定，确保研究进度；再次，应根据目标顾客群的饮食特征和需求来确定，立足食效，保证研究效果。

新菜品主要从菜肴成形设计、菜肴质地和口味设计、菜肴的食用效果设计三方面着手，通过选料、刀工成形、合理搭配、保护及优化加工、熟处理和装盘造型等方面予以具体细节设计，设计过程中应考虑到可能会遇到的问题，并提出针对性解决方案。菜品设计应考虑到每个环节，设定多套实施方案，确保能够顺利实施。

（三）新菜品的试制与论证

新菜品设计完成后，一般应先经过专家的论证，在通过可行性鉴定后再进入试制环节。新菜品试制应注意五个方面的问题。

（1）明确工艺流程，掌握工艺要点，具备熟练完成整个工艺环节的能力；必要时可以发挥团队智慧，协作完成菜品试制。

（2）严格操作规范，保证操作安全；确保成菜卫生质量，保证食用安全；必要时可进行动物实验，保证菜肴可食性。

（3）对每一次试制过程都进行全程记录，及时组织分析试制结果，具有应急处理特殊情况的能力。

（4）新菜品试制完成后要及时备份，并将菜肴分成若干份标本，及时分析、检验；时机成熟时，及时送给专家及目标顾客群品尝、鉴定。

（5）做好原料检验与查核，及时完成菜肴的成本核算，为后期定价提供参考依据。

（四）新菜品的完善与定型

新菜品经反复试制以后，要及时总结、分析并完善环节设计。首先将新菜品及时展示，广泛征求专家及目标顾客群的意见，并进行必要的整改；新菜品定型以后，对其选料、加工环节、成菜规格及食用效果等应予以规范化，使其符合标准化生产要求；最终对菜肴的工艺和成菜整体效果进行确定，形成最终成品并拍照留存，完成标准菜肴样本质量评价指标，便于对菜肴的质量进行控制和评价。

（五）新菜品的宣传与推广

新菜品研发成功以后，应给予恰当的命名，并进行适当的包装，形成品牌基础。选择适宜的时机进行宣传和推广，完成产品促销。可将菜肴原料及成品在指定区域公开展示；将菜肴照片在酒店宣传栏或相关宣传媒体公开展示。也可以在某一时间段提供免费品尝，征求顾客意见的同时完成宣传推广。通过一系列宣传推广活动，形成创新菜肴的品牌效应；必要时提请行业协会认定、公示，扩大宣传效果，让社会明确菜肴的原创单位，形成产权效应。

思 考 题

1. 为什么要对菜肴进行改良？菜肴改良的基本原则有哪些？

2. 菜肴改良可以从哪些方面着手？应注意哪些问题？

3. 请各位同学选择一道家庭所在地的名菜进行分析，并针对存在的缺陷提出改良方案。

4. 谈谈菜肴创新的实际意义。烹饪从业者从事菜肴创新应具备哪些基本能力？

5. 请设计一道创新菜肴，并对其创新原理及成菜质量进行分析。

项目十一　菜肴的改良与创新

【项目要求】明确菜肴改良与创新的意义，具备对传统菜肴进行改良的动力；具备创新意识与能力，能根据菜肴创新的原理和要求进行创新实践；具备对菜肴进行综合评价的能力，能运用烹饪原理完成对菜肴的综合分析。

【项目重点】

① 对菜肴改良的能力。

② 对菜肴创新的能力。

【项目难点】

① 掌握烹饪基础知识，明确相关烹饪原理，准确完成对菜肴质量的评价。

② 具备对菜肴的分析与改良能力，能熟悉市场需求，针对性地完成菜肴的改良任务。

③ 具备基本的创新意识和创新能力，能完成创新菜肴的设计与制作。

【项目实施】

(1) 确定项目内容

① 对传统菜肴的分析与改良。

② 设计并制作出一道创新菜点。

(2) 项目实施　将班级同学分成两个组，分别完成对传统菜肴的分析与改良、设计并制作出一道创新菜点。

(3) 项目实施步骤　确定实践组→各组制订项目实施计划→各组内部讨论并确定实施计划→教师审核，提出修改意见→各组讨论并修改完善计划→实施项目计划，完成项目实践→组内自评→教师点评→完成项目报告。

【项目考核】

① 其中项目实施方案占 20 分，项目实施占 30 分，综合评价（含项目报告）占 50 分。由组内自评、小组互评、教师测评分别进行评价。

② 项目考核总成绩为 100 分，组内自评成绩占 20%，小组互评成绩占 30%，教师测评成绩占 50%。

第十二章　菜肴质量标准化与市场营销

第一节　菜肴质量标准化

为满足日益成熟的国际交流和涉外旅游需要，作为生活配套必需的餐饮服务业必须将中式菜肴的质量进行完善和提高，最终达到质量标准化，从而满足国际上人们对中式菜肴的深入了解和规范要求，真正实现一站式的标准服务模式。加快中式菜肴质量标准化的进程，研究和实施菜肴质量标准化，对促进中餐国际化的发展具有十分重要的意义。

随着国际政治交流的日渐加强，涉外旅游数量也在不断增加，"地球村"的现象已经真正成为当前国际上地区间人们生活方式的主体。据中国行业研究院研究数据表明，2010 年入境旅游外国游客数量总计 2612.68 万人，其中会议、商务 619.67 万人，观光休闲 1238.20 万人，探亲访友 9.10 万人，劳务输入员工 246.27 万人，其他 499.44 万人。

人们到了任何地方，衣食住行等基本生活保障都是必需的。中国作为旅游大国，提供高质量、标准化的中式菜肴已成为众多有识之士共同关注的问题。

一、实施菜肴质量标准化的意义

（一）有利于国际与地区间的交流

提到中式菜肴，国际上最普遍的印象就是随意性强，无法判断菜肴是否规范和标准，甚至在菜肴上桌之前根本无法判断菜肴的具体情况，往往在点了某道菜肴待其上桌后才发现与自己最初的想象大相径庭。为了有利于国际与地区间对中式菜肴有更好的认识和交流，实施菜肴质量标准化主要是使中式菜肴的"质"和"量"能够明确化，菜肴"质"的标准化是使消费者明确某一份菜肴的主料、配料和调料的构成内容，菜肴"量"的标准化是使消费者明确构成某一份菜肴各种原材料的数量和比例。

（二）有利于产业化发展与国际宣传

菜肴质量的标准化需要规范菜肴的工艺与质量标准，可以像西餐那样进行流程性、规模化生产，有利于中式菜肴的产业化发展进程。同时还有利于对外宣传，通过图片和说明来展示某一份菜肴的具体情况，使消费者对其有更清晰的认识，使产品形象深入消费者心里，达到宣传促销的目的。

（三）有利于质量考核与产品规格标准化

由于中式烹调从业者的素质普遍偏低，加上长期行为习惯随意性的影响，即便是同一人在同一地方制作出来的菜肴质量也很难达到规格化和标准化。形成菜肴的质量标准化，通过制度形式将菜肴质量的要求上升到书面层次，能够有效地限制从业者的行为习惯，通过考核来保证各个环节的标准化，从而保证了产品规格的标准化。

（四）有利于从业者对菜肴质量的参考与控制

菜肴质量标准化，就是将菜肴的质量标准进行规格量化，便于从业者和消费者对菜肴的质量进行更准确的分析界定。有了菜肴质量的标准化，不但使消费者可以根据标准数据对菜肴的质量进行判断，更是从业者本身进行菜肴质量控制的一个依据，是保证菜肴高质量的重要参考标准，只有将菜肴质量标准化规格量化并告知整个社会，才能更好地接受社会监督，保证从业者根据标准要求认真完成每一个制作过程。

（五）有利于企业成本核算与开源节流

菜肴质量标准化的一个重要标志就是将菜肴的"质"和"量"确定并公开化，也就是确定一份菜肴的构成内容及其数量和比例。这样也有利于企业进行成本和利润核算，可以有针对性地控制菜肴成本，避免偷工减料或盲目浪费，保证企业诚信经营。当然，通过企业核算，可以发现和控制原料质量问题，想方设法寻找合理的进货渠道，既保证原材料的质量问题，又可以有效降低采购费用，最终有效地降低开支，提高收益。

二、实施菜肴质量标准化的内涵

（一）原材料组配的标准化

原材料组配的标准化是实施菜肴质量标准化的一个重要方面，主要体现在构成一份菜肴的主料、配料和调料的内容及其之间的数量和比例上。将菜肴的选料标准规格化，将菜肴的选料数量定量化；不同的季节、不同的地区应选择同档次的原料相互替代来解决原料的供给难题，既保证菜肴质地的标准化，又保证了菜肴规格档次的标准化。

（二）工艺过程的标准化

由于中式烹调工艺特点的影响，不同的从业者制作相同的菜肴时投料的时间和次序不同、火候的控制不同及操作习惯不同等，制作出来的菜肴质量可能会有天壤之别；即便是同一个从业者在相同的地点制作同样的菜肴，由于制作菜肴过程中一些细节化的区别，其菜肴质量也难以完全相同。要保证不同人员在不同的地区、不同的时间、场合制作相同的菜肴达到质量标准化和一致性，应该对工艺过程进行标准化控制。一方面靠人力完成的工艺要像西餐工艺那样形成模式化，小到明油、着芡的每一个环节都能以书面规范、用文件的方式固定下来，形成制度化；另一方面加大机器设备的研发力度，将刀工、翻勺等众多工艺过程实现机械化操作，最大程度地提升机械自动化生产程度。

（三）产品质地的标准化

餐饮产品的质地主要是指成菜效果，包括菜肴的口味、色泽、芡汁、质感等各个方面。产品质地的标准化应该以条目的方式进行规定，要有严格的验收标准。餐饮企业应该组织专门的人员长期对产品的质感进行监督控制，使从业人员能自觉保证产品质地标准，养成科学、规范的行为习惯，保证菜肴质量标准化的顺利实施。

（四）卫生与营养的标准化

就餐饮产品而言，卫生是菜肴质量标准化的前提，营养是菜肴质量标准化的命脉，只有保证菜肴符合卫生标准，才具备食用的基础；只有使菜肴达到营养要求，才具有食用的价值。做到菜肴卫生的标准化，一要保证原料的卫生标准，严格进货渠道，保证原料质量；二要保证操作者的个人卫生习惯，从思想高度杜绝"病从口入"；三要保证操作环境的整洁卫生，严格操作场地卫生标准；四要保证餐具用具的清洁卫生，确保菜肴不受二次污染。做到菜肴营养的标准化，一要注重原料的营养价值，将含有各种营养素的原料均衡搭配，达到营养互补；二要注重原料中营养素的保护，利用着衣等各种烹饪手段保证菜肴的营养价值。

（五）产品展示的标准化

餐饮产品展示的标准化主要体现在装盘造型艺术上，主要体现在餐具选择和装盘手法两个方面。餐具的选择，首先要考虑与菜肴相适应，从规格档次到形状、色泽、花纹等各个方面都要与菜肴相呼应，符合美学原理，达到审美效果；其次还应该考虑整桌筵席的展示效果，保证各种餐具盛装菜肴展示效果的互补性和呼应性效果；最后还应该保证同一产品在不同时间、不同地点使用的餐具规格相同，从而显示出某一道菜肴的整体效果标准化。装盘手法的标准化应该体现在同一类菜肴装盘技法的规范化和从业者装盘技法的娴熟程度两个方面，前者要靠条例化和制度化来保证，应该由企业甚至行业协会以行业规范的方式明文规定；后者要靠从业者职业素质来保证，要靠长期坚持不懈的训练和严肃认真的工作态度来实现。

（六）产品宣传包装的标准化

宣传包装是现代人对产品营销的一个重要手段，餐饮产品的营销也不例外。以前餐饮营销一直贯穿的是"酒香不怕巷子深"的理念，这在宣传促销显得日渐重要的今天显然是不合时宜的。餐饮产品的宣传包装一应务实，应该展示菜肴的真实面目和主要特点，不能欺瞒消费者；二应严谨，应该由企业根据产品特征进行朴素的描述，最好配上图片吸引消费者关注；三应统一，即便不同的企业对同一产品的宣传包装也应该相同，确保行业标准一致性。

三、影响菜肴质量标准化进程的因素

（一）从业者的素质和行为习惯

众所周知，烹饪从业者的文化水平普遍偏低，这也导致其基本素质难以适应中餐国际化发展的需要。总的来说，当前餐饮从业者主要缺乏五个方面的能力：一是团结协作能力，烹饪是需要集体协作完成产品生产的，融入集体、大局为重是每个餐饮从业者的基本素质；二是改革创新能力，餐饮生产和管理要具有改革意识，要善于工艺改良和产品创新，拥有适应国际餐饮发展的专业潜力；三是自主学习能力，烹饪是需要干到老学到老的行业，既要养成学习习惯，及时了解国际餐饮业发展动态，提高业务素质和能力，也要谦虚向同行学习，发挥扬弃精神；四是烹饪机械的研发、使用和维护能力，只有充分利用机械参与生产，才能最大限度地保证菜肴质量的标准化；五是参与企业管理能力，要想保证菜肴质量标准化，就要求从业者能积极参与企业管理，富有主人翁的精神，参与生产过程，相互监督，共同为标准化生产进程服务。同时，由于中式烹调的管理相对滞后，从业者长期养成随性而为的行为习惯，工作缺乏主动性，导致菜肴质量标准化难以贯彻实现。

（二）中式菜肴烹饪工艺特殊性

中式菜肴烹调工艺特点主要体现在三个方面，一是原材料尤其是调味料投入比例和数量难以定量化，往往依靠从业者的个人习惯和经验率性而为；二是工艺过程随意性比较强，投料可先可后，明油可热可冷，翻勺次数可多可少，这样就使烹制出来的菜肴质量无法得到保证；三是手工性很强，由于从业者本身的技能水平和工作态度的影响，烹制出来的菜肴质量也不一样。这些特点的客观存在，导致了中式菜肴质量标准化难以贯彻执行。

（三）原材料生产和采购难以规格化

中式餐饮注重人情味的文化氛围导致原料采购和验收环节形同虚设，进货渠道很难保证，验收过程只是走程序，使烹饪原材料很难规格化。"巧妇难为无米之炊"，没有优质、标准的烹饪原料不但无法达到菜肴质量标准化，也很难制作出有质量保证的优质菜肴。

（四）行业协会及餐饮高层管理者重视程度不够

虽然现在有些媒体包括政府部门也在提出菜肴质量标准化的问题，但还没有从制度上形成行业规范，餐饮行业协会及餐饮高层管理者对其重视程度不够，根本无法指导和要求企业员工实施菜肴质量标准化。

四、实施菜肴质量标准化的途径

（一）思想上重视、行为上积极

实施菜肴质量标准化的一个重要途径就是从思想高度重视起来，加强学习增进交流，不断提升从业者的职业素质；由各地政府主管部门牵头，各级人员积极行动起来，对企业菜肴产品进行分析研究，制定出切实可行的规范标准，提交当地餐饮（烹饪）协会研究和讨论通过，最后汇总到中国餐饮（烹饪）协会审核颁布。

（二）注重工艺改良和产品革新

实施菜肴质量标准化的另一个重要途径就是注重工艺改良，将菜肴工艺过程进行行业标准化，规范操作过程；注重产品革新，在保证菜肴风味质量标准的前提下，简化工艺过程，使各个环节可以标准化，形成明确的操作规范和产品规格标准，让从业者有据可循、有章可依。只有明确工作目标和产品标准，才能使从业者有着清晰的工作思路和努力方向。

（三）原材料生产与采购的规格化

实行菜肴质量标准化不能够一刀切，可以分步、分阶段贯彻实施，先由餐饮领军企业和涉外餐饮企业实施菜肴质量标准化，再由地方重点企业参与实施，最后再进行普及实施。实行菜肴质量标准化的企业应该加强原材料生产与采购规格化，可以考虑成立企业或地方原材料生产基地，这一点可以学习那些大型、连锁餐饮企业，只有拥有自己的原材料生产基地，才能大胆承诺产品质量和安全性。同时强化验收环节，制定详细的验收标准，形成验收文档，实行质量问题追究问责制的方式确保原材料质量标准化。

（四）从根本上解决各级管理者的思想认识问题

企业共同规范的形成和执行，一方面要靠行业协会牵头，通过文件通告和活动开展的方式引起企业重视，推动规范的发展和完善；另一方面要求企业高层管理者高度重视、严格要求，要身体力行。实施菜肴质量标准化，应依靠各级烹饪协会牵头倡议，形成行业规范，并长期督促执行；同时要组织餐饮高层管理者学习讨论，提高他们的重视程度，把行业规范在企业内部贯彻执行。

（五）加强社会宣传、促进行业交流

实行菜肴质量标准化，应该加强社会宣传，应该全民皆知，应该将标准透明化，接受社会各层人士的监督和评判；促进行业交流，加强合作意识，通过合作共赢和荣辱与共的经营态度参与菜肴标准化建设。

第二节　菜肴的市场营销

我国餐饮业发展速度与其悠久历史和丰厚的文化底蕴相比显然慢了许多，而对于餐饮业营销理念的形成，尤其是先进管理经验和营销手段的产生比西方发达国家要滞后许多。直到改革开放后，以广州为代表的南方开放城市率先接受和引进国外先进管理经验和技术，中国有自己的国情，必须根据自己的情况选择合适的管理方式和营销理念，才会使自己的企业走入良性发展轨道。当今的中国餐饮业正处于发展的关键时期，如果管理模式和营销理念仍然停留在原先照搬模仿的初级阶段，缺乏经营的灵活性和创新意识，必然会使企业的发展停滞不前。而抓好餐饮营销，就必须从以下几个方面入手。

一、严抓产品质量关

1. 以实物表现形式的餐饮产品质量

包括为顾客提供用餐环境和设施设备及餐饮产品的主体——菜点酒水。前者是顾客所能得到的直观感受，也是顾客追求就餐档次的选择标准，可不必华丽，但必须有特色。例如，有些企业在餐厅布置时有中式和西式的区别，有现代装饰和古典装饰的不同，就是希望通过适应不同客人的情感需求来吸引顾客；而后者则是餐饮营销的主要对象，需要专业人员的技术支撑。在餐饮营销过程中，必须经常改变菜点酒水品种，提高其品质，才能够吸引顾客。而经常改变供应品种则是必要的措施和手段。

2. 以服务为载体的餐饮产品质量

饭店服务的生产和消费是同时发生的，客人与提供服务的员工接触也是多层面

和广泛的，"没有一流的员工，就不会有一流的服务；没有满意的员工，就不会有满意的客人"。如果说餐饮业的菜点酒水是实物的表现，能带给客人物质享受，满足客人的生理需求，那么员工的服务能给客人带来精神享受，满足客人的情感需求。员工是饭店宝贵的财富和资源，培育和造就他们良好的素质、丰富的知识和娴熟的技能，以规范的服务标准，"宾客至上"地为客人热情服务。

二、加强宣传促销的力度

1. 做好餐饮业全员促销工作

餐饮业产品促销，不是哪个领导个人的事情，更不是哪个部门的事情，优秀的餐饮业应该以总经理为核心，全体职员平行铺展，全方位辐射宣传。其好处有：①减少专业促销人员，降低促销成本。每位员工都有责任和义务参与企业产品促销，降低成本，而且要把全体员工的积极性和主动性调动起来。②增强员工的主人翁意识，贯彻以人为本的管理理念。全员参与可以使员工感受到企业对自己的重视和信任，可以充分调动员工的工作积极性；对员工的信任、理解和重视，也是对人本管理理念的贯彻和执行。

2. 通过各种形式的活动进行宣传促销

无论何时何地，宣传促销都是营销的有效手段之一。进行专门的宣传促销是必要的，然而借势宣传更是理想的首选措施。有的饭店则是通过当地政府举行的一些宣传活动为自己造势宣传。例如，扬州的富春饭店、扬州大酒店等都利用政府主办的琼花大力造势，使企业的知名度更大更广，而且销售额也一路飙升。淮安月季花园大酒店和淮安迎宾馆等则是以政府主办的淮扬菜美食文化节为契机，在淮安餐饮市场的激烈竞争中占据优势。

三、注重职业道德，推行诚信营销

1. 讲究厨师职业道德

厨师职业道德的内容很丰富，在烹饪教育中有专门课程进行专门的教育。需要特别强调的是，只有自己能吃的东西，才能让顾客吃；只有自己愿意买的东西，才能对顾客进行销售。在具体的营销过程中，严禁加工和出售过期、变质食物，确保烹饪产品的质量。

2. 注重价格公道

在制定产品价格时，既要严格进行成本核算，确定合适的利润空间，也要进行必要的市场调研，和同类企业同类产品进行横向比较，最终确定一个公道的产品售价。

3. 注重物价相符

一道烹饪制品，可以根据它的原料质地、工艺特点、服务档次和自身特点来制定适合的售价。然而，不能投机取巧，欺骗顾客。有一些餐饮企业为自己的产品起了一些华而不实的名字，然后肆意提高产品的售价，等到菜点上桌客人才发现上当受骗，这是不可取的。我们要推行诚信营销，就是要让客人明明白白消费，让客人满意消费；要注重物有所值，物价相符。

四、尊重消费者，强调"照人兑汤"

1. 尊重消费者就是尊重顾客的消费需求

我们都很清楚，不同的顾客有不同的需求，有的以消费需求为主，是为了吃饭而吃饭；有的以精神需求为主，是为了享受。相对而言，前者更应该注重产品的数量和调味工艺，通过生理满足获得精神满足；而后者更注重产品的档次和调制工艺，注重服务质量和消费环境，使其在满足精神享受的同时，生理问题也同步解决。

当然，就餐饮业而言，尊重顾客的消费需求应重点在烹饪制品的风味调配上下工夫。根据不同客人的消费习惯和口味需求，有针对性地进行营销活动。要做到这点就必须建立客户档案，并经常对信息进行整理和分析。这样在以后的服务过程中，就能够照人兑汤，实现良好的产品营销。

2. 尊重消费者就是尊重顾客的信仰习惯

每个人都有自己的宗教信仰和风俗习惯，需要别人的了解和尊重。在餐饮营销过程中，不能小视这些细节性的内容，只有了解顾客的信仰、习惯，才可能对客人量身定做适宜的服务，而餐饮产品的营销必须以优质的服务为依托。

五、创品牌，寻特色，求发展

1. 品牌策略是营销的重要方法

餐饮业品牌的树立往往能够引发顾客的消费偏好，建立客户的友好感情，增强消费者的认同感及对品牌的忠诚度，更容易达到营销目的。饭店品牌具体表现在价格、服务人员的仪表、建筑物外观以及明显能对顾客产生第一印象的其他方面，品牌所体现的质量是影响消费者购前感知和购买决策的关键因素。在当前的市场运行过程中，各级政府都在为餐饮企业的品牌形成服务。例如，江苏举行的名菜、创新菜认定工作，就是为菜点品牌宣传造势；而对于名店、名厨的认定，则为企业品牌宣传造势。

2. 寻求特色是营销的有效谋略

餐饮业的特色主要体现在四个方面：一是硬件设施和配套附属物形成特色，如通过企业的主体建筑、标识物以及员工的服饰等形成特色，让消费者产生感情需求。二是服务形成特色，如自助式服务、清廷跪式服务、乡土服务等，都给人以耳目一新的感受，提高了产品营销效果。三是餐饮产品形成特色，可以是菜点品种形成特色，也可以是风味形成特色，各地传统的名菜名点固有的特色也可以促进餐饮营销。而各店的创新菜肴则是让人青睐的新特色，如酸菜鱼之所以大受欢迎，是由于此菜把果蔬调味应用到烹饪实践，把酸菜既作为配料又作为调味手段；江苏盱眙十三香龙虾除了选料具有特色，而且利用重味一改江苏清淡本味的菜肴风格。四是营销手段形成特色，如盱眙十三香龙虾，无论是在高档的餐厅里，还是在露天的餐桌上，甚至打包带走等，不拘一格的营销方式都给人以方便和愉快的感受，使销售额年年攀升。

思 考 题

1. 请结合实际谈谈菜肴质量标准化的意义。
2. 施行菜肴质量标准化应从哪些方面着手？如何推广？
3. 实施菜肴营销应注意哪些方面的问题？
4. 请制订一份菜肴营销计划，重点体现实施细节、可能出现的问题及解决的办法。

项目十二　菜肴市场营销能力

【项目要求】明确菜肴市场营销的重要性，掌握菜肴营销的常用方法；了解影响菜肴营销的基本要素，准确把握菜肴营销的各种途径。能针对企业的实际情况和市场定位，制定营销预案；在保证产品生产的同时，注重菜肴的市场推广。

【项目重点】
① 准确完成企业的市场定位和市场调研。
② 能针对企业实际制定菜肴营销方案。
③ 具备餐饮企业综合管理的能力。

【项目难点】
① 菜肴营销方案的制定和实施。
② 先进管理理念的形成，对菜肴市场的分析与预测能力。

【项目实施】
① 将班级同学分成6人/组，推选1名同学任组长；任选一种菜肴或一份筵席菜单为营销对象，分工完成项目任务。
② 项目实施步骤：确定实践对象（任选一种菜肴或一份筵席菜单)→制订项目实施计划→细化项目细节（市场分析、营销计划等)→教师审核，提出修改意见→修改完善计划→实施项目计划，完成项目实践→小组自评→小组互评→教师点评→完成项目报告。

【项目考核】
① 其中项目实施方案占20分，市场分析占10分，项目方案实施环节占30分，综合评价（含项目报告）占40分。由学生自评、学生互评、教师测评分别进行评价。
② 项目考核总成绩为100分，学生自评成绩占20％，学生互评成绩占30％，教师测评成绩占50％。

参 考 文 献

[1] 陈苏华. 中国烹饪工艺学. 上海：上海文化出版社，2006.

[2] 刘致良. 烹调工艺实训. 北京：机械工业出版社，2008.

[3] 冯玉珠. 烹调工艺学. 北京：中国轻工业出版社，2009.

[4] 冯玉珠. 烹调工艺实训教程. 北京：中国轻工业出版社，2010.

[5] 中国烹饪百科全书编委会，中国大百科全书编辑部. 中国烹饪百科全书. 北京：中国大百科全书出版社，1995.

[6] 孙国云. 烹调工艺. 北京：中国轻工业出版社，2000.

[7] 姜汝焘. 烹饪原理及运用. 北京：中国财政经济出版社，2003.

[8] 徐传骏. 十成油温温标与摄氏温标. 中国烹饪，1997.

[9] 崔桂友. 烹饪原料学. 北京：中国商业出版社，1997.

[10] 周晓燕. 烹调工艺学. 北京：中国轻工业出版社，2000.

[11] 牛铁柱. 新烹调工艺学. 北京：机械工业出版社，2010.

[12] 唐福志. 烹饪原料加工工艺. 北京：中国轻工业出版社，2000.